U0305898

中国社会科学院创新工程学术出版项目

移动互联网蓝皮书

**BLUE BOOK OF
CHINA'S MOBILE INTERNET**

中国移动互联网发展报告
（2018）

ANNUAL REPORT ON CHINA'S MOBILE INTERNET DEVELOPMENT
(2018)

主　编／余清楚
副主编／唐胜宏

社会科学文献出版社
SOCIAL SCIENCES ACADEMIC PRESS（CHINA）

图书在版编目（CIP）数据

中国移动互联网发展报告.2018 / 余清楚主编. --

北京：社会科学文献出版社，2018.6

（移动互联网蓝皮书）

ISBN 978 - 7 - 5201 - 2677 - 9

Ⅰ.①中… Ⅱ.①余… Ⅲ.①移动网 - 研究报告 - 中

国 - 2018 Ⅳ.①TN929.5

中国版本图书馆 CIP 数据核字（2018）第 092145 号

移动互联网蓝皮书

中国移动互联网发展报告（2018）

主　　编／余清楚

副 主 编／唐胜宏

出 版 人／谢寿光

项目统筹／邓泳红　吴　敏

责任编辑／吴　敏

出　　版／社会科学文献出版社·皮书出版分社 （010）59367127

地址：北京市北三环中路甲 29 号院华龙大厦　邮编：100029

网址：www. ssap. com. cn

发　　行／市场营销中心 （010）59367081　59367018

印　　装／三河市龙林印务有限公司

规　　格／开　本：787mm × 1092mm　1/16

印　张：27　字　数：409 千字

版　　次／2018 年 6 月第 1 版　2018 年 6 月第 1 次印刷

书　　号／ISBN 978 - 7 - 5201 - 2677 - 9

定　　价／98.00 元

皮书序列号／PSN B - 2012 - 282 - 1/1

移动互联网蓝皮书编委会

主要编撰者简介

余清楚　人民网总编辑、人民网研究院院长，人民日报社高级编辑。在人民日报社工作30余年，擅长写作人物通讯、评论、散文，发表新闻作品上百万字，对媒体融合、新媒体发展有深入研究，主持国家社科基金项目"社交网络信息扩散机理与舆论引导机制"、中央网信办重大课题"传统媒体和新媒体融合发展研究"等研究项目，主编《中国集报之家》，发表《时刻向中央看齐　做最好内容网站》《敢问路在何方》《为何转，怎样转》、《做最好的文化企业》《坚持舆论引导，拒绝新闻诽谤》等论文。

唐胜宏　人民网研究院副院长，主任编辑。参与完成多项国家社科基金项目和中宣部、中央网信办课题研究，《融合元年——中国媒体融合发展年度报告（2014）》《融合坐标——中国媒体融合发展年度报告（2015）》执行主编之一。代表作有《网上舆论的形成与传播规律及对策》《运用好、管理好新媒体的重要性和紧迫性》《利用大数据技术创新社会治理》《融合发展：核心要义是创新内容　凝聚人心》等。2012年至今担任移动互联网蓝皮书副主编。

姜奇平　中国社会科学院信息化中心秘书长、中国社会科学院数量经济与技术经济所信息化与网络经济室主任，研究员，《互联网周刊》主编，著有《新文明论概略》《信息化与网络经济：基于均衡的效率与效能分析》《知本家风暴》《数字财富》等专著，主编"数字论坛丛书""硅谷时代丛书"等丛书。

熊澄宇　清华大学教授，博士生导师，校学术委员会委员，国家文化产业研究中心主任，兼任国家发改委战略性新兴产业专家委委员，财政部国有文化资产管理办公室专家委委员，文化部文化产业专家委委员，中国传播学研究会会长。著有《熊澄宇集》《媒介史纲》《世界文化产业研究》《新媒体百科全书》《信息社会4.0》《新媒体与创新思维》等。

潘　峰　中国信息通信研究院（原工业和信息化部电信研究院）产业与规划研究所副总工程师，移动物联网产业联盟行业发展工作组组长，应急通信产业联盟集群通信工作组组长。主要承担5G、移动物联网、应急通信、无线电管理领域的研究工作；组织研究5G产业和融合应用、移动物联网战略和产业规划、应急通信系统互联互通、协同组网的关键技术和组网方案，承担过多项"新一代宽带无线移动通信网"国家科技重大专项课题的研究工作。

孙　克　中国信息通信研究院数字经济研究部副主任（主持工作），高级工程师，北京大学经济学博士。主要从事ICT产业经济与社会贡献相关研究，曾主持GSMA、SYLFF等重大国际项目，国务院信息消费、宽带中国、"互联网＋"等重大政策文件课题组主要参与人。

摘　要

《中国移动互联网发展报告（2018）》由人民网研究院组织相关专家、学者与研究人员撰写。本书全面梳理了 2017 年中国移动互联网发展状况，分析了年度发展特点，并对未来发展趋势进行预判。

全书由总报告、综合篇、产业篇、市场篇、专题篇及附录六个部分组成。

总报告梳理了中国移动互联网年度发展状况，指出 2017 年中国移动互联网开始走上国际舞台，互联网企业纷纷出海拓展市场，不仅输出产品、技术，而且以中国网络发展与管理模式影响国际社会，开始改变国际互联网格局。未来，移动互联网将为中国改革开放提供新动能，推动数字经济全面加速发展，人工智能、移动物联等技术也将推动移动互联网向智能互联、万物互联跨越。

综合篇分析了 2017 年中国移动互联网政策法规及治理的新特点，指出移动互联网对中国服务业转型、"数字丝绸之路"建设，以及精准扶贫、精准脱贫等发挥了积极作用，移动互联网推动中国文化产业发生变革与融合，移动舆论场发展呈现热点频发、更加多元复杂的趋势。

产业篇分析了 2017 年中国宽窄带移动通信发展及趋势、移动互联网核心技术创新进展，指出我国移动应用市场发展迅速，在全球占据领先地位。智能手机产业进入存量竞争时代，移动物联网处于产业爆发前夜。此外，还对 5G 时代移动互联网对经济社会发展的影响进行了前瞻性分析。

市场篇介绍了 2017 年中国移动视频发展新生态，短视频集中爆发，成为互联网流量的新入口。移动社交不断完善产品生态，赋能内容生产。移动游戏向存量迭代市场发展，K12 移动教育黄金时代再临，移动金融智能技术

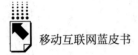

得到广泛应用，移动医疗期待模式突破。

专题篇关注中国传统媒体移动转型的进展，指出传统媒体移动端内容生产能力显著增强，中国媒体外文客户端加速发展。以政务 APP 等为代表的移动政务发展迅猛。人工智能产业进入发展快车道，增强现实技术与移动终端相结合，实现了用户的转化和积累。随着移动互联网应用越来越普遍，移动安全问题愈发受到重视。

附录为"2017 年中国移动互联网大事记"。

序

不平凡的 2017 年，注定是要载入当代中国史册的重要一年。中国共产党第十九次全国代表大会隆重举行，通过了党章修正案，把习近平新时代中国特色社会主义思想确立为党的指导思想，制定了新时代中国特色社会主义行动纲领和发展蓝图，提出建设网络强国、数字中国、智慧社会，强调推动互联网、大数据、人工智能和实体经济深度融合，发展数字经济、共享经济，培育新增长点、形成新动能。这为中国互联网未来发展指明了方向，也将为中国互联网实现更大发展创造更广阔的空间。

回顾过往，中国移动互联网快速发展是十八大以来党中央治国理政的一个重要背景，党中央高度重视和各级政府积极推进又是中国移动互联网快速发展的根本保证。正如人们看到的，十八大以来这五年是中国移动互联网发展最快的时期。进入 2017 年，移动互联网行业发展出现新态势，助力我国经济发展、政治建设、文化传播、社会治理取得了令人振奋的伟大成就。

——中国移动互联网开始以推介中国产品、总结中国经验、做出中国贡献影响世界。2017 年，中国互联网企业大规模走出国门、开拓蓝海，不仅活跃在"一带一路"沿线各国建设发展中，也积极参与国际市场高科技领域竞争，在一定程度上改变国际互联网的格局。这是中国移动互联网 2017 年最突出的特点之一。

——中国移动互联网核心技术发展取得较大突破，部分领域走在世界前列。2017 年，中国 4G 网络建设全面铺开，5G 技术研发试验快速推进，并开始提前布局 6G 的研发；智能终端方面，国产品牌全球出货量占比约为 50%，全球 TOP5 厂商中国占据三席；移动芯片国产化率超过 20%，技术水平与国际同步；应用方面，移动电商、移动支付、共享单车等创造新的增长

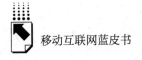

奇迹。

——中国移动互联网在公共服务、社会建设中发挥越来越大的作用。移动端政务服务平台成为改善政务服务的重要渠道，移动政务"两微一端"、第三方城市服务已成为提升政务服务均等化、创新政务服务管理的新模式。移动互联网助力精准扶贫、精准脱贫，带动贫困地区产业发展，提高就业水平，增加贫困人口收入。对于医疗、教育、养老等社会事业，移动互联网也开始了有益探索。

——中国移动互联网作为思想文化建设的阵地和渠道也发挥着日益重要的影响。2017年，围绕党的十九大等重大主题，主流媒体在移动网络空间提供了丰富多样的内容，充分发挥了弘扬社会正气、通达社情民意、引导社会热点、疏导公众情绪等重要作用，在移动网络空间凝聚共识的能力不断增强。移动互联网也推动着直播/视听、影视节目、动漫游戏、移动阅读等文化产业转型升级，越来越成为思想文化建设的重要工具。

2018年，波澜壮阔的中国改革开放迎来四十周年。这一年是全面贯彻党的十九大精神的开局之年，还是决胜全面建成小康社会、实施"十三五"规划承上启下的关键一年。潮平两岸阔，风正一帆悬。在新的历史起点上，我们相信，深入贯彻落实全国网络安全和信息化工作会议精神，势如潮涌的移动互联网将为改革开放再出发提供新动能，在中华民族伟大复兴征程中再续新篇章。我国移动互联网下一步发展将呈现以下图景：

——移动互联网推动数字经济发展进入快车道，将进一步加快传统产业的改造与提升。移动互联网产业发展在带动新增就业、拉升GDP增长方面，已经表现出非常强劲的动力，随着网络提速降费力度加大、高速宽带更全面地覆盖全国城乡，以及实体经济和数字经济的进一步融合发展，必将成为中国改革开放再出发的新动能。

——移动互联网迈向智能互联、万物互联，将深度渗入社会生产生活并改变人们的生产生活方式。移动互联网技术的广泛应用将为大众创业、万众创新提供更坚实的支撑，并有力助推制造强国、网络强国建设；移动互联网与云计算、大数据、人工智能、虚拟/增强现实等技术的深度融合，将实现人和万物更广泛的连接，不仅推动各行各业的数字化转型，还将推动社会生活的数字化转型。

——移动互联网成为中国融入世界的桥梁和纽带，将有力推动网络空间命运共同体建设。网络无国界，移动牵万众。随着越来越多的中国企业、中国应用走向海外，中国移动互联网发展将与全球经济一体化进程产生更加紧密的联系，在交流与竞争中不断自我进化。从目前国际形势看，尽管面临着诸多挑战与障碍，但科学技术发展本身的强大驱动力，以及人类社会共商、共建、共享、共赢的包容力，将推动我国移动互联网更好地走向世界。

作为蓝皮书编委会主任，我愿将本书推荐给关心中国移动互联网发展的各界人士。这套蓝皮书的编撰已持续七年，以忠实记录历史、理性思考未来为宗旨，是目前国内唯一的对中国移动互联网发展进行全景式记录的年度报告。从第一本蓝皮书可以清楚地看到，2011年底中国手机网民3.56亿，今天这个数字已超过7.53亿。数字翻番的背后，是互联网带来了中国经济、政治、文化、社会、科技等各项事业的迅猛发展和人们生活方式的深刻变化。这些振奋人心的发展历程，都可以在这套蓝皮书中找到详细记录。希望这套凝聚着众多专家学者智慧与心血的蓝皮书，能够为中国网络事业发展提供参考与支持，进而推动移动互联网为国家发展民族振兴人民幸福、为世界网络空间命运共同体建设做出更大贡献。

王一彪

人民日报社副总编辑

人民网股份有限公司董事长

2018年4月25日

目 录

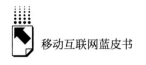
Ⅲ 产业篇

Ⅳ 市场篇

Ⅴ 专题篇

Ⅵ 附 录

皮书数据库阅读 **使用指南**

总 报 告

General Report

B.1

走上国际舞台的中国移动互联网

余清楚　唐胜宏　张春贵*

摘　要：　2017年，中国移动互联网开始走上国际舞台，互联网企业纷
　　　　　纷出海拓展市场，不仅输出产品、技术，而且以中国网络发
　　　　　展模式影响国际社会、改变国际互联网格局。在国内，移动
　　　　　互联网在服务精准扶贫、推动经济转型、提升移动政务水平
　　　　　等方面大有作为。未来，移动互联网将为中国改革开放提供
　　　　　新动能，数字经济全面加速发展，人工智能、移动物联等技
　　　　　术也将推动移动互联网向智能互联、万物互联跨越。

关键词：　移动互联网　4G　海外拓展　数字经济　移动物联

* 余清楚，人民网总编辑、人民网研究院院长，人民日报社高级编辑；唐胜宏，人民网研究院
　副院长，主任编辑；张春贵，人民网研究院研究员，博士。

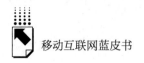

2018 年 4 月 20 日，习近平总书记在全国网络安全和信息化工作会议上指出，党的十八大以来，党中央重视互联网、发展互联网、治理互联网，推动网信事业取得历史性成就，形成了网络强国战略思想。为把握信息革命历史机遇，总书记又提出了一系列重大战略部署。中国移动互联网的发展，正是在这样的宏大背景下呈现出波澜壮阔的图景。

2017 年，中国互联网企业大规模走出国门，推介中国产品、技术，以中国经验影响国际社会，推动世界各国共同搭乘互联网和数字经济发展的快车，在一定程度上开始改变国际互联网的格局。构建网络空间命运共同体日益成为国际社会的广泛共识。① 移动互联网不仅在中国经济转型发展过程中扮演越来越重要的角色，在服务精准扶贫、提升移动政务等社会建设方面，也都大有作为。未来，正如习近平总书记指出的，中国数字经济发展将进入快车道，移动互联网将继续为中国改革开放培育新增长点、形成新动能，深耕海外、造福世界各国人民的步伐也会越来越大。

一 2017年中国移动互联网发展基本状况

（一）4G 网络建设全面铺开，5G、NB‐IoT② 等技术走在世界前列

2017 年，通信运营商及铁塔公司大力发展 4G 网络，全力提升中国宽带通信质量，4G 宽带移动通信网络建设和数据流量业务保持高速增长态势。

运营商着力拓展 4G 网络覆盖深度，提升和扩大移动网络服务质量和覆盖范围，不断消除覆盖盲点。2017 年，全国净增移动通信基站 59.3 万个，总数达619 万个，是 2012 年的 3 倍。4G 基站净增 65.2 万个，总数达到 328 万个③。

---

① 习近平：《致第四届世界互联网大会的贺信》，http：//www. cac. gov. cn/2018 ‐ 05/11/c_1122793611. htm，2017 年 12 月 3 日。
② NB‐IoT（Narrow Band Internet of Things，基于蜂窝的窄带物联网），物联网领域一个新兴的技术，支持低功耗设备在广域网的蜂窝数据连接，也被叫作低功耗广域网（LPWA）。
③ 工业和信息化部：《2017 年通信业统计公报》，2018 年 2 月 2 日。

铁塔公司积极对接国家发展战略，大力支持我国 4G 网络建设。截至 2017 年底，铁塔公司累计投资 1388 亿元，共交付铁塔设施 167.9 万个；全网铁塔共享率从成立前的 14.3% 快速提升到 43%①，新建铁塔共享率更是迅速提升至 70.4%，中国电信、中国联通、中国移动三家站址规模较铁塔公司成立之初分别增长了 59%、81%、58%，有效加快了 4G 网络的发展进程②。

NB - IoT 网络也进入快速部署阶段。2017 年 6 月，工业和信息化部下发《关于全面推进移动物联网（NB - IoT）建设发展的通知》，运营商积极响应。截至 2017 年底，中国电信率先完成了覆盖全国的 NB - IoT 网络建设，实现 31 万个基站升级③；中国移动实现全国 346 个城市 NB - IoT 规模商用，移动物联网连接规模超过 2 亿④；中国联通在北上广深等 10 余个城市开通 NB - IoT 试点，并在全国 300 余个城市具备快速接入物联网的能力⑤。在 NB - IoT 全面落地的同时，三大运营商也积极加速 e - MTC⑥ 的研发。

2017 年底，中国已开始 5G 第三阶段试验并着手部署 6G 网络研发。5G、NB - IoT、e - MTC 及其他无线移动通信技术密切结合，正在形成各种新产业、新业态和新模式的基础性业务平台，推动移动互联网和实体经济深

---

① 《中国铁塔三年累计投资 1388 亿元　共享率增至 43%》，通信产业报网站，http：//dy. 163. com/v2/article/detail/D93U3VOE0511CSHM. html，2018 年 1 月 26 日。

② 综合各家公司年度财报数据得出。

③ 叶熙正：《中国已着手 6G 研究　加速物联网发展》，财联社网站，https：//www. cailianpress. com/depth/224894，2018 年 3 月 9 日。

④ 《2018 GTI 国际产业峰会召开　迎接万物智能互联新时代》，中国移动官网，http：//www. 10086. cn/aboutus/news/groupnews/index_ detail_ 13710. html？id = 13710，2018 年 2 月 27 日。

⑤ 《〈工作要点〉e - MTC/NB - IoT 三大运营商网络布局》，https：//www. sohu. com/a/225098414_ 100058615。

⑥ 注：e - MTC，enhanced Machine-Type Communication，增强型机器类型通信。e - MTC 和 NB - IoT 都属于窄带 LTE 技术，NB - IoT 使用的带宽大约为 200KHz，支持 100Kbps 以下速率传输低流量数据；而 e - MTC 技术则使用的是 1.4MHz 带宽，最高数据传输速率达 1Mbps。

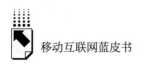

度融合，并为移动物联网提供了强大的基础设施支撑能力，推动其发展提速。

（二）用户总量稳步增长，结构优化带来流量爆发式增长

据中国互联网络信息中心（CNNIC）发布的《第41次中国互联网络发展状况统计报告》，截至2017年12月，我国网民规模达7.72亿人，全年共计新增网民4074万人；手机网民规模达7.53亿人，较2016年底增加5734万人，增速比2016年略有放缓（2016年网民、手机网民分别增长是4299万人、7600万人[①]）；网民中使用手机上网人群的占比由2016年的95.1%提升至97.5%，增幅略有下降（2016年占比较2015年提升5个百分点）。

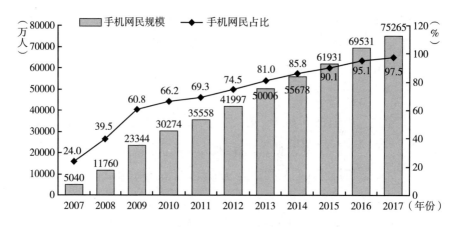

图1 2007～2017年中国手机网民规模及其占比

资料来源：中国互联网络信息中心。

另据工业和信息化部（以下简称"工信部"）数据，截至2017年12月底，全国移动电话用户净增9555万户，总数达14.2亿户，移动电话用户普及率达102.5部/百人，比上年提高6.9部/百人，全国已有16个省市的移动电话普及率超过100部/百人。2017年中国移动宽带用户（即3G和4G用

---

① 中国互联网络信息中心：《第39次中国互联网络发展状况统计报告》，2017年1月22日。

户）总数达 11.3 亿户，全年净增 1.91 亿户，占移动电话用户的 79.8%；其中 4G 用户总数达到 9.97 亿户，全年净增 2.27 亿户①。

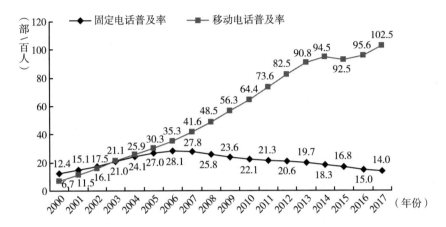

图 2　2000～2017 年固定电话、移动电话用户发展情况

资料来源：工业和信息化部。

4G 用户扩张带来用户结构优化，支付、视频、广播等各种移动互联网应用普及带动数据流量呈现爆炸式增长。2017 年，中国移动互联网接入流量达 246 亿 GB，同比增长 162.3%（2016 年为 93.8 亿 GB），增速较上年提高 38.4 个百分点。全年月户均移动互联网接入流量达到 1775MB，是 2016 年的 2.3 倍。2017 年，手机上网流量达到 235 亿 GB，比上年增长 179%，在移动互联网总流量中占 95.6%，是推动移动互联网流量高速增长的主要因素。②

（三）智能手机进入存量竞争时代，智能终端迎来市场繁荣

2017 年全球智能手机行业在经过了近十年爆发式增长之后，市场渐趋饱和。国际数据公司 IDC 发布报告称，2017 年全球智能手机出货量为 14.6

---

① 工业和信息化部：《2017 年通信业统计公报》，2018 年 2 月 2 日。

② 工业和信息化部：《2017 年通信业统计公报》，2018 年 2 月 2 日。

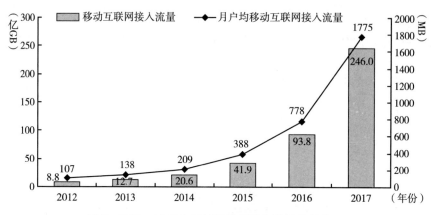

图3 2012~2017年移动互联网接入流量增长情况

资料来源：工业和信息化部。

亿部，同比下滑0.5%，这是智能手机年度出货量首次出现下滑①。

中国智能手机市场出货量也出现下滑。据中国信息通信研究院的数据，2017年国内手机市场出货量4.91亿部，同比下降12.3%②。这意味着国内智能手机进入存量竞争时代，品牌集中度提高，竞争日趋激烈。

随着人工智能与专有器件技术的发展，2017年智能硬件设备的商业化前景更加广阔，智能机器人、无人机与智能家居等智能硬件纷纷迎来功能升级、市场扩张的发展机遇③。

国内机器人企业超过1000家，主要集中在广东、江苏、上海、北京等地，以组装和代加工为主，处于产业链低端。不过，中国智能服务机器人技术初步形成散点突破态势，在感知技术、控制技术、交互技术等方面取得领先地位④。无人机市场体量持续扩大。2017年1~8月，我国16家无人机企业共计获

---

① 《2017年全球智能手机出货14.6亿部，出现首次下滑》，http：//www.tmtpost.com/nictation/3101764.html，2017年3月10日。

② 中国信息通信研究院：《2017年国内手机市场运行情况及发展趋势分析》，http：//www.caict.ac.cn/kxyj/qwfb/qwsj/201803/P020180302390900546187.pdf，2018年3月。

③ 中国信息通信研究院：《智能硬件产业发展白皮书（2017年）》，http：//www.caict.ac.cn/kxyj/qwfb/bps/201709/t20170927_2209403.htm，2017年9月27日。

④ 中国信息通信研究院：《智能硬件产业发展白皮书（2017年）》，http：//www.caict.ac.cn/kxyj/qwfb/bps/201709/t20170927_2209403.htm，2017年9月27日。

得 17 次融资，累计融资额约 5.2 亿元。国内消费级无人机技术在数据传输、悬停避障、视频拍摄等方面处于引领地位。民用无人机市场规模快速提升，2018 年市场规模预计达到 110.9 亿元[①]。此外，国内智能家居产业化应用快速发展，消费市场智能家居产品和平台创新速度处于全球先进水平。在医疗领域，围绕医疗机器人和可穿戴设备的智慧医疗模式正在形成。在交通领域，国内汽车企业、互联网公司、高校等都积极开展自动驾驶汽车研究。

（四）移动互联网应用市场全球最大，新技术拉动应用升级

工信部数据显示，截至 2017 年 12 月底，我国市场共监测到 403 万款移动应用，其中第三方应用商店移动应用数量超过 236 万款，苹果商店（中国区）移动应用数量超过 172 万款[②]；中国移动应用市场规模达到 7865 亿元（见图 4）。另据手机应用（APP）市场数据分析平台 APP Annie 报告称，中国的 APP 市场已是全球最大，过去两年来，中国消费者通过 Google Play、苹果应用商店和其他第三方安卓应用商店的支出激增 270%，在 2017 年达到约 3300 万美元，相当于 2017 年此类全球消费支出的 38% 以上。此外，中国消费者用在 APP 上的时间也最长，并且将 90% 以上的时间用于非游戏类 APP[③]。

移动应用向产品多样化、垂直化发展，产品定位更加聚焦，更加贴近生活。CNNIC 数据显示，即时通信、网络新闻、移动搜索应用仍是流量主要入口。手机网上订外卖的用户规模增长最快，增幅达 66.2%。

移动应用成为政务服务和政务信息传播的重要渠道。截至 2017 年 12 月，中国在线政务服务用户规模达到 4.85 亿[④]，占总体网民的 62.9%。从

---

① 中国信息通信研究院：《智能硬件产业发展白皮书（2017 年）》，http://www.caict.ac.cn/kxyj/qwfb/bps/201709/t20170927_2209403.htm，2017 年 9 月 27 日。

② 中华人民共和国工业和信息化部：《2017 年互联网和相关服务业快速增长》，http://www.miit.gov.cn/n1146285/n1146352/n3054355/n3057511/n3057518/c6043561/content.html，2018 年 1 月 31 日。

③ 佩纳·霍兰德：《中国 APP 市场全球第一 本土 App 纷纷崛起》，http://it.people.com.cn/n1/2018/0211/c1009-29818204.html，2018 年 2 月 11 日。

④ 中国互联网络信息中心：《第 41 次中国互联网络发展状况统计报告》，2018 年 1 月。

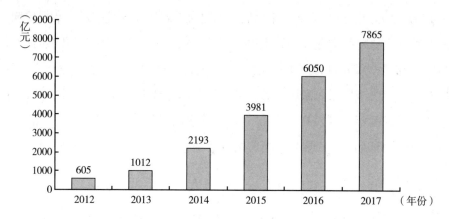

图 4　2012～2017 年中国移动应用市场规模

资料来源：DCCI 互联网数据研究中心。

应用模式来看，主要为"两微一端"＋第三方城市服务。"两微一端"指政务微博、政务微信、政务客户端。第三方城市服务是以"支付宝/微信＋政务服务"为代表的城市服务平台，是中国移动政务发展的亮点。它不仅能够提供在线支付渠道，而且可以利用微信、支付宝的应用平台及技术优势对政务服务进行一定程度的重构，形成我国移动政务发展的新思路。

网络技术、物联网和智能硬件等的发展，推动了应用升级换代。一些互联网企业利用 AR 技术开展特色服务，如阿里巴巴、腾讯利用 AR 红包促进线上线下社交，腾讯、暴风等企业推动 VR 直播应用，京东、淘宝等电商利用 VR 技术虚拟场景提升用户体验。在大数据与人工智能技术的帮助下，移动应用营销解决方案不断优化；移动研发工具愈加普遍，应用研发市场迅速发展；移动应用商店升级服务，应用分发市场竞争激烈。

（五）投融资规模下降，独角兽公司[①]孵化加速

2017 年，中国移动互联网行业 VC/PE 融资市场活跃度明显降低，总融

[①]　投资界对于估值超过 10 亿美元且创办时间相对较短（一般不足十年）、尚未上市公司的称谓。

资规模比上年降低 34.17% ，融资交易案例共 97 起，较 2016 年大幅下降（见图 5）；从连续融资情况来看，资本青睐汽车后服务市场和互联网教育领域。从单笔融资来看，快手获得 3.5 亿美元融资，是年度最大规模的融资案例①。

图 5　2007～2017 年中国移动互联网行业 VC/PE 融资情况

资料来源：CVsourse。

并购交易方面，2017 年移动互联网宣布及完成并购交易的数量都呈下滑趋势。宣布并购 47 起，同比下降 20%；完成并购 20 起，同比下降 44%②。

中国移动互联网领域投融资及并购交易市场的规模下降，但独角兽公司的诞生速度加快了很多。互联网创投数据公司 IT 桔子 2017 年追踪到 34 家新晋独角兽公司，发现有些项目从诞生到发展为独角兽公司仅仅用了一年多的时间，这在以往是不可想象的。③ 从创投领域行业分布来看，新晋独角兽

①　刘金阳：《2017 年移动互联网融资下降，资本追逐热点手机游戏项目》，投中网，https：//www.chinaventure.com.cn/cmsmodel/report/detail/1374.shtml，2017 年 1 月 3 日。
②　刘金阳：《2017 年移动互联网融资下降，资本追逐热点手机游戏项目》，投中网，https：//www.chinaventure.com.cn/cmsmodel/report/detail/1374.shtml，2017 年 1 月 3 日。
③　《2017 年中国互联网新晋独角兽：共 34 家，其中一家成立还不到两年》，http：//wemedia.ifeng.com/42408233/wemedia.shtml，2017 年 4 月 24 日。

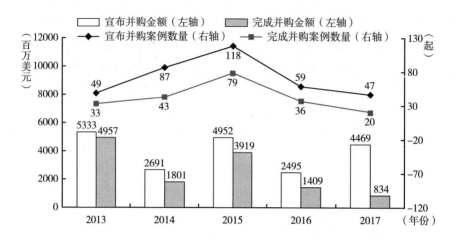

图6　2013～2017年中国移动互联网行业并购宣布及完成趋势

资料来源：CVsourse。

们覆盖了11个垂直行业。其中，文化娱乐和企业服务行业均以7家公司并列首位，有超过60%的公司与BAT有直接或间接的股权关系。

二　2017年中国移动互联网发展的主要特征

（一）海外拓展更加广泛，推动全球互联网格局转变

1.移动互联网助力"一带一路"建设

自2013年习近平总书记提出"一带一路"倡议以来，中国互联网企业积极参与"一带一路"建设，成绩斐然。2017年5月举办的"一带一路"国际合作高峰论坛公布了"一带一路"建设76大项270多项具体成果①，中国互联网企业在其中发挥了重要作用。中兴、华为、中国移动、中国电信、中国联通等中资企业，积极与"一带一路"沿线国家合作，推进信息

---

① 《"一带一路"国际合作高峰论坛专题》，新华社，http：//www.xinhuanet.com/world/brf2017/，2017。

基础设施建设；人工智能、大数据、云计算、区块链等先进信息技术为"一带一路"沿线国家普惠共赢提供技术支撑。如中国移动发起的 TD – LTE 全球发展倡议（GTI），汇聚全球 127 家运营商成员以及 130 多家设备制造商和终端厂商合作伙伴，在"一带一路"沿线 21 个国家和地区部署了 39 张 TD – LTE 商用网络[1]。与此同时，中国移动多次下调"一带一路"沿线国家漫游费，为参与"一带一路"建设企业与个人提供质优价廉的服务。

"一带一路"沿线国家电子商务蓬勃发展。阿里旗下的全球速卖通 2017 年 4 月数据显示，全球速卖通用户遍及全球 220 多个国家和地区，全球海外买家累计突破 1 亿户，其中"一带一路"沿线国家用户占比达到 45.4%，俄罗斯、泰国、马来西亚、新加坡、以色列等国商品也纷纷通过跨境电商平台出口中国[2]。

移动支付技术不仅保障沿线贸易的繁荣，而且在带动沿线欠发达地区经济增长、改善民生福利上也做出了巨大贡献。蚂蚁金服利用在国内已发展成熟的移动支付技术与金融服务模式，与"一带一路"沿线国家展开合作，给金融欠发达国家提供了弯道超车的机会[3]。

在"一带一路"国际合作高峰论坛上，习近平总书记指出要把"一带一路"连接成"21 世纪的数字丝绸之路"[4]。2017 年 11 月 2 日，中国首个企业发起成立的"一带一路"融合式平台——"一带一路"数字化经济战略联盟在济南成立。12 月 3 日，在第四届世界互联网大会上，中国、埃及、老挝、沙特、塞尔维亚、泰国、土耳其和阿联酋等国家代表共同发起《"一带一路"数字经济国际合作倡议》，建设数字平台。12 月 6 日，第二届数字

① 中国移动：《中国移动参与"一带一路"共建情况》，http：//www. 10086. cn/aboutus/news/ groupnews/index_ detail_ 3165. html？id = 3165，2017。
② 阿里研究院：《eWTP 助力"一带一路"建设——阿里巴巴经济体的实践》，http：//i. aliresearch. com/img/20170515/20170515174434. pdf，2017 年 4 月 21 日。
③ 《蚂蚁金服：今年将在数个"一带一路"沿线国家复制"支付宝"》，蚂蚁金服官网，https：//www. antfin. com/newsDetail. html？id = 590a99df70cfc66a14177b6a，2017。
④ 《习近平对推动"一带一路"建设提出五点意见》，新华网，http：//news. xinhuanet. com/ world/2017 – 05/14/c_ 129604239. htm，2017 年 5 月 14 日。

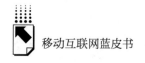

丝路国际会议在香港召开，正式向全球发布《数字丝路科学规划书》，这标志着由中国科学家牵头发起的国际大科学计划，有了明确的实施方向①。

中国互联网企业在"一带一路"建设中开辟了广阔天地，推动了全球互联网格局转变。

2. 中国模式影响世界，被发达国家效仿

2017 年，受国内市场用户增长放缓、4G 红利释放殆尽、产品竞争激烈等因素的影响，越来越多的互联网企业将目光转向海外，形成出海浪潮。

较早布局海外的手机厂商是全球化发展的受益者。国内手机市场出货量在 2017 年出现 12.3% 的跌幅，竞争激烈，但提前深耕海外的部分手机厂商则不受影响。从美国 IT 研究与顾问咨询公司 Gartner 公布的数据来看，2017 年全球智能手机出货量 TOP5 中，中国厂商占据 3 席，分别为华为、OPPO 和 VIVO，出货量分别占 9.8%、7.3% 和 6.5%，较 2016 年均有所增长，三家厂商的合计出货量份额（23.6%）较 2016 年提高了 4.2 个百分点。

2017 年，随着跨境电商繁荣、境外出行频繁，我国移动支付开始大规模出海，从东南亚到欧洲的数十个国家都有了中国移动支付的身影②。2017 年 5 月，微信支付宣布携手硅谷移动支付公司 CITCON 正式进军美国，在美国衣食住行均可直接用人民币结算。支付宝在欧洲近 20 个国家都有接入商户，包括英国、法国、德国、意大利和俄罗斯等国家。

海外扩展已经成为国内市场竞争的延伸，在一定程度上决定了国内互联网企业的市场地位，如短视频和直播应用的海外竞争。2017 年 2 月，今日头条宣布全资收购美国短视频应用 Flipagram；8 月，今日头条旗下的抖音在日本、泰国和越南等地先后登顶了 APP Store 免费榜。2017 年 10 月，短视频应用快手在韩国进行市场扩展。今日头条和快手还竞逐收购北美短视频社区 Musical. ly，最终今日头条以 10 亿美元成交。在海外开展直播业务的国内

① 《〈数字丝路科学规划书〉正式向全球发布》，科学网，http：//news. sciencenet. cn/htmlnews/2017/12/396390. shtm，2017 年 12 月 3 日。

② 《观察：中国移动支付海外"落地生根"仍需关键一步》，http：//www. chinadevelopment. com. cn/news/zj/2018/02/1236537. shtml，2018 年 2 月 12 日。

直播企业有近 50 家，地域覆盖亚洲、欧洲、非洲、美洲和大洋洲的 45 个国家和地区，相对国内饱和的市场而言，海外市场，特别是新兴互联网发展中国家有着更大的机会。①

移动应用产品出海，彰显中国企业的创新实力。《麻省理工科技评论》评选的"2017 年度全球 50 大最聪明公司"榜单上，中国互联网新兴企业科大讯飞排名中国第一、全球第六。2017 年 5 月，来自"一带一路"沿线的 20 国青年评选出了中国的"新四大发明"——高铁、支付宝、共享单车和网购。除了高铁，其余三个都与移动互联网相关。一些曾经被认为是对国外产品模仿的应用，也开始被国外同类产品模仿，如脸谱模仿微信在通信应用中植入约车和支付功能，推特模仿微博推出视频直播功能，美国的 Limebike 共享单车追随中国共享单车实现无桩化和内置 GPS，苹果公司的 iMessage 即时通信增加了与微信一样的支付功能②。

共享经济的"中国模式"开始引领世界潮流。共享单车是 2017 年共享经济模式出海的代表：2017 年 1 月，小蓝单车落地旧金山，成为首个出海的共享单车品牌；到 2017 年底，ofo 小黄车已在全球 21 个国家、超过 250 个城市开展运营，摩拜也已进入 11 个国家提供服务③。

中国游戏厂商出海热情高涨，自研网络游戏海外营业收入约为 76.1 亿美元，同比增长 10.0%，形成海外市场"中国同行"激烈竞争趋势；自研二次元类移动游戏在日韩地区表现出色，实力雄厚的游戏企业积极收购海外研发和发行公司，布局全球市场④。

中国的网络管理模式也开始得到一些国家的效法，如越南的《网络安

① 《直播平台 2017 年减近百家　监管趋严选择出海求生》，http：//www.sohu.com/a/224621582_ 223764，2017。

② 《共享经济"中国模式"日渐成型》，http：//news.sina.com.cn/c/nd/2018 – 01 – 15/doc – ifyqrewi1291223.shtml，2018 年 1 月 15 日。

③ 《中国企业全球化再添新典范：ofo 小黄车出海 1 年登顶全球第一》，http：//news.ifeng.com/a/ 20180312/56668756_ 0.shtml，2018 年 3 月 12 日。

④ 《2017 年中国游戏产业发展报告出炉：网游营收 2000 亿》，游迅网，http：//www.yxdown.com/ news/201711/378595.html，2017 年 11 月 3 日。

全法》草案对外国公司"在越南境内存储越南用户的数据以及在使用越南国家网络基础设施时所收集和/或产生的其他重要数据"提出要求，新加坡的新《网络安全法案》对数字服务供应商提出了类似于中国的规定，即使其执行过程没有那样严格。

（二）法规细化监管趋严，注重内容导向经营规范

1. 政策法规不断完善和细化

2017 年 1 月 15 日，中共中央办公厅、国务院办公厅印发了《关于促进移动互联网健康有序发展的意见》，就移动互联网行业发展应遵循的基本原则、发展方式、存在问题等方面，在政策层面给出明确指导。

2017 年 6 月 1 日《网络安全法》正式施行，这是中国第一部全面规范网络空间安全管理的基础性法律。与之同时实施的还有国家网信办的《互联网新闻信息服务管理规定》。2017 年下半年，国家网信办出台了《互联网论坛社区服务管理规定》《互联网跟帖评论服务管理规定》《互联网群组信息服务管理规定》《互联网用户公众账号信息服务管理规定》《互联网新闻信息服务单位内容管理从业人员管理办法》《互联网新闻信息服务新技术新应用安全评估管理规定》等管理规定，2018 年 2 月 2 日又发布《微博客信息服务管理规定》。这一批管理规章，除了明确以内容安全与正确舆论导向作为主要目标并强化平台主体责任，更重要的是明确其覆盖范围包括移动端的直播平台、社区群组、公众账号等领域，对移动互联网的监管更加细化、更有针对性。

2. 内容平台管理更加严格

管理部门加大了对各类网络平台内容生产的监管力度。2017 年全国网信系统依法约谈网站 2003 家，暂停更新网站 1370 家，会同电信主管部门取消违法网站许可或备案、关闭违法网站 22587 家，移送司法机关相关案件线索 2045 件，有关网站依据服务协议关闭各类违法违规账号群组 317 万余个。

严查不良信息、低俗内容，净化网络空间。2017 年 6 月，网信部门约谈微博、今日头条、腾讯、一点资讯、优酷、网易、百度等主要网站，责令

网站切实履行主体责任，加强用户账号管理，采取有效措施遏制渲染演艺明星绯闻隐私、炒作明星炫富享乐、低俗媚俗之风等问题。随即"风行工作室官微""全明星探""中国第一狗仔卓伟"等数十个知名账号被关闭，相关平台也受到处罚。

算法推荐得到部分纠偏。一些互联网企业力主算法推送，导致庸俗内容泛滥。人民网于9月推出了"三评算法推荐"系列评论，把今日头条、一点资讯等移动应用主打的算法推荐模式推上舆论的风口浪尖。今日头条公布了算法，并招聘人工编辑，部分纠正了纯粹算法推荐的弊端。

移动直播遭遇强有力的监管，迎来行业洗牌。5月，文化部针对网络表演市场内容违规行为多发的问题，严查网络表演经营单位，关停10家网络表演平台，行政处罚48家网络表演经营单位。2017年关停的直播平台累计72家。2017年底直播平台通过"直播答题"谋求突围，火爆一时，随即被迅速叫停。

互联网广告违法率明显下降，全国互联网广告监测中心自2017年9月1日正式启动以来，互联网广告的违法率从开展监测前的7.1%降至1.98%[1]，威慑作用初步显现。

在加强内容平台监管、打击低俗不良信息的同时，主流媒体在内容生产上发力，利用移动平台传播正能量的手法更加娴熟，提供了大量积极向上、符合移动传播特点的内容产品，主流媒体在移动端的传播力、引导力、影响力、公信力都大为提升，移动舆论场生态发生根本性变化。

3. 经营平台管理更加规范

2017年，管理部门对移动金融、移动游戏、共享单车、招聘、订餐等经营性平台的管理也日趋规范。

2017年被称为"金融监管年"，互联网金融业监管力度空前，长效监管机制不断完善。4月，现金贷遭到监管层点名批评，银监会要求持续推进网

---

[1] 《有了这双大数据天眼　互联网广告违法率直线下降》，搜狐网，http：//www.sohu.com/a/221693472_241553，2017。

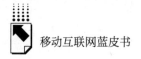

络借贷平台（P2P）风险专项整治，做好校园网贷、现金贷业务的清理整顿工作。一些领先的互联网金融平台正加快自身的调整步伐，一些不符合政策导向的互联网金融平台相继转型。

移动游戏厂商加强对青少年群体的保护。2017 年，中国游戏行业整体营业收入为 2189.6 亿元，移动游戏以全年 1122.1 亿元的营收占到网络游戏市场份额的 55.8%；移动游戏用户约 4.6 亿，同比增长 9.0%[①]。在《王者荣耀》的用户中，11~20 岁年龄段用户比例高达 54%，大量青少年沉溺于《王者荣耀》，引发社会广泛担忧。7 月，人民网推出"三评《王者荣耀》"，引发业界对现象级移动网络游戏的反思，推动游戏厂商接受主管部门监管，出台技术措施，减轻网络游戏对未成年用户身心健康的危害。

2017 年共享单车发展迅猛，截至 2018 年 2 月，已有 77 家共享单车企业投入 2300 万辆共享单车，累计运送了 170 亿人次[②]。2017 年交通运输部等 10 部门发布的《关于鼓励和规范互联网租赁自行车发展的指导意见》及部分城市共享单车新政的出台，有力促进了行业的规范化发展，但共享单车管理仍面临多方面的突出问题。

（三）政府加快产业布局，强力推动关键技术创新

1. 抢抓人工智能战略机遇，构筑先发优势

2017 年初，人工智能程序 AlphaGo 在围棋对战平台上轮番挑战各大高手，取得 60 连胜战绩，5 月 27 日中国棋手柯洁 0∶3 负于 AlphaGo，这标志着人类在人工智能领域实现飞跃，国际科技巨头纷纷布局相关产业链，加速人工智能产业发展。

2017 年 7 月 8 日，国务院印发《新一代人工智能发展规划》，目标是抢抓人工智能发展的重大战略机遇，构筑中国人工智能发展的先发优势。11

① 《2017 年中国游戏产业发展报告出炉：网游营收 2000 亿》，游迅网，http://www.yxdown.com/news/201711/378595.html，2017 年 11 月 3 日。

② 《交通部：77 家共享单车企业已倒闭 20 多家，好东西也要规范》，澎湃网，http://www.thepaper.cn/newsDetail_ forward_ 1991179，2017。

月 15 日，科技部召开新一代人工智能发展规划暨重大科技项目启动会，宣布成立新一代人工智能发展规划推进办公室和新一代人工智能战略咨询委员会，并宣布百度、阿里、腾讯、科大讯飞等公司为首批国家新一代人工智能开放创新平台。12 月 14 日，工信部印发《促进新一代人工智能产业发展三年行动计划（2018~2020 年）》，提出以信息技术与制造技术深度融合为主线，以新一代人工智能技术的产业化和集成应用为重点，推进人工智能和制造业深度融合，加快制造强国和网络强国建设。

在政府主导和强力推动下，2017 年中国人工智能领域在技术研发和产业应用层面均取得突出成果，人工智能通过以图搜图、人脸识别、人机交互、智能写稿、无人超市、无人驾驶等影响着人们的生活。据《第 41 次中国互联网络发展状况统计报告》，截至 2017 年 6 月，全球人工智能企业总数达到 2542 家，其中美国拥有 1078 家，占比 42.4%；中国居于其次，拥有 592 家，占比 23.3%。

2. 领先谋划6G 研发，移动物联网技术体系初步形成

2018 年 3 月 9 日，工信部部长苗圩在央视新闻访谈节目《部长之声》中表示，中国已经着手研究 6G。在移动通信领域，中国经历了 1G 空白、2G 跟随、3G 突破、4G 同步、5G 全球引领之后，提前布局 6G 的研发。

2017 年 6 月，工信部下发《关于全面推进移动物联网（NB－IoT）建设发展的通知》，中国进入移动物联网大规模建设新时期，并逐渐形成行业融合新格局。目前，NB－IoT、e－MTC 等技术支撑移动物联网快速发展，相关标准逐步成熟，体系已初步形成，平台发展如火如荼。移动物联网打破传统物联网小范围局部性应用、垂直应用和闭环应用的局限，将真正开启万物互联发展新阶段，具有广阔的发展前景。

3. 区块链日益受到重视，成为国家信息化布局重点之一

2016 年 10 月，工信部发布《中国区块链技术和应用发展白皮书》。2016 年 12 月，国务院印发《"十三五"国家信息化规划》，区块链与大数据、人工智能、机器深度学习等新技术，成为国家布局的重点。2017 年 5 月，工信部发布首个区块链标准《区块链参考架构》。随着行业规范性指导

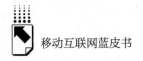

文件的陆续出炉，国家对区块链支持政策逐步清晰明确，区块链产业化进程再提速。

比特币等虚拟数字货币开始频繁出现在人们的视野中，中国在区块链专利、区块链融资的增速远超过美国，领先全球。[①] 在数字货币大热的同时，国内多家企业使用区块链技术展开了场景应用的实践，如京东物流、菜鸟与天猫国际启用区块链技术来改善其物流应用，苏宁金融宣布启用基于区块链技术驱动的黑名单共享平台系统等。在一系列政策支持与鼓励下，利用区块链技术来开发新产品，为未来移动互联网发展搭建新的、更加可靠的技术基础，或许更能凸显其价值。

（四）数字经济贡献率提升，成经济发展重要引擎

2017 年，无论是促进就业还是推动经济增长，数字经济都表现出强劲的活力。中国信息通信研究院 2018 年 4 月 12 日发布的《中国数字经济发展与就业白皮书（2018）》显示，2017 年全国数字经济规模达到 27.2 万亿元，同比名义增长超过 20.3%，占 GDP 的 32.9%，数字经济对经济增长的贡献达到 55%，接近甚至超越了某些发达国家的水平。在促进就业方面，2017年我国数字经济领域就业人数达到 1.71 亿人，占当年总就业人数的比重为22.1%，同比提升 2.5 个百分点。[②]

中国数字经济步入黄金期，并不断改造传统业态、催生新业态，如新零售、共享经济、知识付费等。

1."新零售元年"开启

2017 年被称为"新零售元年"。当线上获客成本逐渐高企而线下获客成本下降时，互联网巨头们开始将目光投向实体超市、便利店等，纷纷提出"新零售"的概念。2017 年底，国内市场占有率前十的大型连锁超市基本

---

① 据国内知识产权新媒体机构 IPRdaily 联合科技创新情报平台 incoPat 创新指数研究中心发布的《2017 全球区块链企业专利排行榜（前 100 名）》。

② 鲁春丛：《〈2018 年中国数字经济发展与就业白皮书〉解读》，中国信通院网站，http：//www. caict. ac. cn/kxyj/caictgd/201804/t20180412_ 2244516. htm，2018 年 4 月 2 日。

"站队"完毕，互联网巨头的目光开始瞄向百货业态①。

新零售不是原样复活线下实体业态，而是以高科技为手段改造传统零售业，如大数据分析、智慧物流分拣、发达的仓储物流配送等。生鲜是新零售最先发力的领域，主要有以下三种模式：以配送为主的每日优鲜、易果生鲜以及京东到家；以商超 + 餐饮模式为主的盒马鲜生、超级物种、多点 Dmall；还有一些瞄准便利店、无人货架的初创企业。

2017 年底，生鲜新零售改造基本完成，流量红利开始涉足低频次、高毛利的品类，典型代表就是百货业。阿里巴巴、京东等行业巨头都有向百货业态进军的进一步计划，几家以服装鞋帽、家居为代表的大型卖场已经进入它们的投资视野。

新零售大潮中，奠基于人工智能、移动支付等技术的无人超市也火起来。7 月 8 日，阿里的无人超市"淘咖啡"正式落户杭州；"无人超市"迅速在上海、深圳等城市落地，缤果盒子、Take Go、F5 未来商店等无人便利店开始扎堆出现。

2. 共享经济热潮居高不下

国家信息中心分享经济研究中心发布的《中国共享经济发展年度报告（2018）》显示，2017 年我国共享经济继续保持高速增长，全年市场交易额约为 49205 亿元，比上年增长 47.2%。其中，非金融共享领域交易额为 20941 亿元，比上年增长 66.8%。从市场结构看，2017 年我国非金融共享领域市场交易额占总规模的比重从上年的 37.6% 上升到 42.6%，提高了 5 个百分点；金融共享领域市场交易额占总规模的比重从上年的 62.4% 下降到 57.4%，下降了 5 个百分点②。

共享经济拉动就业成效显著，有力促进了包容性增长。2017 年我国参与共享经济活动的人数超过 7 亿，比上年增加 1 亿左右。截至 2017 年底，

---

① 《争议新零售：2018 能否成为新风口？》，http://tech.qq.com/a/20180207/000102.htm，2018 年 2 月 7 日。

② 国家信息中心分享经济研究中心：《中国共享经济发展年度报告（2018）》，2018 年 2 月 28 日，http://ex.cssn.cn/jjx/jjx_bg/201802/t20180228_3861544.shtml。

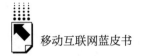

全球 224 家独角兽企业中有 60 家中国企业，具有典型共享经济属性的中国企业 31 家，占中国独角兽企业总数的 51.7%①。

共享经济已经重构了多个传统产业，对于供给侧结构性改革、提高市场活力、增加就业机会、发展绿色经济等都产生着深远影响。

3. 知识付费市场高速发展

知识付费是将知识变成产品或服务，通过售卖以实现其商业价值。移动应用的发展让知识付费载体与呈现形式更加多样化，形成了知识电商、社区直播、社交问答、课程讲座、内容打赏等模式；移动支付技术日趋成熟，为优质内容付费的观念已经形成。这些因素共同推动了 2017 年知识付费市场的高速发展，大批优秀内容提供者进驻各大知识付费平台，得到、知乎、分答、喜马拉雅 FM 是知识付费平台中的佼佼者。据艾瑞咨询发布的《2018 年中国在线知识付费市场研究报告》，2017 年中国知识付费产业规模约 49 亿元，在人才、时长、定价等因素综合作用下，2020 年将达到 235 亿元。②

（五）移动网络服务社会事业，推动相关政策落地

1. 全面服务精准扶贫

党的十九大报告提出，"坚决打赢脱贫攻坚战。要动员全党全国全社会力量，坚持精准扶贫、精准脱贫"。2018 年中央一号文件提出，要实施乡村振兴战略，不仅要坚持精准扶贫、精准脱贫，把提高脱贫质量放在首位，而且要实施数字乡村战略。

服务"精准扶贫、精准脱贫"，移动互联网具有天然优势。农村电子商务可以带动贫困地区产业发展，提高就业水平，增加贫困人口的收入。截至2017 年 9 月，我国贫困地区已建成县级电商服务中心 277 个、县级物流配

① 国家信息中心分享经济研究中心：《中国共享经济发展年度报告（2018）》，2018 年 2 月 28 日，http://ex.cssn.cn/jjx/jjx_bg/201802/t20180228_3861544.shtml。

② 艾瑞咨询：《2018 年中国在线知识付费市场研究报告》，http://report.iresearch.cn/report/201803/3191.shtml，2018 年 3 月 31 日。

送中心 206 个、乡村电商服务站点 2.17 万个，累计服务贫困户 275 万人次；全国 832 个国家级贫困县实现网络零售额 1208 亿元，同比增长 52.1%，高出全国农村网络零售额增速 13 个百分点[①]。此外，移动互联网还会给贫困地区带来优质教育和医疗资源，部分破解因病致贫、因病返贫和贫穷代际传递的难题。

2. 移动教育产业不断壮大

2017 年初国务院印发的《国家教育事业发展"十三五"规划》、教育部印发的《教育部 2018 年工作要点》均提出，应该鼓励"利用互联网、大数据、人工智能等技术提供更加优质、泛在、个性化的教育服务"，依托网络平台实现在线教育向更高质量、更加公平的方向迈进。

政策释放的利好吸引资本方纷纷入局，在线教育市场开始步入成熟期，向移动化迈进的趋势明显，"随时随地"学习成为在线教育的新特点，在线教育在一定程度上演变为移动教育产业。目前针对学习过程辅助环节的在线产品几乎全部从 PC 端向移动端迁移，甚至彻底放弃 PC 端的开发运营，仅支持手机端使用，移动端的流量占比总体高于 80%[②]。

3. 移动医疗服务"破冰"

2017 年，各地公立医院启动改革，医院端成为移动医疗发展的新蓝海；移动用户付费意识逐渐增强，患者端收费实现盈利变得可行，丁香园、好大夫、春雨医生等企业用户付费业务表现良好，用户端成为广告营销和医药电商模式之后新的盈利点；医药电子商务也呈现快速发展态势，有条件的医药流通企业借助医药电子商务平台整合业务渠道，向供应链客户提供更多的增值服务[③]。

Analysys 易观发布的《中国移动医疗市场趋势预测报告 2017～2019》

[①] 中国商业联合会：《2018 中国商业十大热点展望之七：精准扶贫、农村电商》，联商网，http：//www.linkshop.com.cn/web/archives/2018/395783.shtml，2018 年 2 月 1 日。

[②] 《2017 年中国移动教育行业研究报告》，界面，http：//www.jiemian.com/article/1636383.html，2017。

[③] 《2017 年中国医药流通行业发展现状、未来发展趋势及市场竞争分析》，中国产业信息网，http：//www.chyxx.com/industry/201711/586687.html，2017 年 11 月。

显示，2016 年中国移动医疗市场规模达到 105.6 亿元人民币，同比增长
116.4%。预计到 2019 年，我国移动医疗市场规模将超过 400 亿元人民币①。

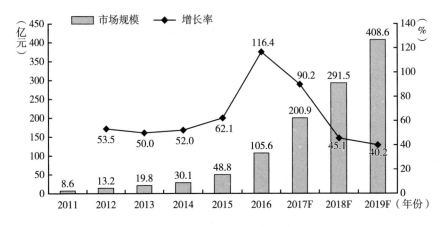

图 7　中国移动医疗市场趋势预测

资料来源：易观。

三　中国移动互联网面临的挑战与发展趋势

（一）中国移动互联网面临的挑战

1. 中国企业面临国际贸易保护主义阻力

中国互联网企业出海面临贸易保护主义阻力。2018 年 1 月，美国最大
的网络运营商 AT&T 在向政界人士发出警告后结束了分销华为最新智能手机
的交易；在 2 月的国会听证会上，国家安全局（NSA）和其他人警告美国公
民不要使用该公司制造的手机。澳大利亚、韩国、加拿大等国家也表示了对
"华为会涉及国家安全问题"的担心。3 月 22 日，美国总统唐纳德·特朗普宣
布，对每年高达 600 亿美元的中国产品加征关税，随即引发全球股市震荡。

---

① 易观：《中国移动医疗市场发展趋势预测 2018～2020》，https：//www.analysys.cn/analysis/
trade/detail/1001149/，2017。

有分析认为，这种贸易保护主义的阻力，主要是由于中国技术的迅猛发展引发以美国为代表的西方国家的担忧①。《中国制造2025》重点推动的十大领域（第一个领域就是新一代信息技术产业）都是美国具有全球竞争力的领域。

在2017年出海过程中，中国互联网企业已经感受到这种贸易保护主义的阻力，未来这些阻力可能会进一步加大，需要出海企业予以充分认识并做好应对准备。

2. 出海企业要适应不同制度、文化、市场差异

当前各国或地区在互联网领域的立法存在巨大差异。比如，在数据保护领域，将于2018年5月25日生效的欧盟《通用数据保护条例》（简称"GDPR"），对企业收集、控制和处理个人数据的方式做了详细而严格的规定。如果违反GDPR将面临可高达2000万欧元或4%的全球年营业额的巨额罚款，而且不能用对该法规的无知作为辩护。现在很多中国互联网企业已进入欧洲市场，在中国法律环境下成长起来的企业，应提早了解、适应这些规则。又如，2017年微信在俄罗斯因未按照其法律规定登记注册信息而被封禁，导致该区域用户在一段时间内无法登录或使用微信。

文化差异也会导致"水土不服"。2017年5月进入俄罗斯的快手，在APP Store俄罗斯摄影与录像类榜单中的排名，由最初的第4名一度跌出前45名，遭遇困境，一个重要原因就是没有很好地契合当地用户需求②。

还有市场发育不成熟的问题，特别是"一带一路"沿线国家，多数是不发达国家，网络发展水平不一。海外市场对于中国企业来说是蓝海，意味着机会，但也意味着行业不成熟。如果直接照搬国内的模式，很难说能否成功。

3. 发展好、管理好移动大数据面临挑战

党中央、国务院高度重视大数据在经济社会发展中的作用。党的十八届五中全会提出"实施国家大数据战略"，国务院印发《促进大数据发展行动

---

① 《经济学人：打击华为、阻碍博通收购高通的背后，是美国对中国科技发展的担忧》，搜狐网，http://www.sohu.com/a/225813427_99985415，2017。

② 《互联网纷纷出海，为何快手却在俄罗斯受挫？》，界面，http://www.jiemian.com/article/1663115.html，2017。

纲要》，十九大报告以及中央经济工作会议报告也多次强调推动互联网、大数据、人工智能和实体经济的深入融合。2017 年 1 月，工信部发布了《大数据产业发展规划 2016~2020 年》，进一步明确了促进我国大数据产业发展的主要任务、重大工程和保障措施。

国家政策的接连出台为推动大数据产业快速成长提供了良好的发展环境，据中国信息通信研究院发布的《中国大数据发展调查报告（2017）》称，2016 年中国大数据市场规模达 168 亿元，2017~2020 年仍将保持 30%以上的增速①。

人们越来越认识到，数据是未来最重要的战略资源，就像石油在今天的地位一样。但如何发展好、管理好大数据，特别是移动互联网高速发展带来的海量数据，推动中国大数据产业加快落地，还面临诸多挑战。需要制定规则，确立数据应用规范、加强数据安全保护、统筹发挥数据价值；需要确定大数据的属性，对涉及国家安全、公共安全、个人隐私的数据进行分类管理。在数据搜集方面，一些大型互联网企业已经达到了相当的规模，企业掌控数据存在的风险以及信息孤岛等问题，需要予以认真应对且妥善解决。

4. 新兴领域发展带来移动安全新问题

2017 年移动互联网反病毒形势相较 2016 年好转。据腾讯电脑管家数据统计，2017 年腾讯手机管家截获移动端 Android 新增病毒包总数达 1545 万个，相较 2016 年下降近二成。手机感染用户数为 1.88 亿，相较 2016 年同比下降 62.4%②。但传统网络病毒的危害依然不可小觑，从国内的"暗云Ⅲ"病毒，到席卷全球的"WannaCry"敲诈勒索病毒，再到"Petya"恶性破坏性病毒，层出不穷的网络病毒不断敲响网络安全的警钟。

随着信息产业领域的扩展，移动互联网安全也不断面临新问题。如在共享经济领域，二维码成为最主要的病毒来源渠道；在物联网领域，2017

---

① 中国信息通信研究院：《中国大数据发展调查报告（2017）》，搜狐网，http：//www.sohu.com/a/156070436_650579，2017。

② 腾讯安全：《2017 年度互联网安全报告》，腾讯网，http：//tech.qq.com/a/20180119/012161.htm，2018 年 11 月 9 日。

年爆出"家庭摄像头遭入侵""WiFi 设备 WAP2 安全协议遭破解"等多起安全事件,利用物联网设备漏洞进行网络攻击引发的安全问题值得关注;在互联网金融领域,2017 年底钱宝网遭曝光,涉案金额达百亿元,社会影响巨大。

在个人信息保护方面,存在 APP 过度搜集个人数据的问题。南都个人信息保护研究中心发布的《2017 个人信息保护年度报告》显示,目前互联网平台隐私政策透明度高的极少,透明度低的占比超过 80%,在金融类平台和购物类平台中,低透明度的占比甚至超过 90%①。2018 年 3 月,Facebook 被曝出 5000 万名用户信息被数据公司非法搜集的问题,进一步引发人们对开发者过多地收集用户信息问题的关注。为了使用移动 APP 而使得个人数据面临不可知的安全风险,这令许多人无可奈何。

5. 移动信息传播秩序亟待调整规范

移动互联网发展从根本上促进了信息的高效传递,但是相关的管理和规范还没有完全跟上,使得信息传播的真实性、合规性不能得到有效保证,造成的社会后果充满不确定性。如移动互联网的信息流中,谣言传播屡禁不止甚至还有升级的苗头。自媒体增长势头迅猛,但绝大多数都没有采访调查的能力,主要靠评论、解读等参与社会热点讨论,有的在权威部门和主流媒体还没来得及查清真相的时候,就抢先进行观点传播,通过一味地迎合来吸引用户、增加流量,往往带偏了舆论走向。基于移动互联网的精准推送仍藏污纳垢,如 2018 年 3 月,今日头条被举报利用用户定位针对二、三线城市用户采取"二跳"②方式大量推送违法广告;2018 年 4 月快手等多个短视频平台被举报存在大量未成年人怀孕、生子的视频,平台智能推荐功能推动这些未成年妈妈成为"网红孕妇"。③

---

① 《APP 南都发布〈2017 个人信息保护年度报告〉,个人信息安全保护刻不容缓》,极客公园,http://www.geekpark.net/news/225558,2017。
② 今日头条以分层方式展开广告,广告首页正规合法,但点击进入实质性内容的第二层页面,就包含违规广告内容,其机理依然是算法推送。
③ 《央视曝光短视频平台早孕网红乱象 火山、快手官方回应》,人民网,http://society.people.com.cn/GB/n1/2018/0403/c229589-29905411.html,2018 年 4 月 3 日。

网络版权保护亟待建立新秩序。2017年发生多起内容版权纠纷事件，如4月今日头条和腾讯、搜狐双方互诉侵犯著作权；8月，微博与今日头条因内容竞争而发生大规模"商战"。2017年7月，国家版权局、国家互联网信息办公室等联合启动"剑网2017"专项行动，严打各类网站、移动客户端以及自媒体传播侵权盗版行为。但要改善网上优质内容的创作环境，还需要多方共同努力。

6. 移动互联网建设需补足短板实现突破

我国移动互联网基础设施建设稳步推进，和先进国家相比差距已经不大，但当前还存在部分地区网络覆盖不足、农民的移动互联网使用比例不高、农村电商的上下行比例有待优化等问题，影响了移动互联网精准扶贫、精准脱贫作用的进一步发挥。特别是移动网络覆盖不全的问题需引起重视，据工信部数据，截至2017年11月底，仍有3万多个行政村尚未实现4G网络覆盖，部分已覆盖的行政村覆盖范围和网络质量还有待进一步扩大和提升①。这些未能覆盖的地区，实际上也是网络基础设施建设最难的部分，往往只能通过移动网络进行覆盖。中国互联网即将进入5G时代，如果不能及时补足短板，区域之间发展不均衡的问题还将加剧。

此外，我国移动互联网核心技术研发还有待突破，特别是移动芯片、移动操作系统等领域的关键技术需要掌握在自己手中，一些高精产品的设计、制造工艺还需缩短与发达国家之间的差距。需要推动构建包含IP、材料、芯片、终端、系统等在内的5G整体产业生态体系，强化移动操作系统协同创新能力，积极推动相关产业链协同升级。

（二）中国移动互联网的发展趋势

2018年是我国改革开放40周年，也是决胜全面建成小康社会、实施"十三五"规划承上启下的关键一年。改革开放进入了新时代，也进入了

---

① 《农村4G信号差　工信部回应：还有3万多个没有覆盖》，百家号，https://baijiahao.baidu.com/s? id = 1592171570967923426&wfr = spider&for = pc，2018年2月2日。

攻坚期和深水区。推动移动互联网发展，将为改革开放提供新动能。移动互联网将以其强大的技术创新、应用创新、商业模式创新等优势，从市场、资本、资源等层面全方位介入传统行业，破除行业垄断、促进要素重新分配和产业结构升级，对传统产业形成具有变革意义的冲击和倒逼，刺激传统行业对生产要素、商业模式主动进行调整，成为进一步深化改革的驱动力量。

1. 移动互联网助推数字经济全面加速发展

发展数字经济被视为增强国家经济创新力和国际竞争力的重要途径。2017 年 10 月，党的十九大制定了新时代中国特色社会主义的行动纲领和发展蓝图，提出要发展数字经济、共享经济，培育新增长点、形成新动能。12 月 8 日，中共中央政治局就实施国家大数据战略进行第二次集体学习，强调要构建以数据为关键要素的数字经济，推动实体经济和数字经济融合发展。2017 年 12 月，习近平在致第四届世界互联网大会的贺信中指出，中国数字经济发展将进入快车道。

数字经济是中国未来经济发展的主流趋势之一，移动互联网技术是经济社会数字化转型的关键使能器①。移动互联网的快速发展，移动互联网技术与云计算、大数据、人工智能、虚拟/增强现实等技术的深度融合，将连接人和万物，成为各行各业数字化转型的关键基础设施，成就中国数字经济的繁荣。

2. 移动互联网打造大规模垂直化新业态

移动互联网具有泛在连接、精准定位、在线社交、移动支付等功能特性，重塑社会个体生存状态，在此基础上，不断创新服务模式及产业形态，重构传统产业领域。

如果说前期移动互联网的垂直化发展还多是"小而美"的产品和服务，下一阶段，移动互联网将进入推动传统产业向大规模垂直化新业态发展的阶

---

① 使能，即英文 enable。在电子产品设计中，对集成电路总功能开启或关闭的控制机关即是使能器；此词在多个领域被引申使用，有引擎、触发器、动力源等含义。

段，具体表现为：一方面有为数众多的移动互联网企业加强对垂直领域的深度拓展，深挖细分行业，在教育、医疗、娱乐、交通、房产、金融、企业服务等垂直领域形成市场占有率较高的独角兽企业；另一方面，移动互联网巨头跨界发展，通过并购、投融资等手段，不断形成规模化的垂直行业新业态，如2017年BAT等对零售行业的大规模改造等。这种改造将拓展到更多领域。与此同时，跨界发展也导致行业界限更趋模糊，移动互联网创新服务模式、打造行业新生态的价值会持续放大。

3. 移动互联网推动全球经济一体化进程

2018年初，美国发动贸易战，对华为等中国互联网企业进行抵制，对《中国制造2025》所涉的重点企业，特别是高科技企业征收高额关税，预示了中国企业出海将面临复杂局面，同时也预示着中国移动互联网走向世界到了攻坚克难的关键时期。

但中国移动互联网海外拓展的步伐不会停滞。首先，技术的发展趋势不可阻挡，先进的产品和优质的服务是赢得市场的根本。移动互联网是跨越时空连接世界的基础设施，越来越成为像水和电力一样的社会物质基础。中国互联网企业出海已经积累了大量成功经验，形成了多种出海模式：有的输出产品，如小米公司和大疆科技（无人机）；有的输出服务，如腾讯云；有的与海外品牌合作，如蚂蚁金服和百度钱包。经过前几年投身海外市场的历练，中国企业信心倍增。其次，中国政府倡导的构建人类命运共同体的理念日益深入人心，得到国际社会的认同。中国一贯坚持和平发展主张，在"一带一路"建设中坚持共商、共建、共享，最终实现各方共赢，这也是中国互联网企业海外拓展的遵循，是我国移动互联网成功走向世界的价值观优势。可以预见，移动互联网产业将成为国际竞争的新领域，也将是推动全球经济一体化进程的新利器。

4. 移动互联网向万物互联智能互联跨越

5G移动通信技术将提供前所未有的用户体验和物联网连接能力，开启万物广泛互联、人机深度交互的新时代。中国的5G网络研发已经走在世界前列。2017年9月发布的5G第二阶段无线部分测试结果显示，各厂商的

5G 技术集成方案可以满足关键指标要求，年底已启动第三阶段试验，重点面向商用，中国有望成为全球首个 5G 商用的国家。

人工智能的发展，推动个人电脑、手机、音箱、电视、AR/VR 设备以及人们身边越来越多的联网设备，都具有计算、存储、交互的功能，变得更加智能。人工智能与物联网技术相结合，可以将各种智能终端与移动互联网进行连接，推动移动互联网向万物互联、智能互联迈进。

智能互联的发展还将推动智能化生产，传统工厂的"黑箱"有望彻底打开，工厂可视化、互联化、智能化正逐步成为现实，工厂与消费者、供应商的实时互动成为可能，生产组织方式加速向定制化、分散化和服务化转型。5G 等新一代移动通信还将以其超高可靠性、超低时延的卓越性能，引爆车联网、移动医疗、工业互联网等垂直行业的应用市场。

5. 智能硬件产业将形成突破与消费热潮

随着新一代感知、计算、通信、存储和网络技术的突破及广泛应用，以信息化、智能化、融合化为特征的新一代电子信息产业发展日新月异。随着移动物联网的扩展，越来越多的物体成为移动互联网的连接对象，越来越多的物体也将拥有智能"芯"，智能硬件产业将加快发展。

英敏特《数码趋势 2017》报告显示，2017 年，我国智能电视、可穿戴数码产品和智能家居产品的消费者拥有率较往年有明显上升，中国城市消费者可穿戴数码产品拥有率为 34%，智能家居产品为 26%。智能电视的拥有率超过了台式电脑、数码相机、摄像机和平板电脑，一跃成为消费者家庭中第三大最受欢迎的数码产品。[1] 未来，智能可穿戴设备、智能家居、智能机器人等会更广泛地进入大众生活，全社会将兴起智能硬件消费热潮。同时智能硬件也将与医疗、交通、能源、教育等传统行业深度融合，为传统产业升级提供新动力。预计 2018 年，中国智能硬件全球市场占有率将超过 30%，产业规模有望达到 5000 亿元[2]。

---

[1] 《2017 年智能家居与可穿戴设备市场概况》，中国可穿戴设备网，http://wearable.ofweek.com/2017-08/ART-8440-5000-30163121.html，2017 年 8 月 22 日。

[2] 中国信通院：《2017 智能硬件产业白皮书》，2017 年 9 月。

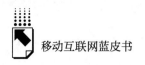

参考文献

国务院：《中国制造 2025》，2015 年 5 月。

中国信通院：《中国数字经济发展白皮书》，2017 年 7 月。

中国信通院：《2017 智能硬件产业白皮书》，2017 年 9 月。

中国信通院：《互联网平台治理白皮书》，2017 年 12 月。

中国网络空间研究院：《中国互联网发展报告（2017）》，2017 年 12 月。

中国网络空间研究院：《世界互联网发展报告（2017）》，2017 年 12 月。

中国互联网络信息中心：《第 41 次中国互联网络发展状况统计报告》，2018 年 1 月。

中国信通院：《2017 年国内手机市场运行情况及发展趋势分析》，2018 年 2 月。

综 合 篇
Overall Reports

B.2
移动互联网为中国服务业
转型提供新动能

姜奇平*

摘　要： 2017 年移动互联网对于中国服务业转型，开始发挥积极且重
要的作用，呈现出以下三个显著特点。一是带动结构转型特
点明显。二是增值服务作为新的增长点，动能突出。移动互
联网助力分享经济取得全球领先；移动增值业务成为新增长
点；移动电商有望打造中国下一代竞争优势。三是移动商务
兴起促进灵活就业，潜力巨大。

关键词： 移动互联网　服务业转型　灵活就业

* 姜奇平，中国社会科学院数量经济与技术经济所信息化与网络经济室主任，研究员，主要研
究方向为信息化与网络经济。

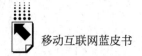

2017 年，我国经济平稳增长，经济结构不断优化，服务业继续领跑三次产业，对经济增长的贡献持续提升。2017 年，我国服务业增加值为427032 亿元，占全国 GDP 比重为 51.6%，拉动 GDP 增长 4 个百分点，服务业增长对国民经济增长的贡献率为 58.8%，比第二产业高出 22.5 个百分点。① 在我国服务业发展进程中，新动能加快成长，以互联网和相关服务为代表的现代新兴服务业增速明显快于传统服务业，信息传输、软件和信息技术服务业，租赁和商务服务业，科学研究和技术服务业三大门类增加值比2016 年增长 15.8%，高于第三产业增加值增速 7.8 个百分点，拉动第三产业增长 2.3 个百分点②。

综观 2017 年我国服务业发展，移动互联网对服务业转型、对整个经济的服务化转型开始发挥积极而重要的作用，主要表现在以下三个方面：一是带动结构转型特点明显；二是移动增值服务作为新的增长点动能突出；三是促进灵活就业潜力巨大。

一 结构：移动互联网引领中国服务业转型升级

（一）品牌与效益提升，移动互联网优化服务业供给侧结构

1. 经营效益提高，移动互联网企业领跑全球数字经济品牌

2017 年，中国规模以上服务业企业实现营业利润 21618.0 亿元，同比增长 30.4%，比上年同期提高 28.2 个百分点。营业利润率达到 14.3%，比上年同期提高 1.8 个百分点。其中，中国互联网业务收入快速增长。规模以上互联网和相关服务企业完成业务收入 7101 亿元，比上年增长 20.8%，增速同比提高 3.4 个百分点（见图 1）。

---

① 《2017 中国经济年报解读：服务业继续领跑 新经济不断壮大》，http://www.ce.cn/xwzx/gnsz/gdxw/201801/20/t20180120_27818363.shtml，2018 年 1 月 20 日。
② 陶力：《数字经济成为新动力 2017 年信息服务业增长 26%》，《21 世纪经济报道》2018年 1 月 22 日。

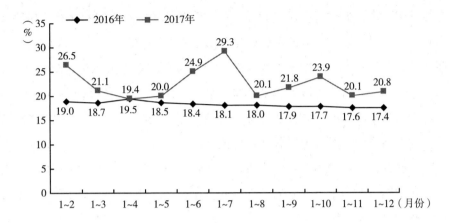

图1　2016～2017年中国互联网业务收入增长情况

资料来源：工业和信息化部运行监测协调局。

2017年，中国移动互联网的领头羊腾讯市值达到5000亿美元，超过三大电信运营商市值总和。据国际权威机构WPP和Kantar Millward Brown发布的2017全球品牌价值排行榜①，前10位中有9家都是数字经济服务企业，其中腾讯排名第8。

腾讯盈利能力突出，第三季度61%的营收增速明显高于谷歌、苹果、微软、亚马逊和脸书五大国际巨头，这五大巨头中营收增长最高的是脸书（47%）和亚马逊（34%）。目前，腾讯的市值折算成GDP，已位于瑞典与挪威之间。

2. 服务业结构重型化，形成世界级平台

利润提高不是结构转型的唯一信号。中国移动净利高达千亿元，但市值比不上腾讯，原因在于腾讯的业态比电信运营商先进，腾讯已成为世界级的平台企业。互联网平台世界前十强完全被中美瓜分，欧洲被边缘化。以腾讯为代表的中国互联网服务业，已经从应用服务业发展为支撑服务业，即服务业中的"重工业"。中国的服务业结构正在发生深刻变化，服务业在向重服

---

① 《2017全球品牌价值排行榜：中国三家上榜　腾讯第一》，http://news.mydrivers.com/1/536/536691.htm，2017。

务业升级。与此形成鲜明对比的是，多方面条件比中国优越的欧洲，却没有发育出一个世界级的互联网平台，沦为服务业中的"轻工业"。这是欧洲互联网发展远远落后于中国的根本原因。举例来说，英国、德国、法国、意大利的电子商务之所以发展不起来，缺乏平台支撑是主因，导致物流成本等远远高于中国，不如在实体商店购物。服务业中的重工业，相当于价值倍增器。世界级平台支撑着中国服务业价值倍增，而欧洲服务业由于缺少价值倍增器，服务价值迟迟不能有效增值，在互联网服务领域渐渐落后于中国、美国。在中国，作为重服务业的基础业务也在创新升级，而互联网基础业务正在向移动化方向升级。

在信息服务收入中，电子商务平台收入 2312 亿元，比上年增长 39.7%（见图 2）。

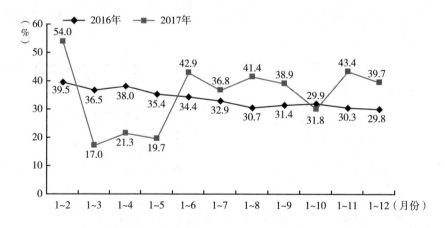

图2　2016~2017年中国电子商务平台收入增长情况

资料来源：工业和信息化部运行监测协调局。

3. 服务业结构从人力服务向文化服务升级，向高端服务发展

腾讯转型文化服务，其首席执行官马化腾说："我们把自己定位为一个科技公司、一个文化公司。除了科技，文化也是我们的主战场。"

2017 年，我国信息服务收入规模达 6469 亿元，比上年增长 31.3%，占互联网业务收入比重达 91.1%。其中，网络游戏（包括客户端游戏、手机

游戏、网页游戏等）业务收入 1502 亿元，比上年增长 24.9%（见图 3）。这表明中国服务业正向价值链高端发展。

图 3　2016～2017 年中国网络游戏收入增长情况

资料来源：工业和信息化部运行监测协调局。

（二）移动支付领先世界第二70倍，带动移动电商发展，冲击传统商业结构

2017 年中国移动互联网的一个突出亮点是移动支付成为世界第一，领跑全球。在移动支付支撑作用下，我国商业结构正在发生深刻变化，并波及全球。

2017 年三季度，中国银行业金融机构处理移动支付业务 97.22 亿笔，金额 49.26 万亿元，同比分别增长 46.7% 和 39.4%。[①] 数据显示，2016 年中国移动支付规模已经达到 5.5 万亿美元，预计在 2017 年将达到 15.4 万亿美元；我国移动支付用户规模从 2016 年的 5.78 亿人增加到 7.26 亿人。2017 年中国移动支付规模领先于世界第二的美国的差距有望从 50 倍扩大到 70 倍（见图 4）。[②]

---

① 《三季度移动支付达 49.26 万亿元》，http://www.xinhuanet.com/politics/2017 - 12/06/c_ 129757644.htm，2017 年 12 月 6 日。

② QuestMobile：《2017 年中国移动互联网发展年度报告》，http://www.ebrun.com/20180117/ 261646.shtml，2018 年 1 月 17 日。

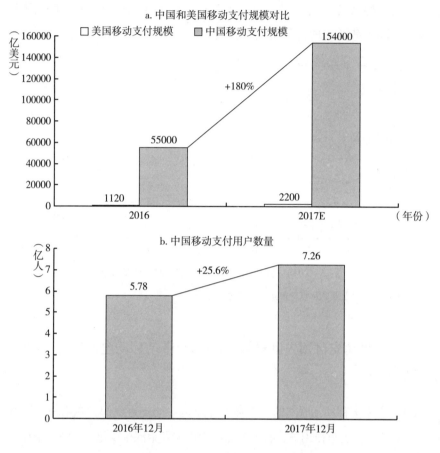

图4 2016~2017年中美移动支付发展比较

注：TRUTH中国移动互联网数据库，2017年12月；支付规模数据来自企业访谈、公开资料整理。

资料来源：QuestMobile。

中国消费者已全面习惯使用移动支付，如支付宝和微信支付，用于购物、交通出行，以及水、电、燃气支付等方面。支付宝在欧美亚、港澳台等30个国家和地区，已经接入了超过20万家海外线下商户门店。

在电子商务与移动支付冲击下，传统商业形态受到巨大冲击。首先，商业地产受到数字化替代，价值缩水，导致王健林等低价出售商业地产。其次，传统百货、超市纷纷关张。2017年7月27日，百丽国际正式宣布从港交所退市。外界评价，以百货商场为核心的时代正式结束。沃尔玛在 2017 年 3~5 月三个月内关闭和即将关闭的门店总数达到了 11 家。最后，移动互联网兴起数字营销，传统纸媒广告业务量大幅减少。

随着移动应用场景的增多，连接商家和用户数量的增加，商家正在人工智能、物联网助力下，向传统商业难以发力的精准营销等方向长驱直入。

从信用卡普及的落后，到移动支付领先欧美，中国服务业在数字化领域一夜间完成了从落后到先进的结构转变。

二 增量：移动增值业务成为中国服务化发展新增长点

（一）移动互联网助力分享经济取得全球领先

2017 年中国共享单车用户规模超过 1 亿。ofo 小黄车目前已经进入全球 20 个国家的 200 多个城市。摩拜单车也已进入 12 个国家的约 200 个城市。摩拜单车被《财富》杂志评为 "2017 年改变世界的 50 家公司" 之一。

共享单车是中国原创，显示出在分享经济领域中国企业已经成为引领者。移动互联网成为共享经济的主要支撑技术之一，滴滴打车用手机招车，租共享单车用手机扫码，结算也通过手机进行。分享经济正成为移动互联网的最大应用。

《中国共享经济发展年度报告（2018）》显示，2017 年我国共享经济市场交易额约为 49205 亿元，比上年增长 47.2%。共享经济独角兽企业占中国独角兽企业的 51.7%。[①]

（二）移动增值业务成为新增长点

截至 2017 年 12 月底，中国市场上监测到的移动应用为 403 万款。12

---

① 国家信息中心：《中国共享经济发展年度报告（2018）》，http://www.sic.gov.cn/News/250/8847.htm，2018 年 2 月。

月，中国第三方应用商店与苹果应用商店中新上架 18.2 万款移动应用，新增数量较上月回落 6.5 万款。截至 2017 年 12 月底，中国本土第三方应用商店移动应用数量超过 236 万款，苹果商店（中国区）移动应用数量超过 172 万款。第三方应用商店分发数量超过 9300 亿次[①]。移动增值应用正成为我国服务业中的新增长点。

移动互联网促进新兴业态发展，刺激信息消费，使有效供给出现新增长点。

2017 年第四季度每个移动网民手机中平均装有 40 个 APP。每个移动网民每天花在各类 APP 上的时间达到 4.2 小时[②]。

社交、购物、音乐、新闻和视频等热门行业，TOP3 APP 的用户使用时长集中度均在 50% 以上，移动社交领域尤为突出，微信、QQ 和微博是中国最大的社交产品，它们使用时长行业占比高达 96.2%[③]（见图 5）。

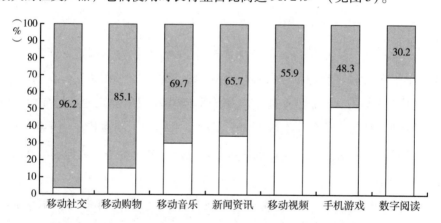

图 5　2017 年 12 月中国热门行业 TOP3 APP 用户使用时长集中度

资料来源：QuestMobile。

---

① QuestMobile：《2017 年中国移动互联网发展年度报告》，http://www.ebrun.com/20180117/261646.shtml，2018 年 1 月 17 日。

② QuestMobile：《2017 年中国移动互联网发展年度报告》，http://www.ebrun.com/20180117/261646.shtml，2018 年 1 月 17 日。

③ QuestMobile：《2017 年中国移动互联网发展年度报告》，http://www.ebrun.com/20180117/261646.shtml，2018 年 1 月 17 日。

　　微信小程序开始显露强大的势能，2017 年用户规模突破 3 亿。通过不断开放小程序的入口和增加交互跳转功能，用户对小程序的使用习惯逐步养成。QuestMobile 预计，2018 年小程序用户（移动设备）的渗透率将超过50%，达到 5 亿以上。

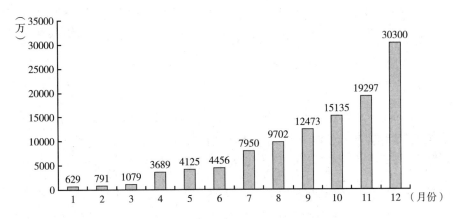

图 6　2017 年中国微信小程序使用情况

资料来源：QuestMobile。

　　此外，短视频成为 2017 年的突出热点。如果说 2016 年是直播年，2017 年则是短视频打翻身仗的一年，行业 APP 用户已突破 4.1 亿，较上年同期增长116.5%，短视频的发展势头已超过直播，成为文化服务业的活跃领域。

　　分析移动互联网引爆服务业新增长点的规律，呈现出以下特点。

　　第一，打破了中国不适合发展服务业的"结论"。哈佛大学教授陈志武认为，制造业和服务业的发展对制度环境有着截然不同的要求。与人打交道的服务业较之与物打交道的狭义制造业对制度环境的要求更高。中国人与人关系的成本较高，因此中国更适合发展制造业，不适合发展服务业。

　　移动互联网支持中国服务业高速增长，在某种意义上证伪了上述说法。陈志武说法背后隐含的一个判断是，公共关系（生人关系）是高效率的，私人关系（熟人关系）是低效率的。但移动互联网使社交这种私人关系从低效率变成高效率，这是陈志武始料不及的。提高效率的原因在于节省了企业缔约所需交易费用。而小程序的兴起，出现了又一始料不及的，也就是新

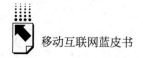

兴服务业分布式服务的效率可能高于传统服务业标准化服务的效率。这是由信息生产力的先进性决定的。

这说明,范围经济①一旦与信息技术结合成信息经济,就可以实现需求多样性越强、相对平均成本越低。中国发展服务业,倒是确实存在制度瓶颈,但制度创新的方向,不是回到同质化市场竞争,而是在更高的信息化层次上复归异质性市场竞争。供给侧结构性改革的实践说明,中国完全可以在服务业发展和升级上大有作为。

第二,中国服务业在移动互联网推动下,出现跨越式发展迹象。

中国服务业占比长期低于世界平均水平,更远远低于发达国家水平。只是最近几年,才开始突然加速,在中国GDP中的占比超过50%(2017年为51.6%)。

但分析中国服务业构成发现,中国服务业的发展没有按照其他国家的发展顺序,先发展传统服务,后发展新兴服务,而是在移动互联网支撑推动下,一步跨到信息消费的前沿,出现新兴服务与传统服务并行发展的局面。

分析数据可以发现,2017年服务业内部最强劲的引擎是新兴服务业。2017年,以互联网和相关服务为代表的新兴服务业增速明显快于传统服务业,对服务业生产指数的贡献逐季增强,四个季度对总指数的累计贡献分别为34.4%、36.6%、38.3%和40.2%,分别拉动服务业增长2.8个、3.0个、3.2个和3.3个百分点。

分析具体发展门类可以看到跨越式发展的动力在市场创新。新兴服务业领域技术创新与市场创新活跃,尤其是市场创新活跃,成为中国新兴服务业发展的突出特点。例如,2016年直播还十分火爆,仅仅一年后,移动互联网上的短视频就开始翻身,说明在激烈的网络竞争中,创新频率飞快。这已不是偶然现象,综观近年中美互联网的发展,中国特色开始呈现,中国在技术创新方面追赶美国的同时,在市场创新中已遥遥领先美国。如果说,工业革命是英国技术领先笑在前面,美国赚钱领先笑在后面;信息革命很可能是

---

① 注:范围经济(Economies of scope)指由厂商的范围而非规模带来的经济。当同时生产两种产品的费用低于分别生产每种产品所需成本的总和时,所存在的状况就被称为范围经济。

美国技术领先笑在前面，而中国赚钱领先笑在后面。中国服务业将成为中国互联网特别是移动互联网的赚钱机器。

（三）移动电商爆发，有望打造中国下一代竞争优势

继传统电子商务外，中国电子商务阵营中又杀出一只活力十足的新军，这就是移动电子商务。

得益于移动支付的普及，2017年移动电商增长明显。随着新零售线上线下融合的落地，移动支付的进一步普及，电商用户快速增长，2017年用户规模突破7.27亿（见图7、图8）。2017年的"6·18"和"双11"继续火爆，销售额达到历史新高。

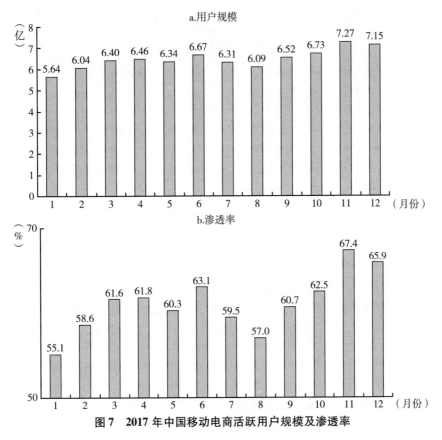

图7 2017年中国移动电商活跃用户规模及渗透率

资料来源：QuestMobile。

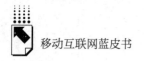

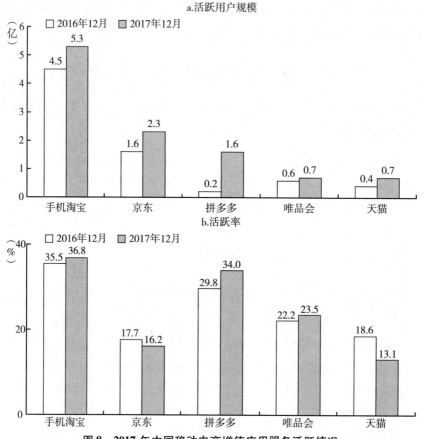

图8　2017年中国移动电商增值应用服务活跃情况

资料来源：QuestMobile。

移动电子商务的兴起表明中国服务业未来发展潜力十足。当前电子商务的世界竞争形势可以用一句话概括：美国电子商务（世界第二）的天花板，将是中国电子商务（世界第一）的地板。从目前趋势看，美国在规模上已无望翻身。中国服务业后发先至，将继续拉大与美国电子商务之间的差距，其中，移动电子商务有望成为又一生力军。

三　就业：移动电子商务促进了灵活就业

服务业的发展促进了更加充分和更高质量的就业。2017年前三季度，全国规模以上服务业企业从业人数同比增长5.2%，增速高于第二产业5.0个百分点，占全部规模以上企业新增就业人数的91.8%，高于第二产业83.6个百分点①。《中国共享经济年度发展报告（2018）》显示，2017年我国共享经济平台企业员工总数约716万名，参与共享经济活动的人数超过7亿人，比上年增加1亿人左右②。移动互联网促进就业，不仅具有一般服务业劳动密集的特点，而且具有高科技服务业独特的优势，这就是促进灵活就业。

移动互联网促进了新型服务业的发展，有效成为就业的蓄水池。

（一）移动互联网促进一次分配公平，降低了实现中国梦的机会门槛

微商是基于移动互联网的空间，借助于社交软件为工具，以人为中心、社交为纽带的新商业。微商从业人数指的是每天至少有4小时从事微商活动的人员的数量。据中国互联网协会提供的数据，2017年微商可能会超过6000亿元市场规模，从业人数超过2000万人。此前，2014～2016年微商每年都保持了87%～98%的增速，2016年已经形成3600亿元的市场规模，从业人数超过了1500万人。如果把白领利用中午吃饭的时间获得零花钱而从事微商活动的加上，相对范畴更大一些，从事微商活动的人还会扩大3倍。

移动互联网促进灵活就业的机理与传统就业不同。传统的就业以企业为就业单位，而移动互联网特有的就业以网络为就业单位。企业与网络作为两种不同的资源配置方式的区别在于，企业以资本的拥有、归属（ownership）为边界，同一老板为同一单位，员工受雇于同一个老板，就业的形式是上班，以工资为就业的报酬；网络则以资本的使用、利用（access）为边界，在同一个工作单元内工作，并不一定是在同一个企业内工作，分享使用同一资产的"员工"并不一定归属于同一老板，劳动者与老板不是雇佣关系，

---

① 《2017中国经济年报解读：服务业继续领跑　新经济不断壮大》，http://www.ce.cn/xwzx/gnsz/gdxw/201801/20/t20180120_27818363.shtml，2018年1月20日。

② 国家信息中心：《中国共享经济发展报告（2018）》，http://www.sic.gov.cn/News/250/8847.htm，2018年2月。

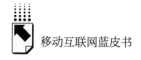
而是合伙关系、分成关系，就业者实质在以租的方式借用资本，以分成制形式分享剩余，就业的形式是"失业"，但工作饱满，而且可能获得工资之上的剩余。

分析移动互联网促进就业的特点，即使是在高科技服务业中就业，基于分享经济模式的就业，与不基于分享经济模式的就业，在公平与包容上，仍存在本质的区别。灵活就业除了具有成果公平的意义外，还具有机会公平的意义。机会公平的关键在于生产资料使用并从中获益的机会均等。

（二）移动互联网灵活就业改变了传统生产、服务与就业方式

2016年6月至2017年6月，共有2108万人在滴滴平台获得收入（含专车、快车、顺风车车主、代驾司机）。其中393万名是去产能行业职工，超过178万名是复员、转业军人，还有133万名失业人员和137万名零就业家庭人员在平台上实现了就业①。

以滴滴为代表的分享经济模式展现出了强大的经济活力和就业吸纳能力。过去5年，滴滴平台就业总量保持高速增长，为社会稳定发展做出了贡献。

数据显示，东部沿海省份如广东、浙江、江苏的平台就业规模最大，内陆省份如西藏、新疆、内蒙古等的滴滴出行平台就业增幅最大，滴滴出行平台对内陆地区新增就业促进作用显著。出行平台的就业情况与各地经济发展有较强的相关性，GDP总量越高的省份，新就业总量越大。人均GDP增速与失业人群、去产能职工平台就业数量呈负相关性，一些人均GDP增速较缓的省份，其失业人群、去产能职工在滴滴出行平台就业的占比较高。

移动互联网正在改变就业的宏观经济学机理，移动出行的就业就是未来的一个缩影。略显遗憾的是，当前的许多政策还是依据传统的宏观经济学机

---

① 滴滴出行：《新经济 新就业 2017年滴滴出行平台就业研究报告》，http://www.useit.com.cn/thread-16896-1-1.html，2018年1月1日。

理制定且实施的，正好与国家促进就业、政府扶持双创的目标背道而行，特别是难以顺应公平包容的时代潮流。究其实质，就是不能顺应先进生产力调整所涉及的利益关系（如就业），未来需要将共享发展理念切实落实在行动中。

总的来看，2017 年移动互联网对于服务业转型，对于整个经济的服务化转型，开始发挥积极而重要的作用。

移动互联网推动服务业转型表现在：第一，从传统服务业向新兴的信息服务业跨越式升级发展，使服务业中工业化与信息化的比重更加合理，提高了服务业供给侧的现代化水平；第二，实现从应用服务业向平台服务业的飞跃，第一次领先于发达国家，形成世界级的市场创新型服务平台，移动电子商务领先于美国，互联网平台整体领先于欧洲（欧洲由于没有一个世界级互联网平台，在下一代服务业发展势头上落后于中国）；第三，在世界领先的互联网市场创新基础上，产生了世界上规模最大的增值应用服务业，使供给侧的需求结构在个性化、社交化方面，向世界先进水平演进。今后，将在平衡发展、数字化与实体经济协同方面付出更多的努力。

服务化发展不同于服务业发展，是指在一产、二产和三产中引入服务业的生产方式，实现质量与效益提高，实现人的发展。移动互联网推动服务化转型表现在：第一，推动实体经济在农业、制造业和传统服务业实现数字化转型，从低附加值转向高附加值。2017 年，定位于"科技 + 文化"的腾讯引领了世界服务化的潮流，是其标志性成就。2017 年制造业产能共享市场交易额约为 4120 亿元。第二，推动就业形式从企业就业向网络灵活就业发展，实现了人的发展从雇佣劳动向自主劳动的转变，将收入形式从工资发展为分享剩余，开启社会主义向新时代共享发展更高水平迈进的先声。

服务业发展与服务化发展在中国正在起步，展望未来，前景广阔。在移动互联网支撑推动下，一方面，中国将迅速弥补与世界在服务业与服务化发展方面的传统差距；另一方面，中国将在新兴领域跨越式地走在世界服务业与服务化发展的潮头，以市场创新优势助力中国经济实现对世界一流水平从追赶到超越的转变。

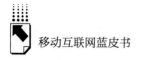
参考文献

《2017 中国经济年报解读：服务业继续领跑　新经济不断壮大》，http：//www. ce. cn/xwzx/gnsz/gdxw/201801/20/t20180120_ 27818363. shtml，2018 年 1 月 20 日。

中国互联网协会：《中国互联网产业发展报告》，http：//www. sohu. com/a/225107291_ 200424，2017 年 2 月 4 日。

陶力：《数字经济成为新动力　2017 年信息服务业增长 26%》，《21 世纪经济报道》2018 年 1 月 22 日。

工业和信息化部运行监测协调局：《2017 年我国互联网与相关服务业快速增长》，http：//www. miit. gov. cn/n1146285/n1146352/n3054355/n3057511/n3057518/c6043561/content. html，2018 年 1 月 31 日。

QuestMobile：《2017 年中国移动互联网发展年度报告》，http：//www. ebrun. com/20180117/261646. shtml，2018 年 1 月 17 日。

国家信息中心：《中国共享经济发展年度报告（2018）》，http：//www. sic. gov. cn/News/250/8847. htm，2018 年 2 月。

滴滴出行：《新经济　新就业　2017 年滴滴出行平台就业研究报告》，http：//www. useit. com. cn/thread－16896－1－1. html，2018 年 1 月 1 日。

B.3

移动互联网对文化产业发展的影响

熊澄宇　张　虹*

摘　要： 从互联网到移动互联网再到物联网，技术的迭代更新正被冠以"互联网的下半场"继续发生新的变革。在移动互联网等新一代信息技术的推动下，新闻业、直播/视听、影视节目、动漫游戏、移动阅读、移动社交、移动广告、O2O 类 APP 等文化产业正在发生变革与融合，移动互联网在推进文化产业转型与升级等方面释放着动能。

关键词： 移动互联网　文化产业　技术　文化

自人类使用工具开始，技术应用于生产便成为一种"发展的逻辑"。从这个意义上，信息技术对产业发展的影响是空前的。从互联网到移动互联网再到物联网，技术的迭代更新正被冠以"互联网的下半场"继续发生新的变革。棋至中局，移动互联网可视为连接着两个半场的中轴，它将技术、平台、商业模式、应用程序与移动通信技术合为一体，借助 4G 网络以及业已进入试点的 5G 网络与日渐普及的智能终端设备，深入到生活、生产的各个部分，打造新的生态。可以说，以互联网为起点的这场革命，影响的不仅是人们社会交往的行为方式、生产消费的思维习惯、产业运行的结构，更关乎文化生产力博弈互动的内在逻辑。

---

* 熊澄宇，清华大学新闻与传播学院教授，博士生导师，主要研究方向为新媒体、文化产业；张虹，清华大学新闻与传播学院博士研究生，主要研究方向为新媒体、文化产业。

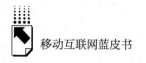

一　数字经济背景下的"移动互联"

伴随中国成为世界第二大经济体，中国互联网的发展在世界经济格局中愈发举足轻重。在以网络信息技术为底色的经济时代，"大数据""互联网＋""网络强国""创新驱动""数字经济""中国智造"等战略的提出，成为中国应对新技术和新经济所传达出的国家态度。当前，中国将互联网尤其是以移动互联网、云计算、大数据为代表的新数字信息技术作为改变全球经济格局、利益格局、安全格局的重要方面，把互联网的纵深发展作为经济发展和技术创新的重点面向和战略方向。在新一轮的技术革命中掌握主动权和话语权，成为指导中国互联网创新发展方向的关键。由此，加快推进网络信息技术自主创新，加强互联网与传统经济的深度融合发展，增强数字经济对经济社会发展的推动作用，进而在社会治理、网络安全、网络空间话语权方面占据主动，成为我国实现网络强国甚为重要的方面。在以移动互联网、大数据、云计算、物联网等新一代信息技术为表征的新时代，探索新技术与传统产业协同发展的新模式、新业态，培育经济新的增长点，是实现网络强国的现实路径。

作为新一代信息技术的重要组成，移动互联网在推进产业融合、业态更新方面有着自身的优势。从互联网中脱胎、分化、成长、革新，移动互联网在终端、软件、应用三个层面推进着互联网信息技术与经济社会的融合。无论是终端层面的智能手机、平板电脑、电子书、MID（Mobile Internet Service，移动互联网设备）等，还是软件层面的操作系统、数据库、安全软件，抑或是更为公众所熟悉的媒体、工具、休闲等不同门类的各种应用，基本勾勒了移动互联网与线下融合发展的诸多可能性和方向。同时伴随产业和技术的进一步发展，LTE（长期演进，4G通信技术标准之一）和NFC（近场通信，移动支付的支撑技术）也被纳入移动互联网的发展范畴之中，这意味着，伴随着移动互联网的纵深演进，基础设备设施、软件开发、应用升级都将占据一席之地。从外部来看，移动互联网与云计算、大数据、人工智能、实感技术的融合也为形成新的经济形态、新的业态和价值链等提供了可能。

二 纵深融合：移动互联网时代的文化产业

随着技术创新与经济结构的不断调整，文化产业在我国国民经济中发挥着越来越重要的作用。数据显示，十八大以来文化产业整体保持快速增长的态势，2017 年国家统计局发布文化产业最新数据表明，2016 年全国文化及相关产业增加值为 30785 亿元，同比增加 13.0%，占 GDP 的 4.14%。文化产业增加值占 GDP 比重逐年增长。这其中以"互联网＋"为主要形式的文化信息传输服务业增速最快，2017 年第一季度同比增长 32.7%，占文化产业增加值的 7.7%。[①]

移动互联网推进着文化产业的内部调整和融合发展，最深切的改变发生在产业层，产业层既为国家战略的落地、社会治理的优化、民生文化的发展提供创新实践的基础，也为服务市场、创造需求、推进供给侧改革提供条件。作为国家战略性新兴产业的一大重要门类，以移动互联网等新一代信息技术为特征的文化产业必将在推进产业变革与融合，推进传统文化产业转型与升级等方面释放动能。

（一）新闻客户端：移动端的内容生产方式

移动互联网对新闻业的影响不仅体现在新闻的呈现方式、内容生产上，在一定程度上对传受关系、新闻价值也产生着影响。第一，主流新闻媒体"中央厨房"模式不断融合技术与传统优势内容，在党和国家重大议题上打响时效性与传播效果的双赢战。以人民日报社、新华社、中央电视台为代表的中央级媒体，依托传统媒体集聚的强大公信力和内容资源，在"两微一

---

① 《2016 年我国文化及相关产业增加值比上年增长 13%》，国家统计局网站，http://www.stats.gov.cn/tjsj/zxfb/201709/t20170926_ 1537729.html，2017 年 9 月 26 日。

端"方面释放出时效性与权威性兼具的传播势能。在 2017 年全国两会、十九大等重大议程中，人民日报社、新华社的移动端作品均取得了良好的传播效果。在这背后，不仅是传统媒体利用新技术实现内容呈现方式的革新，也是内容生产流程、传播者角色的改变。第二，门户网站类综合新闻客户端，在技术呈现、UGC（User Generated Content，用户生产内容）方面的优势突出，借助其技术优势和用户资源，以及更突出的文化性、社交性选题，取得了良好的传播效果。同时更加注重原创内容、自媒体、短视频与直播类内容生产。第三，今日头条、一点资讯等聚合类平台依靠算法提升用户黏性。不同于门户网站对于用户数量的"强调"，伴随着用户数量增速的放缓，聚合类新闻客户端更注重提高用户活跃度和黏性，在"增量"之外挖掘"存量价值"。由于算法和机器学习的精度越来越精准，以及新闻客户端的使用群体在各个年龄层的普及，该市场也将引发新的行业格局分化、调整和变革。第四，以行业细分为代表的军事、科技、体育、财经等垂直类内容生产客户端，则瞄准了海量信息时代的分众化趋势，使得人们在碎片化的时间里，从更为细分、专业的平台中获取信息、知识，延伸线下社交链条。第五，自媒体平台激发社会化内容生产。微信、头条号、大鱼号等集聚的自媒体内容生产，不仅吸引着个人、企业、组织，也让传统媒体和专业的内容生产机构延展自身传播效果的全新"维度"，不断延伸着内容生产与传播的边界。

移动互联网在解放了新闻内容生产力的同时，也换来了海量的内容供给。通过不同类型的内容、平台、信息交往方式和技术的分发迭代，移动互联网构建着新时代的信息传播格局，一方面更多技术手段如移动终端、数据新闻、无人机拍摄、VR 新闻、机器人新闻等扩展了传统内容生产的外延，另一方面也将更多的角色、机构、组织纳入产业格局之中，在竞合关系中，形成新的传播景观。

（二）直播/视听：每个人的"前台"生产力

按照德布雷对媒体域的分类，以互联网为核心的数字域是继以广播电视为代表的视听域之后的一场传播革命。互联网技术对于视听领域的革新，在于不同媒体特性的充分融合。

在移动互联网时代，直播成为每个人的前台。CNNIC 最新报告显示，截至 2017 年底，网络直播用户规模达到 4.22 亿，游戏直播达到 2.24 亿，真人秀直播达到 2.2 亿。① 从虎牙直播、斗鱼、龙珠、熊猫等游戏类直播，到映客、花椒、易直播、陌陌等移动直播，再到微鲸科技、花椒直播等 VR 直播，均是移动互联网对直播产业的重新塑造。直播产业不仅催生了一大批直播平台，以此集聚用户、生产内容、开发市场盈利空间，也打造了周二珂、冯提莫等网红女主播，起到了吸引流量、提升热度的作用；而游戏直播则影响了年轻群体的游戏与社交模式；2018 年初出现的直播答题，虽因视听许可证等问题被叫停，但其将视听、社交、线下活动结合的方式，在一定程度上为产业的进一步融合提供了思路。未来，在直播领域，还将出现更多元的形式，泛娱乐、电商、知识付费等文化产业领域的发展也将更为多维。如近年来，MCN（Multi-Channel Network，多渠道网络产品）不断代替 PGC（Professional Generated Content，专业生产内容），成为短视频行业探索新的盈利模式的一种路径，以平台化的运作模式为内容创作者提供运营、商务、营销等服务，实现变现。此外，值得一提的是，凤凰新闻客户端、一点资讯发布"2017 自媒体战略"，与视觉中国、秒拍、小咖秀、一直播、美摄五大业内领先平台达成战略合作，实现产品后台的全面打通，构建了新闻、视听、摄影、直播的整合传播平台，成为基于内容合作融合的一大趋势。

除直播行业之外，移动音乐产业作为国内最受欢迎的娱乐休闲方式之一，也随着市场需求的变化而不断推陈出新：在 2017 年，酷狗、QQ 音乐、酷我、百度音乐等全用户覆盖的音乐软件，持续拓展用户数量，并通过产品创新提升用户黏性；网易云音乐、虾米音乐等针对音乐消费群，在音乐细

---

① 中国互联网络信息中心（CNNIC）：《第 41 次中国互联网络发展状况统计报告》，2018 年 1 月 31 日。

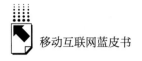

分、情怀牌方面提高了用户忠诚度。伴随着技术的进步与智能手机的普及，以 APP 为载体的音乐消费通过播放器、电台、音乐学习、游戏、秀场、直播、录唱等形式实现着音乐社群的产业集聚。

（三）IP 全链：影视节目生产的强势逻辑

影视行业的互联网化历经入口电商化，人流从线下重置到线上——内容 IP 化，IP 资源整合和多屏营销——运营用户化，增进用户互动等阶段，发展至移动互联网阶段，构建了以"80 后""90 后"为主流用户群体的影视消费生态。

依托影视业集聚巨大投资的优势和移动互联网的庞大用户规模，移动互联网技术的发展极大优化了传统影视业的传播效果，拓展了产业全链。从乐视影业到阿里影业，再到腾讯影业，互联网公司对传统电影业的渗入，让互联网影业快速崛起并席卷市场。移动互联网影业通过在线票务、巨大的流量和影视补贴，以及自身的互联网视频业务的内容付费等形式，继续推进影视的二次消费，探索形成新的盈利模式。尤其是移动互联网通过凝聚多种内容资源，实现影视资源的整合。移动互联网集聚的庞大用户群体，让改造、创新 IP 成为影视产业内容生产最为强势的逻辑，通过 IP 打通了电影、电视剧、文学、游戏、动漫、音乐、主题公园、话剧演艺、周边衍生品等多个领域，纵深延展了产业链条。2017 年《择天记》《三生三世十里桃花》《夏至未至》《春风十里不如你》《楚乔传》《琅琊榜2》等都是其中的成功案例。由于我国四大名著等历史小说、戏剧资源丰富，加之网络文学的繁荣发展，IP 改编、再造与包装成为巨大的内容"富矿"。移动互联网为 IP 产业链的延伸提供了用户、平台和数据资源。互联网公司通过数据画像，挖掘优质 IP，进行点对点的宣传发行。优质的 IP 全产业链不仅带来了粉丝、产品、正品版权等巨大的经济效益，也扩大了中国影视在国内外的影响力。

此外，手机网络视频的发展和用户的增长，也为影视剧的视频端输出提供了空间。截至 2017 年 12 月，我国手机网络视频用户规模达到 5.49 亿，占手机网民的 72.9%，为视频影视提供了广阔的用户资源。① 过去一年，爱奇艺、优酷土豆、腾讯视频、搜狐视频不仅继续通过影视剧的宣发营销、付费观看等凝聚用户流量，也在 PGC、UGC、"网络大电影"、卫视频道合作等方面全面开花。

（四）动漫游戏：新生代消费市场的继续崛起

游戏、动漫产业作为文化创意产业的重要构成，集艺术、技术与媒体于一体，在移动互联网时代也迎来了发展的新机遇，并持续拓展着新的市场。

从大动漫产业观的角度，动漫产业的范围从早前单一的电视动画拓展至电影、电视、演出、出版、新媒体、衍生产品、主题公园等全产业链。移动互联网为发展大动漫产业提供了平台、模式和更广泛且细分的用户结构。移动互联网时代支持和鼓励原创动漫，为更多优秀的原创作品提供了展示和传播的平台。暴走漫画、有妖气、漫画岛等运营模式较为成功，通过开放创作平台，充分利用 UGC 优势，针对二次元文化的消费习惯，吸引了一批爱好者和忠实用户，并产生了"十万个冷笑话"等动漫 IP，通过视频、影视剧的改编，扩展了产业维度。同时，动漫产业的发展也吸引了 BAT 对动漫业的关注和投资，在竞争与合作中，动漫文化产业的人才、资金和平台都步入了更高的发展阶段。此外，数据显示，我国的手机网民规模达到 7.53 亿，使用手机上网的人群占比提升至 97.5%。② 伴随着中国智能手机的普及与手机用户的增长，手机动漫成为未来动漫产业的重要阵地。文化部发布国家手机（移动终端）动漫行业标准，包含"动漫格式""动漫内容要求""动漫运营服务要求""动漫用户服务规范"四个标准，标志着我国建立了手机动漫行业完整的标准体系，该标准已于 2017 年 3 月 20 日被确认为国际标准。这些均为动漫产业继续释放生产力、增强文化自信提供了长足的发

① 中国互联网络信息中心（CNNIC）：《第 41 次中国互联网发展状况统计报告》，2018 年 1 月 31 日。

② 中国互联网络信息中心（CNNIC）：《第 41 次中国互联网发展状况统计报告》，2018 年 1 月 31 日。

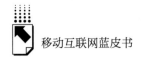

展动力。

"80后""90后"以及千禧一代逐渐成为中国的消费主力,意味着游戏产业将迎来新的繁荣,而移动互联网加速了这种繁荣的普及。CNNIC数据显示,游戏类应用在APP应用中占比最高,高达28.4%。[①] 基于用户游戏类型偏好的变化、精品游戏在海外市场的成功和行业规范化的提升,网络游戏行业规模持续增长。以腾讯游戏、莉莉丝、卓越游戏、完美、网易等为代表的互联网游戏公司,通过现象级游戏产品的打造,牵动着上班族、学生族甚至中老年群体等消费群体的"神经"。2017年,王者荣耀、CF荒岛特训、跳一跳、开心消消乐等游戏产品凭借其趣味性、竞技性、兴趣社交和互动性成功占领市场。同时,在游戏开发升级之外,游戏直播的宣传功能、用户付费、会员注册、代理运营、周边研发、内容外包和海外版权出售与代理运作等,也丰富了游戏产业的盈利方式。可以期待的是,在移动互联网纵深发展的阶段,游戏产业也会因技术进步与用户价值的不断沉淀而继续开拓更广阔的发展空间。

(五)移动阅读:优质内容的付费模式

利用手机、平板电脑、电纸书等终端载体进行阅读的行为被称为移动阅读。本文界定的移动阅读主要是指通过专业、垂直的阅读客户端阅读小说、图书、杂志、动漫的阅读消费行为。目前在移动阅读方面,阅文集团、掌阅reader、塔读文学、咪咕阅读、阿里文学、网易云阅读、熊猫看书、豆瓣阅读等是其中的主要代表,同时也出现了喜马拉雅等有声阅读APP。移动互联网提供的便携平台,使不同年龄层次、消费习惯的读者能够随时随地进行阅读,碎片化阅读成为移动互联网时代的读者群相。

从目前移动阅读的市场发展来看,主要收入来源包括:首先,用户为内容付费成为移动阅读的重要收入来源,通过包月、包年等形式进行收费阅

---

① 中国互联网络信息中心(CNNIC):《第41次中国互联网络发展状况统计报告》,2018年1月31日。

读，付费阅读不仅促进内容生产者提升内容服务的品质，也增强了用户的阅读意愿，全民阅读因移动阅读而变得可能；其次，版权增值，通过优质 IP 的开发，移动阅读与影视、动漫、游戏融合，带来收入的增加；再次，在整个阅读生态图谱中，出版社、书展、版权机构、有声阅读等相关上下游企业的广告也是重要的收入来源。此外，用户打赏功能、电子阅读器以及出版物也是盈利的一部分，但智能终端的快速普及，压缩了电子阅读器的销量，这些收入来源并不可观。

近几年来，尤其是 2016～2017 年，移动阅读的市场重点已经从平台的内容积累转移到原创内容的孵化和 IP 链条的铺展之上，借此探索多元化的商业模式。如百度、阅文、阿里、掌阅相继成立文学集团，重点发力移动阅读，打造泛娱乐产业链。以阅文集团为例，2016～2017 年，在资金投入、平台扩充的基础上，构建了"移动应用 + 版权合作"的运营方式，实现全体验入口、全内容引入、全场景覆盖、全正版支持，打造了"合作伙伴、用户、作家"三位一体的源生 IP 价值链。在阅文的产业链中，UGC 内容互动、IP 共营合伙人制、综艺明星、影视计划、动漫产品等都成为移动阅读产业发展的关键词。移动互联网的发展进入纵深时代，未来移动阅读也将在深入挖掘阅读价值、围绕 IP 长线探索产业模式、打通海外发展平台、提升布局能力等方面继续发力。

（六）移动社交：虚拟与现实的无界限生存

如果说上述类别构成了移动互联网时代产业的外在业态，那么移动社交则建构着这个时代的用户生存状态。移动社交已成为用户网络行为中不可或缺的一环。诸多互联网企业针对用户新的需求和行为特征，不断深耕产品功能和属性。

在应用类别上，由于用户群体内部的差异，不同的人群倾向于不同的移动社交应用，例如男性用户对于商务社交更为青睐，而女性则更倾向于诉诸情感的社交软件。综合而言，综合社交、兴趣社交、图片社交、商务社交、校园社交、婚恋社交等是最为普遍的社交应用。尽管内部存在差别，但是移

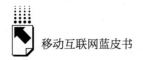

动社交行业的核心竞争力和驱动力则是共通的，即来自本身内容的吸引力、针对用户特征的社交需求以及不断提升社交体验。

最新的数据显示，截至 2017 年 12 月，中国即时通信用户规模达到 7.2 亿，手机即时通信用户达 6.94 亿，占据全体手机网民的 92.2%。[①] 在一定程度上，移动社交应用成为人们交友、学习、获取资讯、减少孤独感以及实现自我表达的日常途径，它不仅是一个社交的工具，也是实现自身需求的一种价值渠道。以微信为例，随着微信生活功能的不断拓展，移动社交应用在实现社交功能之外，也将生活出行、购物、缴费、娱乐休闲等高度联结。尤其是在经历一年酝酿之后，微信小程序逐步显示其获取线下流量的巨大能量，由于手机内存限制和独立 APP 推广的成本，基于微信庞大的用户群体，小程序为企业、机构、自媒体公众号的推广和变现提供了出口，其商业价值逐渐凸显。微博作为社交媒体，2017 年在提升产品内容和服务属性上进一步创新，垂直聚合优化了微博兴趣社交的功能，通过打通专业内容与专业需求之间的障碍，"赋能"自媒体，为其提供品牌定位、粉丝积累、用户转化、商业变现的一站式平台，使用户的消费结构和内容供给结构得到了较好匹配，将微博的平台和渠道功能与更多的企业、机构和个人的商业价值紧密联结，提升了整体的产业价值。

（七）移动广告：盈利来源的多样化探索

移动互联网带来的网民行为的变迁直接催生了新的广告形式，通过移动设备访问移动应用或网页时显示的广告应运而生。通过图片、视频音频、搜索类广告、电子邮件广告、信息流广告、插片广告、积分墙广告、LBS 广告、原生广告等形式，移动广告凭借即时性、精准性、互动性等优势，正在成为移动客户端、视音频、阅读等内容载体的主要盈利来源，成为国内最重要的网络广告形式。

[①] 中国互联网络信息中心（CNNIC）：《第 41 次中国互联网络发展状况统计报告》，2018 年 1 月 31 日。

从载体上，在众多智能终端中，手机对广告业的重塑作用较为显著。第一，手机的使用使得用户向社交类、生活类应用迁移，用户流量引发广告资源的流变；第二，手机搜索引擎不断优化，带动移动广告的创新；第三，手机硬件的更新换代为广告模式的改变提供条件。从行业上，游戏行业是广告投放的重点行业，新媒体、金融、房产、教育等领域的广告在移动端的投放量也不断增加。从形式上，原生广告为最受重视的形式。从 2017 年的市场情况来看，腾讯广点通的移动端信息流广告是目前市场上规模最大的"移动原生广告"服务，在 QQ 空间手机版、微信朋友圈及微信公众账号上最为普及。伴随着广告业的融合发展，原生广告还将出现更丰富的形式和内容，也会与其他形式的广告相结合，但万变不离其宗的是广告所追求的精准投放与广告效果。

移动广告重要的特点是，根据用户群体的差异，在不同的应用载体上有所差异，会按照行业相关度、产业上下游关联进行投放。因此，移动广告的发展也使得 DSP（Demand-Side Platform，需求方平台）和 DMP（Data Management Platform，数据管理平台）两类业务不断发展。第一类是针对广告发布的技术平台，第二类是测量广告投放效果的第三方广告调研机构，为广告投放提供数据支持。移动端数据相对片面化、碎片化，相比之前 PC 端的数据更易于整合和搜索，因此数据公司通过将移动端数据资源进行梳理、分析、测量，可以帮助广告客户更好地做出精准的广告决策，为广告投放的具体位置、形式、目标人群、效果等提出建议。移动广告效果的衡量也从按点击收费（Cost Per Click，CPC）向按转化率收费（Click Value Rate，CVR）转变。

近年来，伴随移动广告的发展和行业的不断成熟，腾讯、搜狐、优酷、爱奇艺等已开始将主要售卖资源放入广告交易平台，这样的程序化购买可以直接锁定目标用户进行广告曝光，最大限度实现广告触达，以此提高经营效率，还可以保持对如何出售和向谁出售优质广告的控制。对于广告行业而言，在移动互联网时代不只是形式和载体的变化，还要秉承移动营销思维，了解消费者的真实需求与触媒行为，将受众喜欢的产品、内容和服务，瞄准目标用户进行精准投放，实现场景化的用户体验。

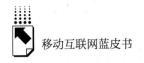
（八）O2O类APP：文化产业场景化的平台基础

在国家统计局最新文化产业的分类中，文化艺术服务、文化创意和设计服务、文化休闲娱乐服务、工艺美术品的生产、文化产品的辅助生产等，涉及创作与表演、文化遗产保护与开发、文艺培训、广告服务、设计、会展、旅游、租赁、版权、复制等众多门类。移动互联网与之实现紧密联系的关键在于O2O生活服务类APP，以移动支付和LBS定位技术为核心，为文化艺术、创意设计、文化娱乐休闲提供了庞大的信息和服务消费者以及生活生产场景化的平台基础。

目前，我国移动支付用户规模持续扩大，用户使用习惯进一步巩固，手机网上支付比例提升至65.5%，并向农村地区渗透。基于庞大的移动支付使用群体，加上智能手机的普及、移动互联网的易得性和便利性，以及电商企业多样化的营销手段，文化消费的主流群体向移动端迁移，人们的衣食住行游均实现了在应用之上的多元场景化，消费的渗透率进一步提升。

以天猫、京东、微店为代表的购物平台，锁住了大量移动互联网消费者，从PC端到移动端的消费群体迁移，让购物成为随时随地的行为。同时这些购物APP推出的直播推荐功能以及淘宝头条和京东发现在内容上的努力，都致力于提升用户黏度。此外，美团、大众点评、百度糯米业务横跨O2O、旅游、票务、团购等领域，联结了人们的各类需求；携程、去哪儿等出行APP，百度、高德等地图类APP，以及共享单车类APP使人们的出行更加便捷；各类教育、学习、云课堂、慕课等平台实现了移动学习的终端化；艺术咨询、艺术设计、在线展览、拍卖展示等艺术服务类APP拉动了人们对发展性信息消费的需求；乐动力、KEEP等健身类APP以及体育资讯类垂直内容提供平台为体育爱好者提供了内容和服务；票务、会展等APP的出现对演出、活动、论坛的引流也具有积极作用。

在创意、设计、艺术方面，目前一些艺术设计工作室、画廊、艺术拍卖公司、艺术培训机构等在开辟独立的应用 APP，以为用户提供艺术资讯、学习服务，如涂手、艺伙、艺术狗、艺术云图、艺术头条、艺厘米等都是有固定用户的 APP。可以期待的是，伴随着移动互联网的纵深发展及其与传统文化产业的进一步融合，更多的产品和服务将致力于开拓文化产业在艺术、设计、服务等方面的"蓝海"，将适用于移动终端生产、传播、消费的部分，实现基于移动平台的价值转化。

三　新时代的技术、文化与产业

未来中国移动互联网的纵深发展，还将给文化产业带来更多的势能。第一，移动互联网的纵深融合，回应着用户群体的消费行为、取向、兴趣和选择，在开辟新的市场可能性的同时，也从已有存量中融合出新的消费点；第二，移动互联网将新闻、影视、图书、娱乐、休闲、体育等众多文化产业的类别整合入以端口、平台、程序为载体的产业链条之中，让更多的企业、机构、个人都有机会参与到文化生产之中，从供给侧为经济的发展提供养料；第三，移动互联网还将与其他的新兴技术实现融合，共同致力于探索新的经济形态和业态。

移动互联网的纵深融合，为思考技术、文化与产业三组关键词提供了视角：技术是外向度的生产力，可用以创造物质与精神财富，技术背后的制度规范、标准体系则是推进生产力发展的重要参照；文化是内向度的生产力，它融合精神的价值体系、物质的符号体系、行为的制度体系，是硬实力和软实力的综合体现；而产业的发展，将技术与文化整合到一种有形的生产之中，它涉及生产、销售、分配、应用，以及人与人、人与社会、人与国家的发展及其互动。

世界互联网进入中国时间。伴随着中国信息技术创新实力的不断提升和众多国家标准、规则走向国际，如何将中国的文化通过技术创新与产业强盛，在世界舞台上进行传播，讲好中国的故事、传递中国的声音，这是新时代文化传播者、从业者的使命。

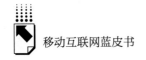
参考文献

余清楚、唐胜宏：《中国移动互联网发展报告（2017）》，社会科学文献出版社，2017。

中国互联网络信息中心（CNNIC）：《第 41 次中国互联网络发展状况统计报告》，2018 年 1 月。

熊澄宇：《文化产业研究：战略与对策》，清华大学出版社，2006。

熊澄宇：《文化生产力彰显文化自信》，《人民日报》2016 年 10 月 20 日。

德布雷：《媒介学引论》，刘文玲译，中国传媒大学出版社，2014。

约翰·帕夫利克：《新媒体技术：文化和商业前景》，周勇等译，清华大学出版社，2005。

梅宁华：《中国媒体融合发展报告（2017～2018）》，社会科学文献出版社，2017。

《智能时代的新内容革命》，2017 年 12 月。

《2017 年国家统计局统计年鉴》，http：//www. stats. gov. cn/tjsj/ndsj/2017/indexch. htm，2017。

《国家统计局文化及相关产业分类（2012）》，http：//www. stats. gov. cn/tjsj/tjbz/201207/t20120731_ 8672. html，2012 年 7 月 31 日。

《国务院"十三五"国家战略性新兴产业发展规划》，http：//www. moe. edu. cn/jyb_ sy/sy_ gwywj/201612/t20161220_ 292496. html，2016 年 12 月 20 日。

科睿唯安：《2017 全球创新报告》，http：//www. 199it. com/archives/673595. html，2017。

B.4
2017年中国移动互联网
政策法规及趋势展望

朱 巍*

摘　要： 本文以2017年移动互联网方面新出台和修订的法律、法规和政策性文件为视角，通过梳理总结典型性判例和事件，结合移动互联网发展实践，归纳2017年我国移动互联网政策法规及治理的新特点。在此基础上，对2018年移动互联网法治化进程作出展望。

关键词： 移动互联网　大数据　网络实名制　个人信息

一　2017年移动互联网重要新规

（一）法律层面：多部法律对移动互联网影响深远

1.《民法总则》对虚拟财产和数据信息立法做出重要调整

虚拟财产和数据信息权都是网络经济的重要组成部分。近年来，不论是以手机移动电商和微信微商为代表的电子商务，还是移动端游戏的虚拟装备，不管是用户因手机网络行为而产生的数据隐私，还是基于大数据的精准

---

* 朱巍，中国政法大学传播法研究中心副主任、副教授、研究员、硕士生导师、法学博士，北京市法学会电子商务法制研究会副会长，中国互联网协会法律工作委员会委员，北京市互联网人民调解委员会副主任，主要研究方向：互联网法律、网络治理、民商法。

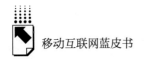

营销，都曾引发过社会广泛热议。虚拟财产的定性问题、数据信息权的归属与隐私之间的平衡问题，都是现代移动互联网社会无法回避的重要课题。

2017年通过实施的《民法总则》曾在草案中，将虚拟财产列为物权客体，将数据信息权作为知识产权的客体。在最后的颁布实施稿中，将数据信息和虚拟财产从知识产权与物权客体中剥离出来，仅做出"有规定的，按照其规定"的要求。这样的修法非常正确，主要有以下几方面原因。

第一，虚拟财产不是一般物权。虚拟财产本身是一种新的财产权，不同于传统的物权。账号、邮箱、虚拟人等虚拟财产具有明显的人身性质，财产处分应受到人身性限制。从理论上说，虚拟财产性质尚存在较大争议，从发展方向看，虚拟财产的未来发展与虚拟人格是一致的——越来越独立于现实财产和现实人格。[①]

第二，数据信息权不能被知识产权覆盖。数据权应由用户自己掌控，网络服务提供者作为信息采集者和使用者的合法界限，必须是建立在法律和约定框架下的。目前正是移动互联网免费+增值服务的阶段，网站盈利渠道是建立在广告基础上，特别是精准广告，其来源在于采集用户行为的大数据，并以此形成的精准画像。若将数据权完全列为知识产权的话，就会混淆大数据与个人隐私之间的关系，一旦大数据与个人信息之间进行了模糊，这势必导致数据控制权转移到平台手中。这就会让网站打着大数据的幌子，让知识产权变为掠夺用户隐私的武器，以收割用户合法权益的方式侵害隐私权。因此，民法总则最后定稿中将数据信息权从知识产权客体中去掉，是非常正确的做法，有利于网络时代用户权益的保护工作。

2.《反不正当竞争法》重新明确了网络不正当竞争的类型

鉴于《反不正当竞争法》（以下简称《反法》）第二条长期以来存在被滥用的风险，2017年新通过的《反法》对网络不正当竞争行为做出了特别规定，这将极大解决未来移动互联网竞争司法困境问题。

《反法》将四种类型的网络竞争行为作为认定妨碍、破坏其他经营者合

---

① 朱巍：《立法谨慎定性虚拟财产不是坏事》，《新京报》2016年11月1日。

法提供的网络产品或者服务正常运行的行为：一是强制跳转、插入链接进行网络劫持；二是诱导、欺骗或迫使用户对其他网络平台服务违反真实意思表示的行为；三是对他人提供的网络产品或服务恶意不兼容；四是妨碍或破坏他人合法网络服务行为。

立法者之所以要在互联网行业竞争方面做出特别专条规定，主要原因有两个：第一，互联网产业竞争激烈，用户选择权成为互联网规模效应和生态经济的基础，影响了商品的口碑，也就影响了企业的竞争力；第二，关注度经济是互联网传播的主要形态，以曝光、揭秘、小道消息、负面信息为标题就会吸引更多的关注度，网络传播已经成为商业诋毁的集散地。

以上四类网络不正当竞争行为不仅适用于 PC 端的网络行为，而且同样适用于移动端的网络行为。《反法》将这四类网络不正当竞争做出了明确类型化，有利于司法审判对不正当竞争行为的认定，但法律无法穷尽所有的网络技术可能出现的不正当竞争行为，所以出现最后一款兜底性条款。主要作用一方面是增强《反法》的灵活性和适应性，另一方面是减少司法审判对类似情况向该法第二条一般条款"逃逸"的做法，这将有助于法律适用的准确性，减少同案不同判的情况出现。

3.《网络安全法》将作为移动互联网安全的根本大法

（1）《网络安全法》（以下简称《网安法》）是保护全体网民的根本大法

第一，《网安法》第十三条规定了新型的"被遗忘权"，加强了用户对自己数据权的控制力。当用户发现网站涉及自己数据被错误登记时，有权要求网站对这些错误信息立即进行删除或更正。同时，用户一旦发现网站违反约定或违法使用自己信息的时候，也有权要求网站停止侵权行为。这样的规定有利于建立"政府＋网站＋网民"三位一体的保护数据信息权的新制度，也是发展中人格权的互联网时代进化。

第二，《网安法》强化了用户对数据的伦理义务，第一次将知情权等人格权上升为法定权利。该法第二十二条规定，网站发现程序漏洞或隐患时，必须及时告知用户，这种告知义务不是以用户实际权利受到侵害为前提的，

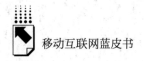

而是在用户隐私有受到侵害之可能的时候，就必须事先履行的一种义务。这对于国内外近年来多发生的各类技术性大规模信息泄密事件，给予了很好的回应，有利于用户权益的法治化发展。

第三，《网安法》强化了包括政府部门和工作人员在内的信息保有者主体责任。该法第七十三条强调，政府部门工作人员违法违规获取信息的行为，或者玩忽职守、滥用职权等"内鬼"行为，都将构成对网民信息权的侵害。政府工作人员的这些违法行为，构成犯罪的将由刑事法律加以处罚，即便是没有构成犯罪，也要依据《网安法》等相关法律加以处分。

（2）《网安法》是数据安全保护法

《网安法》正式明确了国家保护的个人信息范围，进而划清了个人数据合理使用的法律界限。大数据时代背景下，个人信息性质属于隐私权范围，大数据信息则不属于公民隐私权保护范畴。实践中，借助移动互联网大数据而形成的精准营销、用户画像、研究报告等都是数据商业化的表现。大数据的合理使用边界就是个人信息与大数据之间的边界，长期以来这条边界都处于模糊状态。《网安法》将是否具有"可识别性"作为隐私权保护的标准是非常科学的，既符合世界数据保护政策的立法趋势，也在个人信息与大数据应用之间找到了最佳平衡点，这将极大促进中国大数据的发展。①

（3）网络安全法是保护关键信息基础设施的根本大法

包括移动互联网基础设施在内，关键信息基础设施安全是整个国家安全的重要核心。《网安法》第三十一条至第三十九条分别对关键信息基础设施的类别、责任主体、性能维护、安全义务类型、审查机制、保密措施、数据存储、安全评估和部门协调责任等方面进行了详细规定。这些法律条文基本构建起中国面向"互联网＋"产业变革新时代关键信息基础设施保护的框架。

（二）法规层面：着力于监管落实

2017 年是我国移动互联网部门立法的高峰期，国家网信办、文化部、

---

① 朱巍：《立法谨慎定性虚拟财产不是坏事》，《新京报》2016 年 11 月 1 日。

国家新闻出版广电总局、国家工商总局、工信部等国家机关，都相继出台了针对互联网内容、资质、行为和责任的规范性文件。

尽管这些法规文件法律位阶不高，仅在规范性文件层面，无法成为法院判决援引基础，但并不妨碍这些规范性文件成为我国网络法律体系中重要的组成部分。这些规范性文件一方面，弥补了现行法律滞后性规定，解决了无法可依或执法空白的问题；另一方面，也为我国未来可能出台统一的传播法打好了规范基础。更为重要的是，这些法律文件解决了新产业无法可依的问题，统一协调了政府监管、用户权益、企业发展和市场规则之间的关系。单从这一点讲，2017 年就是移动互联网立法收获满满的一年。

1. 国家网信办出台的规定

2017 年国家网信办相继出台了《互联网新闻信息服务管理规定》《互联网论坛社区服务管理规定》《互联网跟帖评论服务管理规定》《互联网群组信息服务管理规定》《互联网用户公众账号信息服务管理规定》《微博客信息服务管理规定》《互联网新闻信息服务新技术新应用安全评估管理规定》等相关法律性文件。

（1）坚持正确舆论导向成为重中之重

从《网安法》开始，内容安全本身就是网络安全法体系中重要的组成部分。特别是在新媒体时代，网络平台责任重大，必须在"发挥舆论监督作用"与"促进形成积极健康、向上向善的网络文化"中发挥重要作用。在国家网信办这些新规中，无疑都将内容安全与正确舆论导向作为重中之重，目的就在于趋利避害，在网络舆论发挥监督作用的同时，也要形成积极向上向善的正确导向。不论是传统媒体平台，还是移动端的直播平台、论坛、公众号等，都应该积极履行主体责任，将净化网络环境，倡导正确舆论作为主体责任重要组成方面。

（2）对移动端新技术新应用进行监管

国家网信办出台的《互联网新闻信息服务管理规定》《互联网用户公众账号信息服务管理规定》《互联网跟帖评论服务管理规定》中，分别对"增设具有新闻舆论属性或社会动员能力的应用功能""上线公众账号留言、跟帖、评论等互动功能"和"互联网新闻信息服务相关的跟帖评论新产品、新应用、新功能"等方面明确了法定的安全评估程序。而《互联网新闻信息服务新技术新应用安全评估管理规定》就是将安全评估的具体做法法定化。依法评估、依法整改、依法上线有望成为保障互联网新闻信息服务活动安全的法治标准。这说明从国家监管层面施行的是较为灵活的长效监管机制，把事后监管位移到事先监管，将极大促进我国互联网安全事业发展，减少技术可能带来的不稳定性。①

（3）强化平台主体责任

移动互联网传输发布信息的最大特点就是自媒体的互动式信息传播。这其中既包括互联网直播类，也包括网络社区、弹幕、评论、跟帖等形式。这些形式中，大量存在传播淫秽色情、血腥暴力、诈骗等违法信息的情况，互联网平台不能以自己的网络服务提供者身份，对一些严重侵害他人合法权益或社会公共利益的行为视而不见。技术中立抗辩在网络法治实践中已经有被滥用之嫌，特别是在算法、推荐和大数据背景下，平台拥有对信息的完全控制权，必须要不断完善技术和制度上的防控手段。

网信办出台的新规将《网安法》相关条款具体化，大都将网络平台分成两大块：一是强化平台对数据信息的安全性主体责任，包括数据安全和内容安全；二是明确平台作为网络服务提供者时的管理义务，落实对用户交互信息的监管责任。

（4）强化网络实名制

网信办系列新规重申了网络真实身份认证制度，分别在《互联网论坛社区服务管理规定》《互联网跟帖评论服务管理规定》《互联网群组信息服务管理规定》《互联网用户公众账号信息服务管理规定》《微博客信息服务管理规定》等规定中明确了网络实名制的具体操作流程。

网络实名制是新时期互联网经济和信息交互的基础性制度，也是未来发

①　朱巍：《〈互联网新闻信息服务新技术新应用安全评估管理规定〉是网络新闻信息法治化的安全保障》，《新互联网时代》2018年第1期。

展网络法治经济和法治技术的基础。我国网络实名制早在 2012 年《全国人大常委会关于加强网络信息保护的决定》中就已经明确，《网安法》再次重申了真实身份认证的相关制度。目前我国实名认证制度是电信实名制与网络实名制的结合，一般用户根据手机号码的实名制就可以完成认证，但对于电商、主播、未成年人等特殊人群，则需要基于身份证等相关信息进行认证。

2. 文化部出台的规定

2017 年文化部涉及移动互联网方面的规定主要有《文化部关于推动数字文化产业创新发展的指导意见》《网络游戏管理暂行办法》等。

文化部出台的规定集中在网络文化安全、促进网络文化产业有序发展以及网络游戏法治化管理等方面，从较高的层面确立网络数字经济文化发展的目标："数字文化产品和服务供给质量不断提升、供给结构不断优化、供给效率不断提高，数字文化消费更加活跃，成为扩大文化消费的主力军"。可见，网络文化属于社会主义精神文化的重要组成方面，以为人民服务为核心，通过培育若干社会效益和经济效益突出、具有较强创新能力和核心竞争力的数字文化领军企业，以及一批各具特色的创新型中小微数字文化企业，实现"2020 年，形成导向正确、技术先进、消费活跃、效益良好的数字文化产业发展格局，在数字文化产业领域处于国际领先地位"的发展目标。

值得注意的是，文化部所做的相关规定再次强调了扩大和引导网络数字消费需求，这种以发展文化经济为着力点的新规定，与以往单方面强调文化本身相比前进了一大步。将文化融合于网络，以网络为手段发展先进文化，是"互联网＋文化"领域的一大变革。这就意味着，网络文化领域的政府监管正在从管内容，进化成促进产业发展、提高社会消费需求、提高网络文化传播质量等方面。这就需要"进一步放宽准入条件、简化审批程序，保障和促进创业创新"，从根本上厘清"放管服"之间的关系。

文化部于 2017 年修订的《网络游戏管理暂行办法》将最新的相关立法精神体现在了网游管理之中。首先，明确增加了《网安法》作为该办法的上位法之一；其次，增加了申请网络游戏资质的条件，将具备专业人员、必要技术措施和固定域名等也作为提高准入门槛的重要条件；再次，针对从境

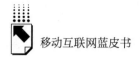

外引进的网络游戏审批程序增设条件，从著作权到说明书都名列其中；最后，在游戏市场引入了信用诚信机制，这标志着我国网游市场白名单和黑名单制度的正式实施。

3. 广电总局出台的规定

2017 年，国家新闻出版广电总局发出的《关于加强网络视听节目领域涉医药广告管理的通知》，本质虽然是针对源起于电视广告的问题，但是，通知内容中多涉及网络传播的问题。这次整顿的重点在于医疗行业的广告问题，这类广告多涉及证人证言、虚假宣传等违法违规情况。个别地方电视台违法采编制作相关虚假广告后，此类广告广为传播的途径就是移动互联网。因此，维护消费者医疗安全和知情权，最为核心的还在于线上线下的同步进行，在于传统媒体和网络媒体的同步进行，在于首发责任和传播责任的同步进行。

4. 工信部出台的规定

工业和信息化部于 2017 年修订的最重要的法律性文件当属《互联网域名管理办法》。该办法的修订，是加强互联网基础资源管理的需要，也是促进域名行业健康有序发展的需要，有望解决新形势下我国域名领域监管不足的难题，也能够有效抵御非法域名网站可能存在的网络危害和数据安全问题。同时，该办法的修订也进一步强化了个人信息保护力度，强调了域名注册信息登记和保护并重，"要求域名注册管理机构、注册服务机构依法存储、保护用户个人信息，未经用户同意不得将用户个人信息提供给他人"，这就从网络安全的角度强化了监管机构和注册管理主管机构的信息安全义务，是《网安法》在域名管理领域的有效延伸。

（三）行业公约：突出自律强化主体责任

从行业自律角度看，互联网行业协会和相关企业在 2017 年为践行企业主体责任，加强行业自律，出台了《互联网反黑稿自律公约》。这个自律公约所针对的正是网络实践，特别是移动互联网实践的重要问题。目前，这个自律公约实施效果很好，简化了操作流程，方便了用户投诉和企业维权，减少了相关维权成本和诉累，有望成为未来互联网全行业自律的里程碑式的公约形式。

尽管《互联网反黑稿自律公约》只有七条，但所涉及的范围从诚信经营到打击黑稿产业链，从诉讼维权协助到建立诚信名单，所涉及的不正当竞争领域比现行的《反不正当竞争法》还要多。该公约有望终结长期以来存在于互联网产业市场的黑稿黑产业。①

二　2017年移动互联网重要案例和事件

（一）开放平台的数据之争

2017年初，开放平台数据之争第一案——新浪诉脉脉案终审，本案以新浪胜诉为终点，最核心的启示就是在Open API（即开放API，也称开放平台）模式下，用户数据控制权到底在何方。本案最终判决给出了比较明确的答案，即"用户授权"＋"平台授权"＋"用户授权"②三个程序缺一不可。

本案涉及的是用户权益保护问题，包括用户知情权、选择权和数据权等多种类型。以往开放平台的模式大都秉承平台之间基于信任的合作关系，忽略了平台用户作为基础和核心的地位，现有法律法规对此也没有针对性的规定，依靠的往往是一些忽视用户权益的"行业行规"。本案判决将开放平台模式做出了明确的司法定义，即包括"用户授权"＋"平台授权"＋"用户授权"三个缺一不可的程序。③

就移动客户端而言，必须强调的是以脉脉为代表的一些网络服务存在获

---

① 刘峣：《网络"黑稿"何时休》，《人民日报》（海外版）2017年7月17日。
② 数据控制权属于用户。用户与开放平台签署网民协议时，平台需要拿到明确的用户数据授权，且在约定范围之内采集、使用和处分数据。一旦平台与其他平台合作涉及用户数据分享时，开放平台仍需再次获得用户的授权。
③ 朱巍：《人是目的而非手段——新浪微博胜诉脉脉的几点启示》，https：//weibo.com/ttarticle/p/show? id=2309404064321289202618，2017。

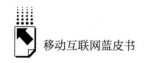
取用户好友、通讯录等信息的情况，这是有问题的，因为用户自己的信息属于个人权利处分范畴，但在用户终端中别人的电话号码、微信号码、邮箱、信息记录、通信记录等其他信息，不属于用户权利能够处分的范畴。即便是用户同意应用获取自己的通讯录，应用平台也没有权利获取用户本人以外的他人信息数据。

（二）侵害消费者权益的"菜鸟和顺丰之战"

本事件中，菜鸟指责顺丰数据不安全，顺丰则指责菜鸟想占有超过淘宝系的所有快递数据。然后双方互相关闭数据端口，百万用户查询物流情况受到影响，顺丰自然也无法承接淘宝的货单。再往后，双方互相指责升级，互联网企业开始站队。最后，邮政部门出面吹哨终止了这场"比赛"。

本应作为双方服务的终极上帝——消费者却被无限度地忽视掉了。双方都强迫消费者做出选择本来就不是一件值得称赞的事情。政府在市场竞争中作为与不作为的底线，就是要保障消费者"还有的选"。有鉴于此，邮政部门以命令的形式终结了此次较量。

本事件最终并未得到有效解决，在这个事件中的消费者权益被两大企业"误伤"的情况，应该引起政府监管部门的警惕，在任何时候都不能以牺牲消费者权益为代价追求所谓的市场竞争原则。当然，最为核心的问题就是2017年正式实施的《网安法》，消费者的相关信息属于《网安法》直接保护的范围，任何企业或平台，都不得超过用户意愿代替用户做出决定。[1]

（三）水滴直播事件引发的网络隐私权讨论

水滴直播的技术性质属于网络服务提供者，平台功能板块中商家和教育类直播传播最为广泛。作为网络服务提供者的平台，对各类直播展现的场景，法律义务也不尽相同，以下分为三种大类逐个加以分析。

第一类是针对家庭等个人生活环境的直播类型。这类直播内容属于用户

---

① 朱巍：《菜鸟顺丰之战还未结束》，财新网，2017年6月16日。

核心隐私，传播途径以用户授权为主，此类情况一般都以监控形态出现，能够观看的都是家庭成员。一般来说，自己观看自己的家庭情况，侧重于家庭的安保方面，并不涉及侵权问题。不过，若将此类直播向社会发布，违反了当事人自己的意愿，这就涉及侵权问题。权利人的救济渠道，是通过通知删除规则，及时告知平台采取必要措施，包括屏蔽、断开连接等。

第二类是针对商家等的直播，这类直播中既包括对商家公共场所的直播，也包括对商家后厨等非公共场所的直播。一般来说，公众在公共场所的隐私权要比私密空间下隐私权减损不少，不过，商家公共场所的直播还是要区分情况来看。首先，对公共场所中的隐私环境，要按照私密空间对待，例如，餐厅的包房、结账时的收银台、试衣间等。对这类空间要比照私密空间，在得到被拍摄者明确授权前，不得监控或采集视频信息。其次，对商家的非公共场所，比如后厨"明厨亮灶"等类型，这是商家自愿接受消费者监督的表现，当然可以进行全面直播。最后，对于公共场所的被拍摄者而言，即便直播没有侵害到他们的隐私权，但进行直播的用户也要事先履行对被拍摄者的告知义务，明确得到同意后，方可直播。

第三类是教育类直播，主要包括对未成年人学习环境的直播，以及对大学等成年人课堂的直播。对于未成年人学习环境的直播，有利于家长掌握教育情况，有利于督促学校履行教育安保职责。因为被拍摄者都是未成年人，所以，直播发布渠道还是以家长和学校内部传播为宜，不适合向全社会进行直播。对于成年人学习环境的直播，这些被拍摄者都是具有完全民事行为能力的人，所以，直播之前需要征求他们的意见，在明确征求同意后，并不存在侵权的情况。然而，若是涉及课堂讲述内容的知识产权，则还需要征求授课方的书面同意后，方可进行。

（四）用户账号删除权

2017年国家四部委对我国互联网市场十大网站隐私政策等方面做出了全面评估，要求网站应当提供用户在线注销渠道。后经媒体调查发现，注销账号在实践中履行得非常不好。网站要么设置非常烦琐的注销程序，要么根

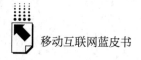

本没有设置相关渠道。当被问到为何注销账号如此之难时，大多数网站的回答都是"为了用户安全着想"。这显然是网站有意回避，有意在拖延履行法定的义务。注销账户的风险不会大过注册账号的风险，也不会大过网络支付和在线认证的风险，网站"为用户着想"的借口是站不住脚的。

互联网账号的重要程度可想而知，特别是在移动互联网环境中，网络账号几乎等同于关乎用户人身和财产安全的"命脉"，一旦被窃取或泄露，后果将不堪设想。《网安法》确立了我国法律意义上的被遗忘权。《网安法》第43条将用户对自己信息的控制权正式在立法层面交还到用户手中。该法规定，用户对网站违法违规或超出约定使用自己信息的，有权要求网站采取必要措施予以删除。这样一来，依据《网安法》对个人信息的严格保护原则，用户要求删除自己账号关联的个人信息也就于法有据了。因此，不仅是从常理上，而且从法律依据上讲，用户注册产生的账号，其相关权利当然属于用户自己所有，账号注销权理应包含在内。

三 移动互联网政策法规趋势展望

（一）立法方面

1. 个人数据保护有望进入立法程序

《个人数据保护法》已经被列入未来一段时间重要立法项目之一，有望在2018年进入立法程序。我国关于数据和隐私的相关法律、法规、政策性文件达100余部，已经构成以《网安法》为核心的个人数据保护法体系。尽管在司法和监管层面并不存在明显盲区，但是，在数据性质、大数据采集、用户权益、知情权和选择权、开放平台数据共享和大数据所有权等方面，仍存在理论上和实践中的巨大争议。

未来的《个人数据保护法》将从数据性质、分类、所有权归属、用户权益保护、开放平台共享限制、征信资质、信息流动和跨境流动等各个方面对个人信息合法使用做出明确界定。新法一旦出台，将对我国已经存在的个人信息方面的法律体系做出明确调整，极大促进我国数字经济发展，更好地保护用户基本权利，成为数字经济作为法治经济的重要法律基础。

2. 人格权法独立成编成为可能

民法典一直是学界热议和关注的法典。2017 年颁布实施的《民法总则》，规定了民事活动的基本原则和一般规定，下一步的工作就是在《民法总则》基础上，加快各个民法编的起草工作。人格权法是否能独立成编，成为核心问题。

就目前相关立法趋势和学界主流观点来看，人格权法独立成编已成可能，2018 年将有望成为民法典人格权法独立成编的起始之年。人格权法独立成编将更有利于保护公民合法权益，有利于让人格权作为发展中的权利，不断赋予其时代含义。

在移动互联网时代，移动终端成为个人人格权的集合体，包括肖像权、隐私权、姓名权、名誉权等精神性人格权在内的相关权利，都集中在网络平台、运营商和手机生产者责任范围之内。人格权作为绝对权利，任何平台和机构都将成为人格权责任的义务主体。这就要求移动互联网企业承担更大的主体责任，用户量越多，这种责任就越大。

3. 电子商务法有望出台

《电子商务法》草案已经进入三审阶段，本来在 2017 年应该出台，但因为学界和实务界的普遍争议，搁置至今。该法有望在 2018 年出台。从目前公布的二审稿来看，依旧存在较大问题没有解决。如电商合同成立的判断标准、消费者用户评价权利等都存在较大争议，关于押金预付款、微商都只字未提，这些重大瑕疵将成为 2018 年学界和实务界继续争论的焦点问题。

（二）趋势方面

1. 数据产权归属将有定论

数据产权问题已经成为移动互联网隐私权界定的核心问题。就目前法律规定来看，都集中于数据安全方面，对大数据产权、归属、性质等相关问题仍停留在技术层面，没有上升到有法可依的状态。

从产业技术角度看，大数据性质属于知识产权，而个人信息属于隐私权范围，二者之间的关系既有交叉，也有平行。在学界和实务界认知比较统一的状态下，未来出台的《个人数据保护法》有望配合人格权法编和《网络安全法》，成为数据产权归属定论的有力依据。

2. 网络安全落实亟待扎实推进

尽管《网安法》已经颁布，但相关实施细则仍在不断完善之中。相关标准和程序必须配合实施细则加以实现。我国网络安全的现状，有望从事中和事后监管，上升为事先未雨绸缪，加快技术进步和安全制度建设势在必行。

必须强调，网络安全是互联网经济发展的最大短板，在任何时候都不能忽略网络安全去追寻效率。所以，关于网络安全的相关立法和趋势一定是未来长期的话题和热点，制度监控、技术创新、纠错能力、法律责任和关键信息基础设施安全等都将成为未来落实《网安法》的重点所在。

3. 消费者权益保护备受关注

作为消费社会的核心，消费者是网络经济发展的推动者和最终享受者。消费安全和消费者权益保护一定是未来立法、监管和企业落实主体责任的核心所在。消费者权益作为横跨民事法律、行政法规和刑事法律的永恒话题，在未来可探讨的空间很大。为适应新时代消费者权益保护工作需要，再次修改《消费者权益保护法》，或者各个地方出台互联网消费者权益保护实施办法等细则也并非不可能。

4. 共享经济将成为法律与政策关注重点

共享经济元年已经过去，但共享经济热潮一直持续。网约车、共享单车、民宿租赁、共享充电宝、共享汽车……共享经济已经对很多传统产业进行了重构。这对于去产能化、供给侧结构性改革、提高市场活力、增加就业机会、发展绿色经济等社会的各个方面都产生着深远影响。尽管2017年"共享经济"一词已经有被滥用的趋势，但这丝毫不会影响其作为一种新经济形态继续发展壮大。

移动端平台和应用是共享经济的主要载体，其中涉及的隐私保护、资金安全、用户权益和竞争秩序等各个方面，都将成为2018年法律与政策关注的重点。

参考文献

信息社会50人论坛：《拥抱未来新经济的成长与烦恼》，中国财富出版社，2017。

中国互联网协会：《互联网法律》，电子工业出版社，2016。

腾讯研究院：《人工智能》，中国人民大学出版社，2017。

腾讯研究院：《"互联网＋"时代的立法与公共政策》，法律出版社，2017。

张翼成、吕琳媛、周涛：《重塑信息经济的结构》，湛庐文化，2017。

B.5
多元传播交汇下的移动
舆论演化新格局

单学刚　卢永春　姜洁冰　周培源*

摘　要： 2017 年，移动舆论场依旧热点频发，更趋多元复杂。"两微一端"与青年亚文化平台在移动舆论场中形成共振，移动直播和微视频对舆情渗透力增强，知识社区成影响移动舆论场的新变量。热点传播虽特点各异，但整体脉络趋于清晰可辨。移动舆论场的规范与治理渐成常态，对网民情感诉求的回应和调节将是新难点，依法管网治网、多维度传播正能量、引导自媒体沿积极文化导向发展等都是移动舆论场规制和引导的着力点。

关键词： 移动舆论场　传播规律　依法治网

据中国互联网络信息中心（CNNIC）《第 41 次中国互联网络发展状况统计报告》[①] 数据，截至 2017 年 12 月，中国网民数量达到 7.72 亿，其中手机网民规模达 7.53 亿，使用"第一移动终端"手机上网人群的占比由 2016 年的 95.1% 提升至 97.5%。互联网普及持续向低龄、高龄两端渗透，年轻群体在移动舆论场更为活跃，传统的"两微一端"舆论策源地与青年亚文

＊　单学刚，人民网舆情数据中心副主任，研究方向：网络舆情、新媒体、危机管理；卢永春、姜洁冰、周培源为人民网舆情数据中心特约分析师。

[①] 《第 41 次中国互联网络发展状况统计报告》，http：//www.cnnic.net.cn/hlwfzyj/hlwxzbg/hlwtjbg/201803/t20180305_70249.htm，2018 年 3 月。

化的舆论生成场域共振，移动舆论场的"核心层"与"外围地带"互补，使得 2017 年移动舆论场更加多元复杂。

一 2017年移动舆论场格局与变化趋势

2017 年，中国的移动舆论场传播载体持续多元化，各种传播方式交融、渗透的趋势更为明显。

（一）正向舆情热点提振网络正能量

2017 年中国移动舆论场诞生众多正能量的热点议题，十九大召开、《战狼2》热映、《人民的名义》热播、雄安新区设立等，这是推进新型主流媒体建设、国民社会心态成熟自信等多方因素叠加的结果。根据人民网舆情数据中心的统计，2017 年度十大舆情事件中仅罗一笑事件和于欢案两个事件造成了一定程度的舆论争议和撕裂，而这一数据在 2016 年和 2015 年均为 6 个。这显示出社会治理进步及网络舆论生态的持续好转。

近年来，随着中国社会快速平稳发展，网民心态趋于成熟自信，年轻群体热衷于主动表达，提升了时政议题的热度，增强了网络正能量的传播广度和深度。同时，政府和主流媒体主动设置议程的能力大幅增强，在相当程度上也主导了舆论的正面走向。当然，因信息公开不畅、应对欠妥等造成的舆论场各群体"自说自话"、产生撕裂的现象还时有发生，如四川泸县学生坠亡事件中，出现了"被殴打致死""公职人员子女参与""政府包庇"等诸多传言，而官方发布的信息遭到了网民的质疑，最终导致事态恶化。

（二）"两微一端"与青年亚文化生产场域共振

从移动舆论场的传播载体看，传统"两微一端"依然占据主导地位，但值得注意的是，移动舆论场用户年龄结构略有改变，开始出现向"外围地带"延伸的可能性。

根据腾讯发布的 2017 年度财报，微信和 WeChat 的合并月活跃账户数达到 9.886 亿；2018 年春节后，合并月活跃账户超过 10 亿①。另据 2017 年腾讯全球合作伙伴大会公布的数据，截至 2017 年 9 月，日发送的消息数约 380 亿条，同比增长 25%；月活跃公众号 350 万个，公众号月活跃关注用户数为 7.97 亿，同比分别增长 14% 和 19%②。微信是移动互联网的最大入口平台，处于移动舆论场的核心地带，在人民网舆情数据中心统计的 2017 年度 20 大热点舆情事件中，微信传播指数超越微博的事件占比达八成。基于强关系纽带的微信舆论生态愈发闭合，公共话题的私密表达及公众号评论的审核过滤机制，让微信舆论明显区别于论坛、微博等开放式舆论场，更容易形成群体极化。

新浪微博则延续发展势头，在继续巩固短视频、直播等形式之外，在 2017 年推出了问答、新鲜事等产品，用户规模和活跃度稳定增长。截至 2017 年 12 月，新浪微博月活跃用户增至 3.92 亿，全年微博月活跃用户净增长 7900 万，创下上市以来最大数量的净增长③，其中 93% 用户来自移动端。2017 年新浪微博强化了"关系流"和"信息流"的矩阵搭建，巩固了舆论热度风向标的地位。在杭州保姆纵火案、男乒集体退赛风波等事件中，网友集体吐槽，微博的信息供给优势进一步凸显；罗一笑事件等争议话题中，评论"楼中楼"拒绝沉默的螺旋，多元声音得到释放，但价值观的砥砺冲突也增加了舆论引导的难度。2016 年 11 月"金 V"标识对个人头部用户开放，使账号影响力更趋高度集中。

2017 年，我国的手机网络新闻用户规模为 6.2 亿，占手机网民的 82.3%④，新闻客户端成为移动端网民获取新闻的首选通道。这一年中，以算法为主导的今日头条等客户端的新闻推送模式，引发了关注和反思。传统门户新闻客户端活力依旧，主流媒体客户端因内容生产的优势后来居上，专业生产内容与用户原创内容齐头并进，针对新闻内容的跟帖成为客户端舆论新图景，用

---

① 《腾讯公布 2017 年度财报　全年总营收 2377.6 亿元》，腾讯网，2018 年 3 月 21 日。
② 《2017 微信数据报告》，搜狐网，2018 年 2 月 3 日。
③ 《微博月活跃用户达 3.92 亿　创上市以来最大数量净增长》，http://tech.sina.com.cn/i/2018 - 02 - 13/doc - ifyrmfmc2341675.shtml，2018 年 2 月 13 日。
④ 《第 41 次中国互联网络发展状况统计报告》，http://www.cnnic.net.cn/hlwfzyj/hlwxzbg/hlwtjbg/201803/t20180305_ 70249.htm，2018 年 3 月。

户借跟帖表达情绪诉求，部分事件中的"跟帖舆情"甚至带来舆论风向转变。

随着移动舆论场年轻用户群体比重上升，这一群体围绕个体兴趣和特定话题，在"两微一端"之外创造了与主流文化保持一定距离的青年亚文化生产场域，移动舆论场呈现出"核心区"和"外围地带"的共振和补充趋势。从数据上看，截至 2017 年底，QQ 月活跃账户数 7.83 亿，较上年同期下降 9.8%；QQ 空间月活跃账户数 5.63 亿，较上年同期下降 11.7%；但 QQ 智能终端月活跃账户数达 6.83 亿，较上年同期上升 1.7%[①]，年龄为 21 岁及以下的月活跃账户也同比增长，"QQ 看点"推出的"话题"功能帮助用户发现热门内容，带来日活跃用户及使用时长的持续增长。而在大学生等年轻知识群体中，简书、猫弄等新兴内容社区显现出更强吸引力。值得考量的是，长远来看，更加分众化的移动舆论场，让价值观彼此补充还是背离，对移动舆论场的沟通引导提出了更高要求。

（三）移动直播与微视频传播对舆情渗透力增强

截至 2017 年 12 月，网络直播用户规模达到 4.22 亿，较 2016 年增长 22.6%。资本的冷静与国家治理力度加大使 2017 年移动直播行业略有降温，游戏直播和真人秀直播成为行业的主要形式。VR、AR 等技术的运用为用户带来更好的体验，但尚未对社会舆论产生根本影响，反而是直播本身因偶尔触及隐私伦理边界成为舆论焦点。

视频传播拥有更大范围的传播覆盖和更长效的传播周期。移动直播和短视频作品的创新应用在热点议题的引导中也频频发力。十九大期间，人民日报社、中央电视台等主流媒体发布的短视频内容占比达到 35%，相关视频播放量达到了 30 亿。而中央电视台在十九大前夕推出的《不忘初心　继续前进》《将改革进行到底》《法治中国》《辉煌中国》等政论片，也以短视频等方式在移动舆论场进行二次传播，取得很好的反响，包括在年轻人聚集的 Bilibili（B 站）平台的播放数和弹幕都有不错的成绩（见表 1）。

---

① 《腾讯公布 2017 年度财报　全年总营收 2377.6 亿元》，腾讯网，2018 年 3 月 21 日。

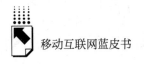

表1 央视系列政论片网络传播统计

政论片(时间序)	微博		微信		B站(首集)	
	话题量 (万条)	阅读数 (亿人次)	发文量 (篇)	阅读数 (万人次)	播放数 (万人次)	弹幕 (条)
《将改革进行到底》	22.8	1.9	44810	565	10.4	6058
《法治中国》	8.6	1.5	17767	298	1.7	415
《大国外交》	13.5	5.1	7921	485	27.4	9797
《巡视利剑》	1.8	0.7	7715	373	8.1	781
《辉煌中国》	14.1	4.7	9223	652	31.1	10865
《不忘初心　继续前进》	7.6	1.8	12048	319	4.1	230

资料来源:人民网舆情数据中心。

值得注意的是,用户自制上传的视频内容在突发事件中能够起到有效的"信息填空"作用。2017年九寨沟地震后,当地民众和游客通过手机拍摄的视频第一时间传递现场信息并被众多传统媒体采用。尽管如此,低门槛的视频传播方式仍然存在潜在负面影响,如争议事件中涉事一方对视频内容的编辑加工和选择性展示,往往容易引发网友观点分化对立。

(四)知识社区成移动舆论场影响新变量

知识型、专业型社区越来越明显地成为热点事件外围的影响变量之一。拥有不同知识背景的用户通过理性分析,消除了专业议题的公众距离感,让更多的人拥有从不同角度探寻事件本质的可能,如在贾跃亭与乐视、章莹颖案等的专业讨论中,"无影灯效应"[1] 进一步展现。截至2017年12月,知乎注册用户数达到1.2亿,日活用户超过3000万,在付费领域,超过3000名作者在知乎推出电子书,知乎Live的总参与人数近500万[2]。随着互联网由免费的开放共享向移动付费社群的转变,传统网络精英纷纷转移阵地,构

---

[1] 无影灯效应(Shadowless Lamp Effect)借用物理中的名词来比喻从各个角度入手,将一个问题很全面地展示出来,以增加数量来弥补不足的现象。

[2] 《知乎年度盘点　用"知识"丈量2017年》,http://cj.sina.com.cn/articles/view/6188807680/170e1b600001003e27。

建新的知识闭环收割用户注意力资源。

优质知识社区的平稳扩张还带来用户知识获取习惯的深刻变化。崇尚碎片化阅读的现代知识习得方式很难形成全面深度的认知。另外，区别于年轻群体钟爱的基于兴趣、话题构建的文化圈层，知识社区中知识精英对热点议题的属性和框架设置更容易影响参与者，进而影响移动舆论场的风向。

（五）"丧文化""反鸡汤"在特定群体流行

从 2016 年就开始流行的"葛优瘫"，到时下层出不穷的"我差不多是条废鱼了""感觉身体被掏空"等流行语或表情包，再到"前任果茶"等网络营销活动，"丧文化"无疑已成为当下青年网络话语的重要特征。"丧文化"的主流人群是"80 后"和"90 后"，之所以迅速占领社交媒体话语空间，一部分原因在于目前中国青年面临的单身、房价高、加班等现实压力。[①]

2017 年特定群体纷纷选择所谓的"躲避崇高"，进行自嘲式、主动污名化的戏谑操作。黑豹乐队鼓手手持保温杯走红网络，"中年危机""避免油腻"成为代入感极强的话题。青年群体在面对被贴上"污名化"标签难以抗拒的压力时，选择在社交空间以自嘲、自我反讽等"主动污名化"的方式来与之对抗，"屌丝""废柴"等"丧文化"和反鸡汤的词语、段子成为青年群体用来"自黑"的工具。

二 移动舆论场的传播特征与公共话语表达

（一）移动舆论场的传播特征

1. 新媒介赋权弱化，舆情传播形态趋于稳定

自互联网诞生以来，每一次媒介变革都会促使信息传播与话语关系重新调整。过去几年，互联网新技术催生各类新兴平台，为建立起多元的网络舆

---

① 《UC 大数据揭露"丧"文化背后：与重压生活的调皮玩笑》，新浪网，2017 年 6 月 20 日。

情发酵与传播格局赋予了重要的通道。2017 年，尽管移动媒介继续发展，今日头条、网易云音乐等内容平台持续向社交化转型，旗下的悟空问答、西瓜视频、抖音等板块或独立应用引流大批用户，但整体看，新媒体所带来的"赋权红利"逐渐消解，舆情传播与发酵基本以微博、微信、社群、知识社区、视频媒介等为中心，跨媒介融合传播脉络清晰可辨，这有助于迅速把握舆情动态。

2. 情绪流瀑效应明显，舆情消解周期延长

移动互联网的信息流瀑具有非理性特征，参与其中的个体，在分散化、圈层化传播的有限视野中，受情绪感染相对强烈，随众性更强。2017 年下半年，国内爆发携程亲子园事件、红黄蓝幼儿园事件等舆情，涉事主体均为幼儿机构，具备天然的敏感性。在"虐童"微视频、图片、细节描述的刺激下，加之个别涉事单位在舆情处置上的缺位，加剧了网民表达的随意性和暴力化、情绪化倾向，进而在初期形成了情绪爆棚的负能量。在传播过程中，信息流还混入"军人参与虐童"等强刺激性虚假信息，触发道德底线，并不了解真相的网民通过朋友圈大肆传播并妄加揣测，甚至截图引述境外媒体的不真实信息，非理性传播达到高潮。

在情绪流瀑效应日趋明显的态势下，负面情绪主导的舆情周期更长。一方面，移动端网民对于官方公布的每个关键细节都要反复推敲，质疑与释疑的过程不断推动舆情演化。另一方面，此前悬而未决的事件经过媒介多轮曝光，形成再次发酵，如江歌案、湖南桃江学生肺结核事件再度回归舆论场域，正是舆情长尾留下的隐患。

3. 舆论正面交锋走弱，借喻、隐喻式表达增多

在开放的舆论场中，各方观点都能够完整呈现，信息对冲与观点博弈后，网民能够自觉地学习辨识信息，从而达到舆论场自我净化的效果。然而，面对平台方对内容的管理日趋严格和发帖留言审核方法的运用，网上基于某个问题或现象的公开表达逐渐趋同的态势明显，舆论正面交锋走弱。另外，移动端"信息茧房"也越来越阻碍大众的思考判断，情绪带偏舆论的现象较多。如江歌案中，当网民矛头指向另一涉事人刘某时，部分媒体、

公众人物发表观点呼吁回归理性，但很快被谩骂声所淹没。

值得注意的是，受制于移动平台管理的外部效应，在一些相对复杂的舆情事件中，不少网民越发倾向使用借喻、隐喻的方式进行表达，网络漫画、图文、影视剧台词、诗句等都经常被网民用于某种特定的影射表达，以规避风险责任。以"90后""00后"为主体的新生代网民具有"泛娱乐化""叛逆性""二次元"等特质，更青睐"后现代"的各种解构式表达。吐槽的娱乐化和随意性会稀释真相与权威，给网络秩序带来了诸多新的问题。

（二）移动舆论场的舆情产生与演进

1. 社会群体"脆弱"式表达增多：亟待情感回应和调节

受自身经济水平、社会地位、教育程度、互联网应用水平等因素制约，弱势群体的网络表达遭遇新媒体技术更迭、年轻网民更热衷追逐娱乐话题、城市精英转而关注自身生活等内外环境的挤压，更加边缘化。通过"脆弱"式表达引发与外界的情感共振，日益成为弱势群体吸引舆论注意的重要支撑。2017年11月，在大兴区西红门火灾发生后，北京市展开安全隐患整治专项行动，社交媒体涌现出大量借弱势群体口吻叙事的哀伤体文章，提升舆论关切城市治理的温度。2017年3月，江西赣州的明经国杀人案引发了媒体和网民基于不同情感的各异式解读，碎片化信息夹杂着标签化的群体立场促使舆论站队现象严重。

同时，社会转型期的中等收入阶层，也面临住房、教育、医疗、养老、婚姻等多层面的社会压力，焦虑感明显，"猝死""中年危机""中年之殇"等构成他们的鲜明标签。2017年3月，Wephone创始人苏享茂发帖称"被我极其歹毒的前妻翟欣欣给逼死了"后跳楼自杀，事件涉及创业艰辛、现代婚姻关系、财产安全等诸多角度（见图1），引发网民的情感共鸣和换位思考。2017年12月，中兴网信公司一员工坠楼死亡后其妻子、同事爆出的"公司内斗""被迫裁员""熬夜加班"等隐情，又展现了网民普遍面临的职场问题和中年困境，触及情感痛点，"血淋淋的中年危机""躲不掉的中年危机"等文章迅速刷屏。通过上述案例分析,可以肯定的是,在未来舆情热点事件引导中,除了事实要素的及时公开和道理的阐述之外,如何通过对网民情感的回应和调节引发共鸣,从而提升引导效果将是新的课题。

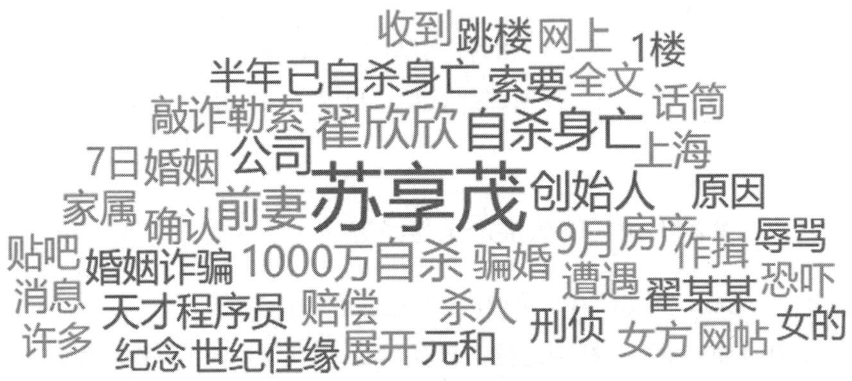

图1 苏享茂自杀事件高频词分布

2.舆情演变与网络动员:多方互动推动舆情发展

2017年3月,山东于欢案因其关乎传统伦理与法理之间的平衡,在舆论场掀起巨大波澜,成为热度最高的公共话题。首先,传统媒体《南方周末》的深度报道《刺死辱母者》被熟谙网络传播的凤凰网、网易新闻等门户网站挖掘转发并修改标题为《山东:11名涉黑人员当儿子面侮辱其母 1人被刺死》、《女子借高利贷遭控制侮辱 儿子目睹刺死对方获无期》,跟帖评论逐渐增多,形成第一轮声势,网易新闻客户端的《母亲欠债遭11人凌辱 儿子目睹后刺死1人被判无期》在移动端传播引发更大范围的热议,跟帖评论超过100万条。随后,新闻挖掘逐渐展开,澎湃新闻《山东"刺死侮母者"案证人讲述民警处警细节:开着执法记录仪》透露出更多细节,跟帖火爆。再后,《辱母杀人案:不能以法律名义逼公民做窝囊废》《我恳求判"刺死辱母者"无罪》《刺死辱母者:如果保护母亲有错,我愿意一错再错》等自媒体评论文章刷屏,与《人民日报》旗下账号"人民日报评论""侠客岛"推出的以《辱母杀人案:法律如何回应伦理困局》《辱母杀人案:

对司法失去信任才是最可怕的》为代表的主流媒体评论共同构筑起舆论阵势。山东省高级人民法院、最高人民检察院、最高人民法院等相关部门的自媒体平台积极跟进发声，法理与伦理的公共辩论日益明晰，最终促使事件得以妥善解决（见图2）。

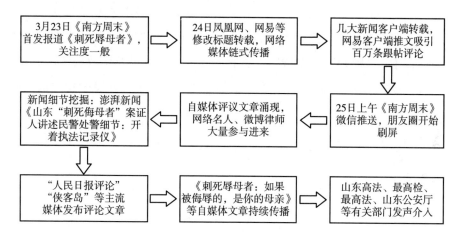

图2　"于欢案"网络舆情传播大致路径

在这起事件中，我们可以发现，传统媒体在新闻事实挖掘方面远超自媒体，但在事件的传播初期需要借助新媒体话语体系加速扩散。另外，舆情沸腾之际夹杂民间情绪的自媒体评议文章往往会吸引较高的关注度，网络名人的言论偏向也极易影响舆论走势。此时，主流媒体评论与官方声音都显得格外重要，要尽力避免激愤言论渲染致使舆论跑偏。

3. 个人自媒体情绪化表达引发舆论爆燃

2017年11月，新京报《局面》栏目公布江歌被害后其母亲与刘鑫的会面视频，引起了广泛关注。江歌案牵扯法律、道德、人性、亲情、爱情、友情等诸多方面，舆论面十分复杂。自媒体"咪蒙"发表《刘鑫江歌案：法律可以制裁凶手，但谁来制裁人性?》等文章，舆论热度一路飙升。13日，《局面》栏目负责人通过个人微信公号发布《关于"江歌案"：多余的话》讲述双方见面的始末，引发大量转载，达到传播最高峰。

在舆情扩散过程中，江歌妈妈成为影响事件走热的关键人物。她不断通过微博等平台发声，自2016年11月4日（即江歌遇害的第二天）发布首条相关微博，至2017年底累计发布370多条相关微博，包括发起请求判决陈世峰死刑的签名、直播自身遭遇等，吸引大量网民关注与支持，其粉丝数从不足千人飙升到140多万，《我只想为无辜惨死的女儿讨还公道!》《感谢!道歉!》等文章阅读量均超过1000万人次，数次登上热搜榜榜首（见图3）。抽取《我只想为无辜惨死的女儿讨还公道!》一文的跟帖分析，在29610条网友转评中，"阿姨""支持""加油"等成为网友提及次数最多的词组，表情包方面也多用"心""拥抱""悲伤""愤怒"等，网民的整体情感倾向清晰可见（见表2）。

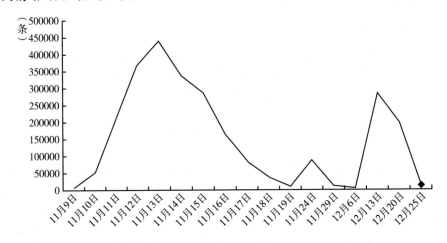

图3　2017年底江歌案微博舆情走势情况

资料来源：人民网舆情数据中心。

表2　《我只想为无辜惨死的女儿讨还公道!》一文网民跟帖热词分析

单位：次

排名	评论热词	提及量	转发热门表情	提及量	评论热门表情	提及量
1	阿姨	760	❤	122	❤	496
2	支持	573		69		323
3	妈妈	539		63		192
4	加油	476		49		170
5	江歌	420		47		126

排名	评论热词	提及量	转发热门表情	提及量	评论热门表情	提及量
6	刘鑫	382		45		114
7	希望	310		35		99
8	善恶	242		20		41
9	正义	238		18		26
10	陈世峰	202		17		25

资料来源：人民网舆情数据中心。

需要指出的是，江歌妈妈在公共舆论场中过于情绪化的表达也引发了包括隐私权、名誉权等法律话题在内的争议和讨论，如知乎平台出现《为什么说江歌妈妈不值得同情？》《为什么我现在越来越不喜欢江歌的妈妈？》等浏览量达百万人次的帖文。同时，不少网民和自媒体的声音也过于情绪化，夹杂了如人肉搜索、言语辱骂等背离法治精神和公序良俗的做法，如何在自媒体发声中保持理性和适度的原则需要引起反思。

三　2017年移动舆论场的引导与规制

互联网不是法外之地，移动互联网的诸多问题也亟待管理。习近平总书记指出，"网络空间是亿万民众共同的精神家园。网络空间天朗气清、生态良好，符合人民利益"。[1] 移动舆论场的规范与治理渐成常态，相关法规密集出台，治理空间向半封闭式的社交群组延伸，在网络跟帖生态治理、视频内容管理等方面作用明显。

（一）推进依法依规治理，法规体系趋于完善

2017年6月，《网络安全法》正式施行，修订后的《互联网新闻信息服务管理规定》也由国家网信办对外发布实施。此后，国家网信办又陆续发

---

[1] 《习近平在网络安全和信息化工作座谈会上的讲话》，2016年4月19日。

布《互联网论坛社区服务管理规定》（8 月）、《互联网跟帖评论服务管理规定》（8 月）、《互联网群组信息服务管理规定》（9 月）、《互联网用户公众账号信息服务管理规定》（9 月）、《互联网新闻信息服务单位内容管理从业人员管理办法》（10 月）、《微博客信息服务管理规定》（2018 年 2 月）等，加之 2016 年发布的《移动互联网应用程序信息服务管理规定》、《互联网直播服务管理规定》等，一个涵盖网络新闻、微博客、公众账号、论坛社区、跟帖评论、群组、视频直播等移动互联网舆论传播各个领域的法规体系趋于完善。

新修订的《互联网新闻信息服务管理规定》距原规定 2005 年发布的时间已经超过 10 年，这期间，移动舆论场相关的新技术、新应用不断涌现，微博、微信、客户端等的出现和普及，改变了原本"门户网站"引领社会舆论的面貌。基于此，新规从多个角度进一步明确了互联网新闻信息服务的许可、运行、监督检查、法律责任等，将各类新媒体纳入管理范畴，明确提供各类互联网新闻信息服务都应当取得许可，具有很强的现实意义。

网络空间治理向半封闭式的移动社交群组延伸备受瞩目。《互联网群组信息服务管理规定》将管理半径延伸到群组，明确了微信、QQ 等移动社交工具群组的建立者、管理者应当履行群组管理责任和维护公共秩序的义务，有效扩展了网络空间治理范围。强化网络跟帖管理，规制互联网不正当竞争也是依法依规管理的重点。《互联网跟帖评论服务管理规定》明令禁止跟帖评论服务提供者及其从业人员非法牟利，不得利用软件、雇佣商业机构及人员等方式散布信息，规定不得向未认证真实身份信息的用户提供跟帖评论服务，"先注册后跟帖、先审后发"，成为跟帖评论的基本原则。这一系列法律法规的颁布得到了网民的普遍认同。

（二）引领自媒体沿积极的文化导向发展

2017 年，在微信公众号保持旺盛发展的同时，头条号、一点号、企鹅号、大鱼号等平台的出现和发展也推进了自媒体的多元化。自媒体（We Media）以更低的介入门槛和更便捷的互动方式在移动端向人群传递生活动态、信息资讯和见闻杂感，其兴盛在一定程度上改变了专业媒体主导舆论传播的传统格局，但也带来了商业利益混杂、信息可信度低等问题，违背法律法规和公序良俗的现象屡见不鲜。

6月，北京市网信办约谈多家网站，责令采取有效措施，遏制渲染演艺明星绯闻隐私、炒作明星炫富享乐等问题，"中国第一狗仔卓伟""名侦探赵五儿"等一大批八卦账号被关闭。部分自媒体账号热衷于炒作明星绯闻、豪车名包、奢靡生活，虽不违反法律，但存在严重的价值导向问题，违背社会主义核心价值观，亟待规制和引导。

互联网属地管理原则，在自媒体时代也由单纯对网站的管理延伸到对自媒体平台的管理，如西安市规定，粉丝数量超过3万的新浪微博个人注册用户，个人证件地、住所地或经常居住地在西安辖区的或微信公众号的注册者、管理者、使用者其中之一在西安辖区的，需进行集中备案登记。当然，这样的管理措施固然有利于对账号的监督和引导，但也需要注意在依法规范和保障公民表达权之间把握平衡。2017年河北涉县"网民张某发帖称医院食堂价高难吃被拘"事件就引发了舆论管理尺度的争议。

（三）做强政务新媒体，传播时代强音

2017年，党政机关继续提升引导舆论的素养和能力。党中央、国务院对"互联网＋政务"高度重视，中办、国办印发了《关于促进移动互联网健康有序发展的意见》，推动各级党政机关积极运用移动新媒体提高信息公开和社会治理水平。截至2017年底，经过新浪认证的政务微博达到173569个[①]，政务类微信数量也达到几十万家，通过与网民的良性互动在移动舆论场发挥着积极作用。如山东"于欢案"二审庭审中，"@山东高法"通过文字、图片、视频等方式对庭审现场进行全程微博直播，用公开促进公正；9月，"上海警察粗暴执法"事件引起高度关注，"@警民直通车—上海"坦诚承认当事民警"粗暴执法，行为错误"，挽回了公信力。

---

① 人民网舆情数据中心：《2017年政务指数微博影响力报告》，2018年1月23日。

2017 年，党政机关和中央媒体所属的平台或账号在形式和技术上也有多重创新，从图文传播到短视频、漫画、FLASH 动画、图解新闻、互动游戏、移动直播、VR 等新技法和手段，提升了感染力，在移动舆论场的话语权不断强化。"八一"期间，人民日报客户端策划的互动型 H5 产品《快看呐！我的军装照》刷爆朋友圈，一周浏览量突破 10 亿人次，打破了客户端新闻产品的纪录，激发了青年网友的爱国热情。"@中国政府网"配合两会宣传，发布航拍视频《起飞了 2017！航拍总理报告将如何改变你生活》，视频俯瞰全国美景，以动态数据解读《政府工作报告》关键目标。《诗词大会》热播之际，"@中国大学生在线"和"@微言教育"推出线上"飞花令"，激发了网络"最文艺互动"。"@天津交警"自制科普系列视频"津警说"，通过女交警进行场景扮演来讲解各类交通安全知识，圈粉大量年轻网友。

四 2018年移动舆论场发展趋势展望

2018 年，中国移动舆论场将继续保持旺盛的发展势头，不同群体和平台声音的汇流将会更加深刻地影响移动舆论场的变化。

（一）正面导向和主流价值观将覆盖移动舆论场

进入中国特色社会主义新时代，移动舆论场无疑将成为新闻宣传和意识形态建设的重要阵地。在纷繁复杂的自媒体账号崛起的同时，中央和地方主流媒体的移动端建设也已初具规模，整合优势资源，扩大传媒效果的空间很大。2017 年 8 月，人民日报社发起成立了"全国党媒公共平台"，统合 30 多家党媒所属平台，在包括移动端在内的全媒体领域传播主流声音，讲好中国故事，迈出了坚实的一步。预计 2018 年主流媒体统合联动的效果将在舆论引导中进一步显现。

（二）移动传播的多元化带动新兴意见表达群体出现

在移动舆论场上，传统的微博名人披上"金 V"标志后，在"推广"

里享有特权，具有影响力，而知识问答平台的"答主"、在线答题平台的"题主"、视频自媒体的博主等也逐渐成为受到年轻网民追捧的"新星"，他们通过各自新兴的影响力释放通道，在"95后""00后"网民对舆论热点的认识和解读中享有一定的话语权，对这些新兴意见表达群体也需要与时俱进地给予关注。

（三）超级平台渗透力更强，网络组织动员能力日趋显现

可以预见，除了微博、微信、各类新闻 APP 稳步发展，大型的电商、出行、外卖、租房、共享服务等生活服务类网络平台也日臻强大，不仅融入公众生活，改变原有市场秩序和社会运行规则，也不同程度地渗透到了舆论的生成发酵之中，超级平台强大的网络组织动员能力对舆论场构成何种影响值得关注。

（四）老年群体上网高峰来临，成移动舆论场中新的"问题群体"

对比 CNNIC 的历次中国互联网络发展状况统计报告，近年来年轻网民和老年网民的占比持续提高是不争的事实。年轻群体渐成舆论中坚，对舆论话题属性和框架是否会带来代际冲击还需观望，但智能手机的普及带动老人把上网作为其日常生活中的重要部分已是必然。网上交流给老年网民带来便利，但与此同时，信息源单一、真伪难辨等问题也使得老年网民经常被各种网络谣言误导，甚至成为谣言的积极传播者，破坏舆论秩序。提高老年网民的移动新媒介素养，是需要全社会共同面对的新问题。

参考文献

祝华新、廖灿亮、潘宇峰：《2017 年中国互联网舆情分析报告》，《社会蓝皮书：中国社会形势分析与预测（2017）》，社会科学文献出版社，2018。

罗昕、支庭荣等：《互联网治理蓝皮书：中国网络社会治理研究报告（2017）》，社会科学文献出版社，2017。

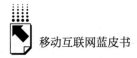
张志安等：《互联网与国家治理蓝皮书：互联网与国家治理发展报告（2017）》，社会科学文献出版社，2017。

单学刚、朱燕、贾伟民：《2016 年中国网络舆情新趋势》，《中国媒体发展研究报告》（总第 16 辑），社会科学文献出版社，2018。

张力、曲晓程：《2017 年互联网与社会治理报告》，2018 互联网大数据与社会治理南京智库峰会，2018 年 1 月 27 日。

〔美〕戴维·迈尔斯：《社会心理学》，人民邮电出版社，2006。

B.6
中国互联网企业推动
"数字丝绸之路"建设

冯晓虎　周冰*

摘　要： 以信息化为特征的数字丝绸之路建设，从通信网络铺设、通信技术标准升级、搭建数字平台等方面对"一带一路"沿线国家通信基础设施建设起到重要作用，并在此基础上促进"一带一路"沿线国家的金融、贸易、物流等领域发展升级，从而推动"一带一路"沿线国家的共同发展。另外，中国互联网企业在分享"一带一路"政策支持红利的同时，也面临完善自身技术、服务本土化等挑战。

关键词： "一带一路"　数字丝绸之路　互联网企业　数据平台

一　"数字丝绸之路"的提出

2013年9月和10月，国家主席习近平分别提出建设"新丝绸之路经济带"和"21世纪海上丝绸之路"倡议①，此后四年多来，"一带一路"建设惠及全球。2017年5月举办的"一带一路"国际合作高峰论坛公布了"一

---

* 冯晓虎，对外经济贸易大学教授、博士生导师，德国柏林洪堡大学博士生导师，北京洪堡论坛秘书长兼副主席，研究领域为对外贸易；周冰，德国马丁路德·哈勒维滕贝格大学博士生。

① 国家发展和改革委员会、外交部、商务部：《推动共建丝绸之路经济带和21世纪海上丝绸之路的愿景与行动》，2015年4月6日。

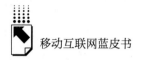

带一路"建设共 76 大项 270 多项具体成果，"一带一路"倡议广被接受，合作进展超出预期。

在已有成果的基础上，习总书记在"一带一路"国际合作高峰论坛上强调，信息化在推动"一带一路"沿线国家共同发展中的重要作用："创新是推动发展的重要力量。'一带一路'建设本身就是一个创举，搞好'一带一路'建设也要向创新要动力。我们要坚持创新驱动发展，加强在数字经济、人工智能、纳米技术、量子计算机等前沿领域合作，推动大数据、云计算、智慧城市建设，连接成 21 世纪的数字丝绸之路。"①

丝绸之路，这条由古代商人踏着黄沙踩出的中西贸易之路，这条由张骞历经数十年两次出使西域而凿通的中西交流之路，它时刻使世人铭记前辈为认识更广阔的世界而用双脚丈量土地的艰辛与信念。今天，有赖于互联网信息技术的发展，数字成为"一带一路"建设的时代主题，也成为当今中国最重要的"名片"之一。

二 信息互联，基础建设先行

（一）信息网络基础设施建设

推动数字"一带一路"建设，首要条件就是"一带一路"沿线国家的基础设施建设。由于"一带一路"沿线国家通信发展水平不平衡，互联网普及率总体较低，以大数据为特征的互联网应用难以顺利开展。

相较于这些国家，中国在互联网和通信业等信息基础设施相关领域的发展较为领先，因而在中阿、中欧、中非、中国—东盟等多边合作机制下，中资企业携手"一带一路"沿线国家搭建信息高速公路，为其发展数字经济贡献力量。

中兴通讯在 65 个"一带一路"沿线国家里的 53 个国家建立常设机构，无线网络已经覆盖 40 个国家，有线网络覆盖 52 个国家，并帮助巴基斯坦和

---

① 《习近平对推动"一带一路"建设提出五点意见》，新华网，2017 年 5 月 14 日。

印度尼西亚等一跃成为拥有先进 IT 和电信设施的国家①。

华为公司为 50 多个非洲国家部署了超过 50% 的无线基站、超过 70% 的 LTE 高速移动宽带网络，以及超过 5 万公里的通信光纤网络②。

中国电信为加强"一带一路"沿线国家网络基础设施建设，推出中老泰陆缆直连通道等先导性重点项目，推进中非共建信息高速公路项目，并向非洲国家提出了建设"八纵八横"骨干光纤网的倡议，铺设覆盖整个非洲大陆的高速宽带网络，计划未来 3～5 年投入 10 亿美元自有资金，到 2025 年基本建成"一带一路"沿线主要区域信息高速公路③。

中国移动在东北亚、中亚、南亚、东南亚四大周边区域建成开通 8 条陆地光缆、参与建成 5 条海底光缆，在"一带一路"沿线国家和地区建成 29 个"信息驿站"（POP 点，网络服务提供点），确保通信联络更加便捷、信息交流更加畅通。未来 3 年，中国移动在"一带一路"沿线的 POP 点将增加到 61 个，形成贯穿"一带一路"的带状"信息驿站"，同时还计划部署 8 个实体"信息集散岛"（数据中心）④。

同时，中国联通也加强亚欧非大陆及附近海洋的互联互通，与沿线国家共建国际海陆缆，提高网络信息传输速度与安全性。

（二）信息通信技术创新

推动数字"一带一路"建设，离不开移动通信技术的支持。TD－LTE 技术的推广普及，为"一带一路"沿线国家提供了统一的技术标准。由中国移动发起的 TD－LTE 全球发展倡议（GTI）汇聚全球 127 家运营商成员以

---

① 《中兴通讯股份有限公司 2016 年可持续发展报告》，http://www.cbcsd.org.cn/sjk/baogao/summary/20170505/download/中兴通讯：2016 年可持续发展报告.PDF，2018 年 1 月 18 日。

② 陈才、张育雄：《打造网上丝绸之路，助力"一带一路"建设》，http://china.chinadaily.com.cn/2016－12/28/content_27805065.htm，2016 年 12 月 28 日。

③ 中国电信：《中国电信践行"一带一路"倡议：全球布局 建设"信息丝路"》，http://www.chinatelecom.com.cn/news/06/ydyl/xw/201706/t20170621_33927.html，2017 年 6 月 2 日。

④ 中国移动：《中国移动参与"一带一路"共建情况》，http://www.10086.cn/aboutus/news/groupnews/index_detail_3165.html？id＝3165，2017。

及 130 多家设备制造商和终端厂商合作伙伴，在"一带一路"沿线已经有 21 个国家和地区部署了 39 张 TD – LTE 商用网络，中国主导的 TD – LTE 技术已经成为国际 4G 标准之一①。与此同时，中国移动多次下调"一带一路"沿线国家漫游费，降低沟通成本，为参与"一带一路"建设企业与个人提供质优价廉的服务。

5G 技术的研发与推进，将为智慧城市、工业 4.0、人工智能等互联网应用提供更有力的技术支撑。除 4G TD – LTE 之外，中兴、华为等各中资企业在政府领导下，积极与"一带一路"沿线国家合作，推进沿线智慧城市建设、发展人工智能，依照国家战略布局世界市场，并使"中国制造 2025"战略与全球化的"工业 4.0"浪潮紧密结合。在这一技术创新趋势下，2017 年 12 月 22 日，国家标准委发布《标准联通共建"一带一路"行动计划（2018～2020 年）》并提出，"要深化基础设施标准化合作，支撑设施联通网络建设……在信息基础设施方面，倡导研制城市间信息互联互通标准，在沿线国家开展中国数字电视技术标准、中国巨幕系统和激光放映技术、点播影院技术规范的示范推广，推动联合开展本地化数字电视标准制定"。②

（三）数字平台建设

推动数字"一带一路"建设，数字平台是根本。2017 年 12 月 3 日，在第四届世界互联网大会上，中国、埃及、老挝、沙特、塞尔维亚、泰国、土耳其和阿联酋等国家代表共同发起《"一带一路"数字经济国际合作倡议》。在会上，中国国务院参事、科技部原副部长刘燕华提出，数字"一带一路"应该纳入基础设施建设之中，而数字平台是数字"一带一路"建设的根本。

数字"一带一路"不仅惠及相关国家，它还是中国中小微企业走出去和外资企业走进来的新型商务平台。大数据平台的建构与应用，同样也有利

---

① 中国移动：《中国移动参与"一带一路"共建情况》，http：//www. 10086. cn/aboutus/news/groupnews/index_ detail_ 3165. html？id = 3165，2017。

② 《标准联通共建"一带一路"行动计划（2018～2020 年）》，中国"一带一路"网，https：//www. yidaiyilu. gov. cn/zchj/qwfb/43480. htm，2017。

于科技发展、文化交流、科学管理等社会进步的方方面面。2016 年 9 月，由环境保护部指导、环境保护部中国—东盟环境保护合作中心/中国—上海合作组织环境保护合作中心建设的"一带一路"生态环保大数据服务平台网站正式启动，旨在基于大数据与卫星遥感等先进信息技术为"一带一路"沿线国家在生态环境保护、自然灾害监控等方面提供决策依据①。2017 年 12 月 6 日，首届"数字'一带一路'"国际科学计划会议通过了《数字丝路科学规划》草案，构建以我国为主导的、以大数据平台为基础的为期 10 年的大型国际科学计划，以服务"一带一路"沿线国家的可持续发展②。

三 "一带一路"上的中国互联网名片

日趋完善的硬件设备与基础设施建设，使"一带一路"沿线国家逐步实现互联互通，更多中国标准走向海外。与此同时，更多的中国企业通过互联网走上了国际舞台，并成为中国在"一带一路"上的一张张闪耀的名片。

（一）互联网企业走出去

互联网企业在数字"一带一路"建设中发挥作用，不仅有助于沿线国家实现技术跨越，同样也是互联网企业走出国门走向世界的重要途径。

2015 年 7 月，《国务院关于积极推进"互联网＋"行动的指导意见》明确指出，"结合'一带一路'等国家重大战略，支持和鼓励具有竞争优势的互联网企业联合制造、金融、信息通信等领域企业率先走出去，通过海外并购、联合经营、设立分支机构等方式，相互借力，共同开拓国际市场，推进国际产能合作，构建跨境产业链体系，增强全球竞争力"。③ 长期以来，

---

① 《"一带一路"生态环保大数据服务平台网站启动　赵英民出席启动活动》，环保部官网，http：//www. mep. gov. cn/xxgk/hjyw/201609/t20160928_ 364811. shtml，2016 年 9 月 28 日。
② 《中外学者共同发布〈数字丝路科学规划〉》，中国新闻网，http：//www. chinanews. com/it/2016/12 – 07/8086824. shtml，2016 年 12 月 7 日。
③ 《国务院关于积极推进"互联网＋"行动的指导意见》（国发〔2015〕40 号），中国政府网，http：//www. gov. cn/zhengce/content/2015 –07/04/content_ 10002. htm，2015 年 7 月 4 日。

中国互联网企业在海外顶着"山寨"的帽子，例如创立初期的百度、阿里巴巴、搜狐分别被视为本土的谷歌、eBay、雅虎；人人网被视为模仿脸书网站，腾讯微信与新浪微博也被当做同类应用 WhatsAPP 与推特的复制。但随着核心科技的不断优化与科研投入的累积，越来越多移动应用投入海外市场，中国互联网企业开始在"一带一路"建设乃至全球格局中彰显真正实力，例如《麻省理工科技评论》评选的"2017 年度全球 50 大最聪明公司"榜单上，中国互联网新兴企业科大讯飞排名中国第一、全球第六，其先进的智能语音与人工智能技术及翻译功能在促进"一带一路"国家间的经贸往来及民众旅游等方面起到了重要作用。

互联网企业走出去，不仅有利于我国互联网企业的文化基因与全球发展不断融合并促进自身成长，同时也有利于推动"一带一路"沿线国家及全球的文化交流与融合，彰显"一带一路"建设中的中国文化软实力。

(二)跨境电商平台

"一带一路"涉及 65 个国家，总人口达 46 亿，占世界的 62%；庞大的人口总数意味着广阔的市场，"一带一路"沿线国家 GDP 总量 23 万亿美元，占世界的 31%（见图 1），这就代表着该地区人口平均经济水平尚远远落后于发达国家①。

从经济增速看，"一带一路"沿线国家大多是发展中国家和新兴经济体，这个板块中的许多国家发展潜力大、经济增长动力强且势头猛，比如越南到 2030 年有望保持 6% 以上的经济增速；印度目前经济增速在 7% 以上，预计将会超过 8%，并持续到 2030 年；孟加拉国和印尼的经济增速也均在 6% 以上。②"一带一路"沿线国家经济总量及其占世界比重逐年攀升，随着基础设施逐步完善、经济实力逐渐增强、人民购买力稳步上升，这些区域将

---

① 《"一带一路"沿线 65 个国家综合发展水平中国排第二》，中国网，http://news.china.com.cn/2017-05/12/content_ 40799240.htm，2017 年 5 月 12 日。

② 《国经中心总经济师："一带一路"沿线国家人口红利巨大》，新华网，http://news.xinhuanet.com/fortune/2017-05/17/c_ 129606437.htm。

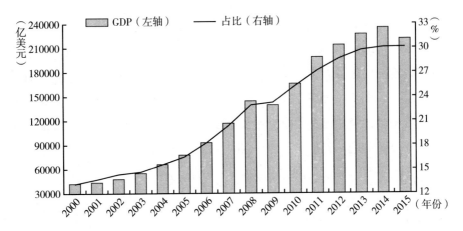

图 1 "一带一路"沿线国家 GDP 及其占世界经济总量比重

资料来源：Energy. ckcest. cn。

成为全球经济增长的新引擎。

同时有调查结果表明，目前中东和北非拥有网民 1.1 亿，其中 3000 万会在网上购物；俄罗斯互联网用户超过德国和英国，达 7000 万，成为欧洲第一大互联网国家①。中国互联网络信息中心（CNNIC）发布的《第 41 次中国互联网络发展状况统计报告》显示，截至 2017 年 12 月，我国网民规模达 7.72 亿，普及率达到 55.8%，超过全球平均水平（51.7%）4.1 个百分点，超过亚洲平均水平（46.7%）9.1 个百分点。我国网民规模继续保持平稳增长，互联网模式不断创新、线上线下服务融合加速以及公共服务线上化步伐加快，成为网民规模增长的推动力②。网络使用群体的庞大规模与消费者习惯的转变，使全球市场借由互联网进一步融合，种类繁多的跨境电商平台成为全球经济中一股强大的聚合力。

2016 年 G20 杭州峰会上，阿里巴巴董事局主席马云倡议建立促进跨境电商领域公私对话的世界电子贸易平台（electronic World Trade Platform,

① 《互联网＋，让"一带一路"飞起来》，人民网，http：//opinion. people. com. cn/n/2015/0522/c1003 -27040823. html，2015 年 5 月 22 日。

② 《第 41 次中国互联网络发展状况统计报告》，中国互联网络信息中心，http：//www. cnnic. net. cn/gywm/xwzx/rdxw/201801/t20180131_ 70188. htm，2018 年 1 月 31 日。

eWTP），旨在统一电子商务贸易平台标准，建立公认的贸易规则，便于包括"一带一路"沿线国家在内的全球中小企业与个人共同参与进来，分享全球化红利，这一建议写入了会议公报。阿里旗下的全球速卖通2017年4月的数据显示（见图2），作为覆盖"一带一路"沿线国家和地区的跨境出口的B2C零售平台，全球速卖通用户遍及全球220多个国家和地区，全球海外买家数累计突破1亿，其中"一带一路"沿线国家用户占比达到45.4%，俄

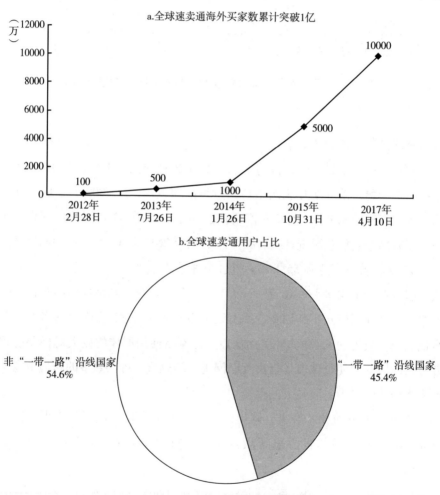

图2　全球速卖通海外买家数及其用户占比

资料来源：全球速卖通（AliExpress）。

罗斯、泰国、马来西亚、新加坡、以色列等国商品也纷纷通过跨境电商平台进入中国，其中 2016 年马来西亚商品在天猫国际总成交额是 2015 年的 140 倍①。2017 年 eWTP 第一个试验区在马来西亚吉隆坡全面启动运营，助力马来西亚中小企业提升跨境贸易竞争力。

（三）移动互联与物联并行

与传统时代"一带一路"沿线经贸往来、文化交流方式不同，数字"一带一路"建设加快物联网创新发展。新型物流网覆盖全球，但卫星导航技术则使运输中的商品精准定位成为可能。2014 年至今，北斗导航技术通过与车联网、互联网、物联网、区块链技术等联合，让诸多领域能够实现精准定位、远程监控、追踪溯源、智能展现等功能，万物互联的美好图景逐步成为现实。预计到 2018 年，北斗系统将完成"一带一路"沿线国家和地区的信号覆盖。②

同时，精准的卫星定位技术辅助大数据、云技术、人工智能、物联网等现代信息科技广泛应用，在这一背景下，以"互联网＋"高效物流为特征的"智慧物流"得到迅速发展。基于卫星定位技术与数字识别技术，滨海欧等海铁联运、公铁联运等新型运输方式开始推广使用，物流运输朝着标准化方向发展；卡行天下、货车帮、正广通等具有代表性的新物流企业推动灵活性强、及时高效的货车运输融入物流网络；在解决"最后一公里物流"的问题上，闪送等即时配送新模式在城市普及；在智能仓储领域，顺丰、京东商城、苏宁物流等电商企业在冷链、快递、电商等细分市场快速发展。

（四）移动支付："一带一路"的金融动脉

近年来，移动支付技术在中国发展迅猛，根据比达咨询数据中心统计

---

① 阿里研究院：《eWTP 助力"一带一路"建设——阿里巴巴经济体的实践》，http：//i. aliresearch. com/img/20170515/20170515174434. pdf，2017 年 4 月 21 日。

② 《中国卫星导航定位协会会长于贤成：物联网、区块链技术跨界融合撬动北斗应用前景》，《21 世纪经济报道》（数字报），http：//epaper. 21jingji. com/html/2017－12/28/content_77394. htm，2017 年 12 月 28 日。

（见图3），2017年第三季度中国第三方移动支付交易总额超过28万亿元人民币。随着"一带一路"倡议的提出、跨境电商的繁荣、中国公民的频繁境外出行，移动支付技术也开始跟随中国企业走向世界，走进各国人民的日常生活，促进了一些国家和地区无现金支付的发展，形成新时代的金融动脉。例如，据美通社报道，"银联在'一带一路'沿线已累计发行超过2500万张银联卡。在老挝、蒙古国和缅甸，银联卡发行规模居各类卡品牌第一位；在巴基斯坦，银联成为该国发卡数量居第二的国际卡品牌；在东盟10国则实现所有本地主流机构发行银联卡……在俄罗斯，银联手机闪付可在超过20万家商户的POS终端使用；在泰国，银联二维码标准即将成为泰国中央银行的推荐标准，这有利于促进泰国中小商户的电子支付发展"①。

以互联网技术为核心的移动支付技术不仅推动了沿线贸易的繁荣，同样在带动沿线欠发达地区经济增长、改善民生福利上做出巨大贡献。沿线国家虽约占世界人口的2/3，但根据世界银行统计，"一带一路"沿线国家人均GDP仅为世界平均水平的42%，其中27个中等偏下和低收入国家的人均GDP仅为世界平均水平的18.3%，对于这些国家，发展经济、增加就业、改善民生是第一要旨。近年来，蚂蚁金服开创数字普惠金融新模式，赴"一带一路"沿线国家展开了很多合作，利用在国内已发展成熟的移动支付技术与金融服务模式，把包含支付宝在内的中国先进的移动支付技术带到泰国、印尼、菲律宾等国家，给金融欠发达的国家提供了弯道超车的机会。例如，印度移动支付应用Paytm与蚂蚁金服展开战略合作后，用户数从不到3000万升至2.5亿，跃升为全球第四大电子钱包；2016年11月，泰国支付类电子应用Ascend Money同样与蚂蚁金服合作，将其普惠金融模式引进泰国，使泰国小微企业及个人能便利地享受到适当的金融服务，提高生活水平；2017年4月，印尼Emtek集团宣布与蚂蚁金服共同成

---

① 《银联助推"一带一路"沿线支付产业升级》，美通社，http://www.prnasia.com/story/196953-1.shtml，2017。

立一家合资公司，通过共同开发移动支付产品使在农村的印尼人能享受到金融服务①。

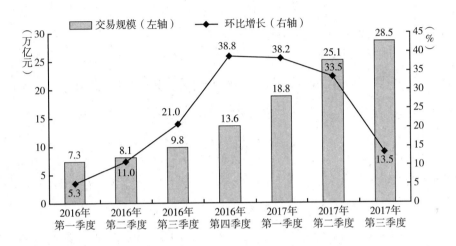

图3　中国第三方移动支付交易规模及增长率

数据来源：市场公开资料查询、比达咨询（BDR）数据中心。

（五）大数据连通"一带一路"

"一带一路"倡议涉及国家与地区众多，涵盖互联互通、产能、投资、经贸、金融、科技、社会、人文、民生、海洋等合作领域，大数据技术在其中的优势与必要性不言自明。

京东"一带一路"跨境电商消费大数据显示，手机、电脑、网络产品、电子配件和家居用品是最受海外市场欢迎的中国商品；菜鸟网络作为大数据平台，为国内外企业进行物流追踪提供便利；福米科技整合"一带一路"沿线国家交易所数据，提供的金融行情信息覆盖全球90多个国家106家交易所、10万多个标的，成为亚洲最大的二级市场行情服务商；国家信息中心发布的《"一带一路"大数据报告（2016）》与《"一带一路"大数据报

---

① 《蚂蚁金服：今年将在数个"一带一路"沿线国家复制支付宝》，蚂蚁金服官网，https：// www.antfin.com/newsDetail.html？id＝590a99df70cfc66a14177b6a，2017。

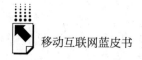

告（2017）》中公布了"一带一路"沿线国别合作度、国内各省市参与合作度，以及国别贸易合作、省市外贸竞争力、企业影响力等五大新指数，从数据角度客观精准地衡量"一带一路"建设进展，在"一带一路"建设相关各方面为国家政策与企业决策提供依据。

四　互联网企业在"一带一路"建设中面临的挑战及应对建议

移动互联网对"一带一路"沿线国家经济和社会建设发挥着重要作用。《"一带一路"大数据报告（2017）》显示，在综合影响力较大的企业前 50 名榜单中，互联网 IT 类企业有 5 家入围。

互联网企业要提升在"一带一路"建设中的作用，主要面临的是移动技术升级与技术落地两方面的挑战。一方面，包括云计算、大数据等在内的移动互联网技术需在满足"一带一路"建设需求的同时保障信息安全；另一方面，移动互联网产品在"一带一路"沿线国家的落地并非简单的复制推销，而是需要结合沿线国家具体国情与政策而进行优化推广。

（一）技术创新：人才与安全是关键

互联网的快速发展、人工智能技术的推广普及以及数字行业与传统行业的结合，使包裹分拣等许多原先需要大量人力才能完成的工作渐渐被机器设备所取代，但这并不意味着人力逐渐退出历史舞台——相反，效率的提高意味着需要投入更多的人力到技术创新领域，实现社会全方位的产业升级。

在互联网金融、互联网安全、大数据、云计算上，都应大力培养相关专业人才，创新人才培养模式，建立健全多层次、多类型的大数据人才培养体系，重视具有统计分析、计算机技术、经济管理等多学科知识的跨界复合型人才的培养，促进更多优秀的产品在"一带一路"沿线国家更好地落地。在这一点上，百度、腾讯、阿里等顶级互联网企业已逐步建立顶级全球人才布局体系，为人才培养与全球人才引进配备优质资源，营造良好研究氛围。

例如百度在硅谷建立了研发中心，并先后建立了硅谷人工智能实验室（SVAIL）、深度学习实验室（IDL）、百度大数据实验室（BDL）、增强现实实验室（AR Lab），以在人工智能方面全球招贤纳士。

数字技术与数字平台在"一带一路"建设中发挥重要作用，这就意味着网络安全是保障"一带一路"建设顺利实施的关键。面对可能存在的恶意攻击与潜在漏洞，互联网企业应当加大科研投入，开展国产芯片、操作系统、数据库等网络安全关键软硬件技术攻关和应用推广，为沿线国家及相关企业参与到"一带一路"建设提供一颗"定心丸"。

（二）区块链：加速"一带一路"建设

2016 年 12 月 27 日，国务院印发《"十三五"国家信息化规划》，在"重大任务和重点工程"方面提到"区块链"一词，应加强量子通信、未来网络、类脑计算、人工智能、全息显示、虚拟现实、大数据认知分析、新型非易失性存储、无人驾驶交通工具、区块链、基因编辑等新技术基础研发和前沿布局，构筑新赛场先发主导优势。

作为互联网经济时代的产物，区块链成为近年来移动技术发展的新突破口。区块链的本质是去中心化的分布式账本（数据库），目的在于为市场主体建立一个提升交易质量的信任机制。基于其去中心化、安全性、高效性的特点，比特币、以太坊等虚拟数字货币所代表的金融场景开始频繁出现在人们的视野中。但事实上，区块链的大热不只是表现在投资者眼中比特币等多种数字货币呈几何级数的增值趋势，对未来真正产生深远影响的将是区块链技术在多种场景中的投入与运用。

以国内企业为例，2016 年起腾讯、阿里、京东等多家企业宣布早已利用大量投入研发并使用区块链技术，以开发新产品，并为未来移动互联网发展搭建新的、更加可靠的技术基础：2018 年 1 月 31 日，京东物流正式宣布加入全球区块链货运联盟（Blockchain in Transport Alliance），全面应用区块链技术来改善其物流应用；2 月 27 日，菜鸟与天猫国际共同宣布正式启用区块链技术，用于跟踪、上传、查证跨境进口商品的物流全链路信息；2 月

28 日，苏宁金融宣布启用基于区块链技术驱动的黑名单共享平台系统。IPRdaily 联合 incoPat 创新指数研究中心发布的《2017 全球区块链企业专利排行榜（前 100 名）》显示，2017 年全球公开公告的专利数量的前 100 名中，中国入榜的企业占比 49%，其次为美国，占比 33%；阿里巴巴排名第一，美国银行排名第二。中国在区块链专利、区块链融资方面的增速远超过美国，领先全球。

区块链如同巨鲸猛然出海，而在其尚未浮出水面时，无法得知有多少人已与其同行，紧跟甚至引领技术前沿在此显得尤为重要。因为显而易见的是，区块链的发展无疑可在跨境电商、移动支付、物流联动等方面提供强有力技术支撑的同时，节省大量的人力成本与沟通成本，使"一带一路"建设这艘顺应时代的巨船加速前行。

（三）沿线本土化：语言政策必不可少

"一带一路"沿线国家文化差异十分显著，宗教、民族风俗、生活习惯各有不同，这就要求相关企业在规划市场战略，以及进行商品、服务或企业形象的互联网平台推广时深入了解沿线国家国情，精准把控内容，以提高互联网平台在沿线国家的认可度，推进平台间对接，相应的语言政策也必不可少。以"一带一路"沿线大国印度为例，2017 年 4 月，谷歌（Google）联合毕马威（KPMG）发布了一份题为《印度语——定义印度互联网》[1] 的报告。报告指出，使用印度语的网民截至数据统计时已达到 2.34 亿，远超英语网民（1.75 亿）的数量；90% 的印度人将在未来五年内第一次接触到互联网，使用印度语的网民数量还将上升，根据报告预计，届时使用印度语上网的用户将达到 5.36 亿。Reverie Language Technologies 的《数字印度语言报告》显示，印地语、马拉地语和古吉拉特语是网上使用最多的三种印度语言。印度潜在的网民基数庞大，但语言种类较多，文字与中英文等通用语

---

[1] Tapscott D. , "How Blockchains could Change the World", New York：McKinsey & Company, 2016.

言截然不同，同时也拥有独特的宗教与文化，因此，要提升用户体验，互联网公司不仅需要在移动应用、语音搜索等相关技术上提供配套的数字支持，还需了解目标地区与用户相关风土人情，并通过构建相关语料库、自然语言与机器学习等高科技方式抓取其语言特征并应用于互联网的产品设计与推广中。这不仅将服务于"一带一路"建设，同样也将为互联网企业创造巨大商机。

参考文献

方兴东、邬克、张静：《"一带一路"互联网优先战略研究》，《现代传播》2016 年第 3 期。

《标准联通共建"一带一路"行动计划（2018～2020 年）》，https：//www. yidaiyilu. gov. cn/zchj/qwfb/43480. htm，2017。

国家发展和改革委员会、外交部、商务部：《推动共建丝绸之路经济带和 21 世纪海上丝绸之路的愿景与行动》，中国"一带一路"网，2015 年 4 月 9 日。

中国互联网络信息中心：《第 41 次中国互联网络发展状况统计报告》，2018 年 3 月。

《国务院关于积极推进"互联网＋"行动的指导意见》（国发〔2015〕40 号），中国政府网，2015 年 7 月 4 日。

Tapscott D. , " How Blockchains could Change the World", New York：McKinsey & Company，2016.

B.7
移动互联网助力中国精准
扶贫、精准脱贫

郭顺义*

摘　要：　移动互联网凭借天然的技术优势为精准扶贫、精准脱贫提供
了新思路、新手段。电信普遍服务大大提高了贫困地区移动
通信网络覆盖。农村电子商务带动了贫困地区产业发展，提
高就业水平，增加了贫困人口的收入。移动互联网给贫困地
区带来优质的教育和医疗资源，破解了因病致贫、因病返贫
和贫穷代际传递的难题。移动互联网在精准扶贫、精准脱贫
中发挥了巨大作用，同时也存在网络覆盖薄弱、应用不足等
问题，需要各方协力加以解决。

关键词：　扶贫　移动互联网　网络扶贫　精准扶贫

一　网络扶贫政策的发展

中国政府有组织、有计划、大规模地开展农村扶贫开发始于 20 世纪 80
年代，初期以解决农村贫困人口温饱问题为主要目标，以改变中国贫困地区
经济文化落后状态为工作重点。2000 年以后我国进入全面建设小康社会时
期的扶贫开发阶段，从以解决温饱为主要目标，转变为巩固温饱成果、加快

* 郭顺义，中国信息通信研究院产业与规划研究所副总工程师，高级工程师，主要从事信息通
信产业发展、企业管理等领域的研究。

脱贫致富、改善生态环境、提高发展能力、缩小发展差距。

习近平总书记 2013 年 11 月首次提出"精准扶贫"，之后"精准扶贫"内涵不断丰富。在 2015 年中央扶贫开发工作会议上，习近平总书记对精准扶贫基本方略进行了全面阐述，明确提出了"六个精准""五个一批""四个问题"，为精准扶贫指明了工作方向。

2015 年 11 月 29 日，中共中央、国务院发布《关于打赢脱贫攻坚战的决定》，明确提出"加大'互联网＋'扶贫力度"，从完善电信普遍服务补偿机制、实施电商扶贫工程、开展互联网为农便民服务等方面提出要求。2016 年 4 月 19 日，习近平总书记在网络安全和信息化工作座谈会上指出，"发挥互联网在助推脱贫攻坚中的作用，推进精准扶贫、精准脱贫，让更多困难群众用上互联网，让农产品通过互联网走出乡村，让山沟里的孩子也能接受优质教育"。至此，"互联网＋"与"精准扶贫"紧密联系在一起。

2016 年 7 月 27 日，中办、国办正式发布《国家信息化发展战略纲要》，提出要实施网络扶贫行动计划。10 月 27 日，中央网信办、国家发展改革委、国务院扶贫办联合印发《网络扶贫行动计划》，提出到 2020 年要建立起网络扶贫信息服务体系，实现网络覆盖、信息覆盖、服务覆盖。文件还提出要实施"网络覆盖工程、农村电商工程、网络扶智工程、信息服务工程、网络公益工程"五大工程。该文件成为我国"十三五"时期网络扶贫工作的重要指引。

十九大报告中对精准扶贫提出了更高要求，提出"坚决打赢脱贫攻坚战。要动员全党全国全社会力量，坚持精准扶贫、精准脱贫"。2018 年中央一号文件提出要实施乡村振兴战略，不仅要求坚持精准扶贫、精准脱贫，把提高脱贫质量放在首位，而且进一步提出要实施数字乡村战略，为农村居民实现美好生活指明了新的方向。

二 移动互联网助力精准扶贫、精准脱贫

（一）移动互联网为精准扶贫提供了新手段

精准扶贫首先要精准定位致贫原因。我国大部分贫困地区的致贫原因是

生产经营方式落后、教育和医疗资源不足、自然条件恶劣等。在生产经营方面，传统农业生产靠天吃饭，农产品产量低。信息不对称导致贫困地区农产品种植与需求端脱节，农产品销售困难。在教育方面，由于贫困地区教育资源匮乏、受教育人口比例低，贫困出现代际传递。在医疗方面，贫困地区医疗条件差，缺医少药问题突出，因病致贫、因病返贫人口比较多，目前已经超过贫困总人口的40%。在自然条件方面，现有贫困人口大部分集中在边远山区等自然条件较为恶劣的地方。自然条件极端恶劣的地方，必须通过异地搬迁的方式实现脱贫。在其他贫困情况下，移动互联网能够发挥出巨大作用来帮助脱贫。

移动互联网与传统扶贫方式相比具有独特的优势，为解决贫困地区农业生产经营、医疗、教育等问题提供了新思路、新手段。一是便捷优势，打破时空限制，随时、随地可用，实现泛在接入、万物互联，使得网络扶贫可以永远在线；二是扁平化优势，通过供需对接，减少中间环节和层级，可降低农产品交易成本、经营管理成本；三是具有规模优势，网络价值和用户数的平方成正比，互联网用于网络扶贫可有更大的溢出效应；四是集聚优势，互联网快速实现用户集聚、企业集聚和数据集聚，可以充分调动社会各方力量参与扶贫攻坚的积极性和主动性；五是普惠优势，互联网能够有效降低服务门槛，屏蔽了地域、群体、阶层的差异，可成为贫困地区公共服务均等化的重要依托。

移动互联网可以从三个方面助力精准扶贫、精准脱贫。在农业生产流通方面，通过"互联网＋农业"可以改变贫困地区农业生产方式，实现以销定产，提高生产效率，提高农产品价值。通过电商平台可以打开网络销路，提升农产品进入市场的能力。在公共服务方面，"互联网＋教育""互联网＋医疗"等形式有助于促进公共服务均等化，阻断贫困代际传递，防止因病致贫、因病返贫。在政务服务方面，"农村电子政务""农村自治管理"能够为贫困地区提供良好的政务服务，改善治理方式，促进乡村健康发展。

（二）移动宽带网络为精准扶贫提供了基础保障

为缩小城乡数字鸿沟，支持农村及偏远地区加快宽带发展，我国政府持续大力推进农村通信基础设施建设。通过"村村通工程"、"宽带乡村"试点工程等工作的顺利实施，农村宽带发展水平整体大幅提升。2015 年 11 月，中共中央政治局在《关于打赢脱贫攻坚战的决定》中提出，要加大"互联网＋"扶贫力度，完善电信普遍服务补偿机制，加快推进宽带网络覆盖贫困村。我国正在加快 4G 网络在农村的建设，至 2017 年 11 月底，4G 网络已覆盖全国所有乡镇和 94% 以上的行政村，较 2016 年底提升 8 个百分点。其中，安徽、河南、重庆、云南、江西等省份已实现贫困县行政村的 4G 网络全面覆盖[①]。

移动宽带网络通信费用大幅度降低，贫困人口享受到专属优惠资费。截至 2017 年底，我国手机上网流量平均资费已经下降到 26 元/GB，与两年前相比，手机流量资费水平下降了约 64.7%。[②] 运营商也纷纷出台专门针对贫困人口的优惠资费套餐。例如，四川电信发布精准扶贫专项行动计划，设立 16 亿元的精准扶贫专项资金用于信息惠民，推出针对贫困地区的"美丽乡村卡"套餐。贫困群众可以在补贴范围内享受 2 年内语音通话、手机上网免费。目前，已经为 120 个贫困县、1000 余个贫困乡镇、1.8 万个村的贫困百姓提供优惠通信服务[③]。

三 利用移动互联网促进电商扶贫

（一）移动互联网电商扶贫总体情况

政府对电商扶贫的支持力度明显加大。2016 年 5 月，财政部、商务部、扶贫办联合开展电子商务进农村综合示范，由国家投资 36 亿元，在 240 个

---

① 《农村 4G 信号差　工信部回应：还有 3 万多个没有覆盖》，百家号，https：// baijiahao. baidu. com/s？ id = 1592171570967923426&wfr = spider&for = pc，2018 年 2 月 2 日。

② 《工信部：手机上网流量平均资费降至 26 元/GB》，澎湃网，http：//www. thepaper. cn/ newsDetail_ forward_ 1917663，2017 年 12 月 22 日。

③ 《中国电信：争当网络精准扶贫的先行者》，中国扶贫在线，2017 年 12 月 5 日。

县开展示范，其中158个县属于国家级贫困县。2016年6月，财政部、商务部和扶贫办又明确提出，力争在三年内对有条件的600余个国家级贫困县进行电子商务进农村综合示范全覆盖。

农村网络零售额快速增长。根据商务部2018年1月发布的数据，2017年全国农村实现网络零售额12449亿元人民币，同比增长39.1%。截至2017年底，农村网店达到985.6万家，较2016年增加169.3万家，同比增长20.7%，带动就业人数超过2800万人[①]。

贫困地区的电子商务服务体系逐渐完善，网络零售额增长迅猛（见图1）。截至2017年9月，我国贫困地区已建成县级电商服务中心277个、县级物流配送中心206个、乡村电商服务站点2.17万个，累计服务贫困户275万人次。截至2017年底，全国832个国家级贫困县实现网络零售额1208亿元，同比增长52.1%，高出全国农村网络零售额增速13个百分点[②]。

图1　全国农村及贫困县网络零售规模

（二）移动互联网电商扶贫的作用机理

电商扶贫的基本模式是互联网公司为贫困地区的农产品和手工艺品等提

---

① 《商务部：2017年全国农村网络零售额12448.8亿元人民币》，中国网，2018年1月25日。
② 中国商业联合会：《2018中国商业十大热点展望之七：精准扶贫、农村电商》，联商网，2018年2月1日。

供网络销售渠道。互联网公司在电商平台的显著位置开设贫困县地方特产馆、扶贫产品频道，与贫困地区政府、企业和农户等对接，拓宽农产品销路。鼓励农民个体在电商平台上开设网店，并给予流量支持和开店费用优惠。为了推动贫困地区农村电商发展，互联网公司还会为农村网店店主、农业合作社等提供金融支持和电商知识培训。电商扶贫模式如图2所示。

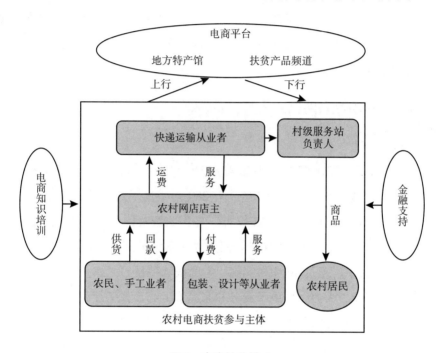

图2　电商扶贫模式

农村电商对扶贫脱贫的带动作用主要体现为增收和节支。在增加收入方面，包括三个部分：一是直接增加了贫困地区农民和手工业者的收入。过去，由于信息不对称，一些农特产品找不到销路，烂在田间树头，手工业品也无人问津。农民守着金山银山，却没有收入。利用移动互联网，农产品和手工业品可以卖出大山，卖出好价钱，增加农民和手工业者的收入。二是带动了一部分人自主创业。在农村电商发展过程中，一部分年轻人返乡创业开设网店，改变了原来农村只有老人和小孩留守的局面。互联网公司一般还会建设覆盖到村镇的服务网点，包括县级服务中心、村镇服务点等。这些网点

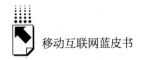
需要人负责和维护，解决了相当一部分人的就业问题。三是为相关产业从业者带来收入。贫困地区农村电商发展还会带动当地快递物流业，以及广告、包装设计等相关行业的发展，从而带来了更多的就业机会。在节支方面，主要体现为贫困地区居民网购商品价格较低，可以节约他们的生活成本。

移动电商对脱贫的带动作用显著。例如，江苏省睢宁县东风村是著名的电商专业村。通过开展电子商务，从 2013 年到 2015 年，东风村人均收入增长了 3834 元，是全县平均值的近两倍。而根据阿里研究院的测算，贫困地区网购商品可以比门店节省 10%～20%的支出[1]。

（三）移动互联网电商扶贫主要成效

1. 阿里巴巴

2016 年，阿里巴巴零售平台覆盖 832 个国家级贫困县，活跃卖家超过 33 万个，共完成了 292 亿元的销售，有 280 多个贫困县超过 1000 万元，其中 40 余个贫困县超过 1 亿元。2017 年，在国家级贫困县中有 33 个淘宝村，在省级贫困县有 400 多个淘宝村[2]。例如，国家级贫困县河北平乡县，在全县 78 个贫困村中，超过 40 个村实施了电商扶贫项目。又如，艾村依托邻近的自行车产业园，大力发展电子商务和家庭手工业，直接带动 800 多名贫困村民参与，年人均增收 2 万多元[3]。

2. 京东

2016 年，京东完成近 100 个贫困县的地方特产馆建设，月销售达到 3000 万元，累计举办 40 多个地方特产节，在全国 32 个贫困县招聘员工 1.5 万多名。[4] 2017 年，京东帮助贫困地区建设 200 家京东线上特产馆。[5] 在整

① 《阿里研究院：电商减贫与普惠发展研究报告》，中文互联网数据资讯中心，http：//www.199it.com/archives/645707.html，2017 年 10 月 23 日。
② 阿里研究院：《2017 年度中国淘宝村研究报告》，中商情报网，2017 年 12 月 13 日。
③ 阿里研究院：《2016 年度中国淘宝村研究报告》，中文互联网数据资讯中心，http：//www.199it.com/archives/531473.html，2016 年 11 月 1 日。
④ 魏延安：《我国电商扶贫回顾与展望》，搜狐网，2017 年 10 月 21 日。
⑤ 《京东为 200 贫困县建特产馆》，凤凰网，2016 年 1 月 25 日。

体销售规模上，截至 2017 年第二季度，京东平台上共有 6003 个注册地属于贫困县的商户，商品交易总额累计为 153 亿元，同比增长 156%。从品类上看，2016 年贫困县特产馆共有 136 个三级品类，比 2015 年增长了 3 倍①。

3. 乐村淘

截至 2017 年底，乐村淘覆盖近 400 个国家定点贫困县，平台交易总额 42 亿元，其中上行 6.8 亿元。在由国务院扶贫办和商务部主导的中国社会扶贫网、扶贫商城中，乐村淘 2017 年累计销售额已经超过 9000 万元。②乐村淘覆盖全国的 750 多个县级管理中心，共提供超过 8000 个就业岗位，村级体验店创造大约 12 万个就业岗位，其中乐村淘在贫困县提供 3000 个以上就业岗位③。

4. 邮乐购

"邮乐购"的农村电商模式为"工业品代购 + 农产品进城 + 代办服务 + 普惠金融 + 仓储配送 + 电商培训"。截至 2016 年底，"邮乐购"站点累计达到 27.9 万处，交易额达 435.8 亿元。到 2017 年 8 月底，邮乐购对接电子商务进农村综合示范县达 496 个，村级服务站点增长到 43 万个，已经覆盖了所有贫困村④。

5. 供销 e 家

"供销 e 家"的农村电商模式为"合作社 + 商超 + 电商 + 本地配送"。2016 年 10 月，"供销 e 家"承办了国家贫困县名优特产品网络博览会，设置贫困县及企业入驻绿色通道。截至 2017 年 10 月，"供销 e 家"电商扶贫帮助贫困地区实现了超过 60 亿元的销售额，带动 8.5 万户建档立卡贫困户增加收入⑤。

---

① 《京东发布电商精准扶贫年度报告》，中国经济网，2017 年 7 月 28 日。
② 《乐村淘与网信集团战略合作 发力金融与扶贫》，亿邦动力网，2018 年 3 月 9 日。
③ 《乐村淘精准扶贫及乐村淘农村电商典型案例》，乐村淘网，https://home.lecuntao.com/fupin.html。
④ 《中国邮政电商精准扶贫故事多》，新华网，2017 年 9 月 19 日。
⑤ 《电商扶贫"供销 e 家"在行动》，搜狐网，2017 年 11 月 16 日。

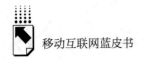
四 利用移动互联网改善贫困地区公共服务

（一）利用移动互联网实现网络扶智

互联网突破了传统教育时间、空间维度的限制，通过网络将发达地区的优质教育资源传递到欠发达地区，解决教育资源分配不均衡的问题，实现教育公平。这种改变主要体现在以下几个方面。一是让贫困地区的孩子直接接受发达地区的优质教育。贫困地区的教学资源薄弱，乡村教师往往要兼顾几个学科，基本上只能教语文、数学等基础学科。通过远程教育，贫困地区的孩子可以接收到发达地区英语、美术、科学等专业学科的教育。二是提升乡村教师的教学水平。面向乡村教师的网络培训和交流，为教师的进修提供了便利条件，大大提高了乡村教师的教学水平，也为他们节约了大量时间和经济成本。三是为支教老师提供更好的教学环境。大学生支教志愿者为改善边远贫困地区教育水平无私奉献，但也面临着与外界隔绝、自身能力提升困难等问题。移动互联网通到支教点，可以让支教志愿者随时与外界联系，让他们更安心、更有信心留在支教点发挥更大的作用。

教育部组织推进的"三通两平台"建设、远程教学和网络助学等工作，为贫困地区学生带来了更为优质的教学资源。2016～2017年度，"一师一优课、一课一名师"活动报名教师达到450万人，晒课559万堂，优课教研室累计播出74期，直播和点播总浏览量达到54万人、96万次。政府联合互联网企业建立乡村教育试点，捐资助学。目前农村淘宝乡村教育的试点已经覆盖了全国257个县1100多个村点，涉及68个国家级贫困县的311个村①。

互联网企业利用移动终端结合开发APP，在贫困地区开展移动远程教育。例如，腾讯智慧校园通过连接微信、腾讯新闻客户端、腾讯精品课、腾

---

① 《2016年企业扶贫案例——电商类》，载《企业扶贫蓝皮书：中国企业扶贫研究报告（2016）》，社会科学文献出版社，2017，第95页。

讯地图等多个平台产品，以校园场景化的呈现形式，将学生、家长、老师、学校连接在一起，为学校提供涵盖学校管理、教务学习、校园生活、家校沟通等多种功能的移动端服务。目前腾讯智慧校园已经在江西上饶、安徽六安、四川平昌等国家级贫困县落地应用。

（二）利用移动互联网减少因病致贫

移动互联网能够为贫困群众提供更为便捷的医疗健康服务，让他们足不出村，就能够享受到基本的医疗服务。移动互联网在减少因病致贫方面，一是为贫困群众提供基于移动端 APP 的健康诊疗服务。近几年，我国涌现出一大批移动医疗互联网公司，例如好大夫在线、春雨医生等。这些公司开发出面向患者和医生的 APP 应用，为患者提供医疗资源对接、初级诊断、健康指导等服务，减少了农村居民往返大医院的奔波之苦，也大大降低了贫困地区居民求医问药的成本。二是利用智能移动终端提高乡村医生的诊疗水平。例如，北京医院与西藏阿里地区开展远程诊疗服务，为驻村干部和村医配备远程移动诊疗箱。驻村干部和村医使用移动诊疗箱为农牧民提供基本的诊疗服务，通过移动互联网将血压、血氧、心电图等诊断结果实时传送到北京，由北京的专家教授给予诊疗指导。平安好医生开发了村医版 APP，帮助乡村医生实现远程问诊和辅诊，进行名医直播教学、远程培训和线下结对子的一对一帮扶，从而提升贫困地区基层医生的诊疗水平。

（三）利用移动互联网改善农村治理

互联网改变了农村电子政务的模式，电子政务网络延伸至乡镇，农民在家里就可以在线办理宅基地申报、新农合申办等农村政务。例如，贵州采取线上线下结合、前后台贯通等方式，聚合政务、文化、商贸、通信服务信息资源，建设涵盖"省—市—区县—乡镇—村"的五级综合信息服务体系，大大简化了乡镇农村办事流程。网上政务服务正在向乡镇及老少边穷地区延伸，在贫困村建设服务站点，以方便村民办事。

"移动互联网 + 乡村"还产生了新的村民自治模式。腾讯从 2015 年开始推动"为村计划",面向农村居民开发移动端 APP,为村民们提供招工求职、咨询办事、了解乡村动态、参与乡村治理等功能服务。截至 2017 年 12 月,全国有 16 个省的 5559 个村加入了"为村计划",其中包括 18 个贫困县、168 个贫困村。"为村计划"在扶贫重点地区山东省菏泽市、四川省广汉市等已经实现全域覆盖,163 万名村民实名注册加入自己的村庄,互动超过 1.5 亿人次①。

五 利用移动互联网开展扶贫公益活动

(一)移动互联网扶贫公益总体情况

利用移动互联网开展公益活动,主要是利用社交、电商等平台搭建网络公益受捐助者和捐助者之间的对接平台,具有以下几个特点:一是广泛参与。只要是互联网用户都可以利用 PC、手机等移动终端参与捐助。二是门槛低。互联网捐助接受低至一角、一元的小额捐助,积少成多、聚沙成塔,汇聚成爱心洪流。三是快捷,使用移动端捐助平台,可以随时随地参与捐助,捐助对象也可以在天南海北,完全不受时空限制。四是公开透明,捐助者可以直接了解到受捐者的情况、善款使用进展情况等,甚至可以和受捐者直接沟通,消除了人们的顾虑,大大提高了公众参与公益的积极性。

目前互联网平台多数是综合性捐助平台,提供了助学、扶贫、救灾、疾病救助等多方面的救助。无论哪个方面,对于帮助贫困人口提高教育水平、摆脱贫困代际传递恶性循环都发挥了直接或间接的作用。从公益捐款的用户使用终端看,移动端已经占据了绝大部分。例如,2016 年腾讯公益平台的全部捐款中有 98% 来自移动端②。

政府也在积极推动互联网公益的发展。为了做好互联网捐助平台的管理

---

① 《2017 精准扶贫 10 佳典型经验课题成果在京发布》,搜狐网,2017 年 12 月 29 日。
② 郭凯天:《互联网公益十年的十个发现》,腾讯网,2017 年 6 月 13 日。

工作，2016 年 8 月民政部指定腾讯公益平台、淘宝公益、新浪微公益、新华公益服务平台等 13 家平台为首批慈善组织互联网募捐信息平台。2018 年 1 月，民政部又启动了第二批互联网公开募捐信息平台的遴选工作①。

（二）移动互联网扶贫公益的主要成效

1. 腾讯公益捐赠平台

腾讯公益捐助平台成立于 2005 年。通过该平台，拥有公开募捐资格的慈善组织可以方便地连接网民、公益组织、个人、捐款公众，开展网络募捐公益活动。爱心人士通过平台可以简单快捷地参与捐赠，实时了解项目进展反馈，并且进行留言评价。截至 2017 年 9 月底，"腾讯公益"网络捐赠平台累计筹款总额超 30 亿元，累计捐款人次超过 14 亿人次，累计受益公益项目数量超过 2 万个。

2. 阿里巴巴公益宝贝平台

公益宝贝是一项平台型的业务。淘宝卖家在出售商品时可以在网店里选择是否将商品列为公益宝贝。如果列为公益宝贝，一旦卖出，商家就按照售价的一定百分比，或者按照 0.02～1 元的固定数额捐款给淘宝基金会用于公益慈善。2017 年，阿里巴巴平台上通过公益宝贝产生捐赠的商家达到 178 万家，是 2012 年的 16.4 倍。善款总额达 2.46 亿元，是 2012 年的 31 倍。有 3.5 亿个买家支持公益宝贝计划，人均购买公益相关商品 17 次②。

3. 京东公益物资募捐平台

2017 年 3 月 24 日京东公益物资募捐平台正式上线。通过京东 APP，采用"一键捐赠、物资直送"的模式，为公益项目提供商品供应、物流配送、技术运营、客户服务等多方面支持。网民通过京东 APP，可访问京东公益模块，浏览了解公益项目，以爱心价点选购买捐赠项目所需物资，一键完成捐赠。

---

① 《民政部启动第二批互联网公开募捐信息平台遴选工作》，新华网，2018 年 1 月 5 日。
② 《2017 年 178 万阿里巴巴商家参与捐赠》，《公益时报》2018 年 1 月 16 日。

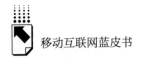

除了大型互联网公司外，还出现了一些专业化的互联网众筹公司。例如，水滴公司就是一家专门为大病患者提供众筹服务的公司。截至 2017 年 12 月，大病筹款平台水滴筹已经为 10 万多名经济困难的大病患者提供了免费筹款服务，累计筹款金额 20 多亿元，捐款人数超过 6000 万。网络互助平台水滴互助，总计为 282 名患病会员分摊了 3494 万元的健康互助金①。

六 移动互联网助力精准扶贫脱贫中的问题及建议

（一）移动互联网助力精准扶贫中的主要问题

1. 贫困地区移动宽带网络基础设施还比较薄弱

通过三批电信普遍服务建设，全国已支持超过 7.4 万个未通村及升级村宽带建设和运行，这其中有很多属于贫困村。但是贫困地区的移动宽带网络建设相对滞后，开通 4G 网络的地区还比较少。在许多偏远地区，贫困人口往往散居在自然村，距离村委会等行政村中心区域较远。由于不能方便地接入宽带网络，这部分贫困人口难以分享宽带发展带来的红利，无法通过网络实现脱贫致富。特别是一些自然条件比较差、交通不便的地方，移动宽带建设难度还比较大。

2. 农民对移动互联网的使用比例还不高

宽带进村为贫困地区农民通往外部世界打开了一扇窗，但是部分贫困村经济基础较为薄弱，用户对移动宽带使用过程中产生的费用较敏感，用户普及速度较慢。此外，在以中部地区为主的人口外出务工大省，农村空心化现象严重，留守农村的用户群体文化水平相对较低，接受信息能力有限，导致宽带使用普及率相对较低。"宽带装进村，村民不会用"成为贫困人口通过信息网络脱贫致富的一大瓶颈。这部分人还需要政府相关部门和电信运营企业的引导与帮助。

---

① 《水滴筹、水滴互助母公司荣获 2017 年度中国公益企业》，中国网，2017 年 12 月 14 日。

3. 农村电商的上下行比例还有待优化

目前各大互联网企业在农村电商扶贫中的下行商品占比大于上行商品占比，电商对于贫困地区人民增收的带动作用还有待加强。电商农产品下行在扶贫脱贫中，更多地体现为帮助节支。贫困地区居民通过互联网购买商品，确实可以获得比实体店更多的优惠，也能够减少假冒伪劣产品在农村的流通。但是要使电商成为贫困地区居民脱贫的内生动力，切实为贫困居民带来收入增长，还需要进一步提高农产品上行的比例。

（二）进一步发挥移动互联网精准扶贫作用的策略

1. 加强贫困地区移动宽带网络覆盖

近年来智能终端普及速度加快，移动宽带成为用户访问互联网便捷的手段。前期农村电信普遍服务试点工程主要安排固定宽带接入覆盖，农村 4G 基站依靠电信运营企业自发建设。截至 2017 年 11 月底，目前仍有 3 万多个行政村尚未实现 4G 网络覆盖，绝大多数是贫困村[①]，这些地区的建设成本普遍较高。建议针对未覆盖行政村，启动 4G 宽带网络覆盖服务。

2. 降低贫困地区用户互联网使用门槛

农村电信普遍服务不仅要把网络建到贫困户家里，还需要切实降低贫困人口的使用门槛，让他们用得上、用得起、用得好互联网。首先，鼓励电信运营企业降低贫困人口使用宽带服务的资费水平，降低或减免初装费，针对贫困人口设计和提供专属的优惠资费套餐，让他们用得起网络。其次，组织终端制造企业面向贫困人口，开发生产具备基本功能、价格低廉的综合信息终端，让贫困人口可以买得起终端。借助农村信息服务点、运营商的乡镇渠道和村级代理点等，组织对贫困人口使用互联网的技能培训，着重提升他们的"数字技能"，让他们能够用好互联网。

3. "数字扶贫"助力精准扶贫脱贫

在已经实现宽带网络覆盖的贫困地区，组织引导信息通信企业综合采用

---

① 《农村 4G 没有信号？工信部是这样说的》，搜狐网，2018 年 2 月 10 日。

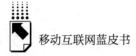

北斗卫星、大数据、云计算以及物联网等信息技术，提供农产品溯源、畜牧业牲畜定位、冷链运输过程监控等服务，大力推动农村电子商务发展，将产业扶贫与网络扶贫、数字扶贫结合起来，让贫困地区的农牧产品不仅可以通过互联网卖出去，而且还能进一步增值，使农村贫困人口尽快实现增收致富。

4. 加强精准扶贫信息共享

扶贫脱贫贵在精准。参与扶贫的部门、企业众多，要做到真扶贫、扶真贫，必须要充分掌握贫困户的信息。建议各级扶贫主管部门要主动向参与扶贫的企业和单位充分共享贫困人口信息。基于贫困信息，电商企业、运营商等才能制定出针对贫困户的专属资费，帮扶措施才能真正落实到人。

参考文献

阿里研究院：《阿里巴巴网络扶贫研究报告（2016）》，2017 年 3 月。

中传—京东大数据联合实验室：《2017 京东电商精准扶贫年度报告》，2017 年 7 月。

魏延安：《我国电商扶贫回顾与展望》，《农业网络信息》2017 年第 9 期。

MSC 咨询：《"腾讯为村"在精准扶贫上取得的成功》，2017。

梁春晓：《互联网时代的社会创新与新公益形态》，2017 年 12 月。

产业篇

Industry Reports

B.8

2017年中国宽窄带移动通信发展及趋势

潘峰　张杨*

摘　要： 2017年，我国4G宽带移动通信网络、用户和业务持续保持高速增长态势，运营商及铁塔公司大力发展4G网络，全力提升我国宽带通信质量。NB‑IoT、eMTC等技术支撑移动互联网快速发展，相关标准逐步成熟，体系已初步形成，平台发展如火如茶，全国进入移动物联网大规模建设新时期，并逐渐形成行业融合新格局。5G将为移动互联网发展奠定网络基础，将解决移动流量高速增长的问题，并将为工业互联网和车联网等领域提供最佳基础设施。

关键词： 4G　5G　移动物联网　NB‑IoT　行业融合

* 潘峰，中国信息通信研究院（原工业和信息化部电信研究院）产业与规划研究所副总工程师，高级工程师，主要从事无线网规划、无线网测评优化、无线新技术和产业发展方面的重大问题研究；张杨，中国信息通信研究院（原工业和信息化部电信研究院）产业与规划研究所高级工程师，工学博士，主要从事3G/4G/5G/移动物联网等领域产业跟踪及咨询研究。

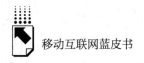
一 2017年宽带移动通信网络和业务发展状况

（一）宽带移动通信网络发展，4G基站全球第一

1. 中国运营商4G网络的发展

中国运营商着力拓展4G网络覆盖深度，继续提升移动网络服务质量和覆盖范围，不断消除覆盖盲点。2017年，全国净增移动通信基站59.3万个，总数达619万个，约是2012年的3倍。4G基站净增65.2万个，总数达到328万个①。

中国移动4G网络投资完成约341亿元，累计完成4G基站建设约182万个，其中室外站139.2万个，室内站42.8万个，其中支持载波聚合基站12万个。

中国联通完成LTE网络投资94.3亿元，累计完成4G基站67.2万个，其中TDD基站0.63万个，FDD基站66.6万个，4G室内分布系统12.8万个，以FDD室内分布系统为主。

中国电信完成LTE网络投资286.6亿元，其中无线网投资249.7亿元，在全国318个本地网进行了LTE混合组网，累计建设TD-LTE室外基站2.4万个，LTE FDD室外基站72.3万个，室内分布系统19.0万个。②

2. 铁塔公司支持4G网络建设

铁塔公司积极对接国家发展战略，大力支撑我国4G网络规模发展。截至2017年8月，铁塔公司累计投资1130亿元，共承接塔类建设项目161万个，交付143万个，中国电信、中国联通、中国移动三家站址规模较铁塔公司成立之初分别增长了159%、81%、58%，有效加快了4G网络发展进程。铁塔共享率从14.3%快速提升到73%，其中中国移动从3.6%提升到

---

① 工业和信息化部：《2017年通信业统计公报》，2018年2月2日。
② 综合各运营商2017年财政年报数据。

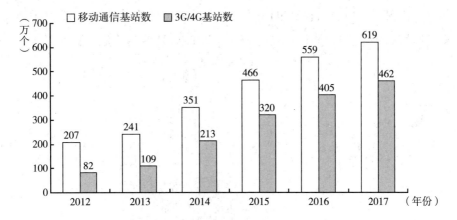

图1 2012～2017年我国移动通信基站及3G/4G基站规模

资料来源：工业和信息化部：《2017年通信业统计公报》，2018年2月2日。

48.6%，中国电信从36.6%提升至90.1%，中国联通从20.9%提升到92.4%。铁塔公司通过建设、维护、管理的"三合一"，有效减少了重复投资、重复建设和重复运营，累计相当于减少铁塔重复建设56.8万个，相当于节约行业投资约1000亿元。①

3. 我国宽带网络质量不断提升

我国基础电信运营商进一步落实国家提出的网络提速要求，加快拓展光纤接入服务、进一步优化4G服务。截至2017年12月，国内移动、联通、电信三大运营商的固定互联网宽带接入用户规模达3.49亿户，全年净增5133万户。其中，50Mbps及以上接入速率（含50～100M之间，以及100M以上）的固定互联网宽带接入用户总数达2.44亿户（分别占31.1%和38.9%），占总用户数的70%，环比增长64%（2016年度为42.6%）；100Mbps及以上接入速率的固定互联网宽带接入用户总数达1.35亿户，占总用户数的38.9%，环比增长136%（2016年度为16.5%）。截至2017年12月，移动宽带（3G/4G）用户规模达11.3亿户，同比增长20%（2016

---

① 《中国铁塔董事长刘爱力：三载春华秋实　追梦砥砺前行》，人民邮电网站，http：//static. nfapp. southcn. com/content/201708/16/c615701. html，2017年8月16日。

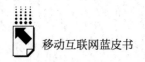

年度为9.39亿户），占移动电话用户的79.8%。4G用户总数达到10亿户，全年净增2.27亿户，同比增长29.5%（2016年度为7.7亿户）。①

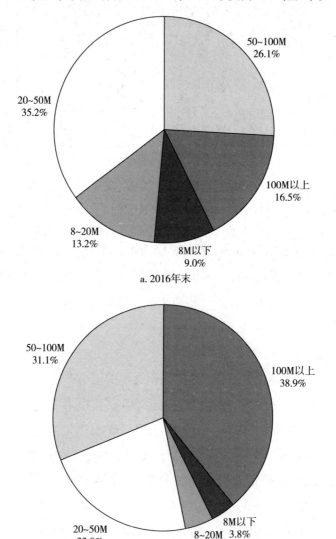

图2　我国固定互联网宽带接入用户占比

资料来源：工业和信息化部：《2017年通信业统计公报》，2018年2月2日。

———————————

① 工业和信息化部：《2017年通信业统计公报》，2018年2月2日。

2017年全国光缆线路总长度达3747万公里，同比增长23.2%（2016年度为3042万公里）。"光进铜退"趋势更加明显，截至12月底，互联网宽带接入端口数量达到7.79亿个，同比增长9.3%（2016年度为7.13亿个）。其中，光纤接入（FTTH/0）端口达6.57亿个，同比增长22.3%（2016年度为5.37亿个），占互联网接入端口的比重由2016年度的75.5%提升至84.4%。xDSL端口总数降至2248万个，同比下降42%（2016年度为3887万个），占互联网接入端口的比重由上年的5.5%下降至2.9%。①

图3　2017年我国互联网宽带接入端口规模

资料来源：工业和信息化部：《2017年通信业统计公报》，2018年2月2日。

（二）4G流量保持高速增长态势

1. 4G用户数增长分析及预测

2017年度，我国4G用户稳定增长。截至2017年12月，我国4G用户总数达到10亿户，其中移动4G用户达6.5亿户，联通和电信4G用户规模分别为1.7亿户和1.8亿户。移动宽带（3G/4G）用户规模达11.3亿户，同比增长20%（2016年度为9.39亿户），占移动电话用户的79.8%。②

---

① 工业和信息化部：《2017年通信业统计公报》，2018年2月2日。

② 数据来源于工业和信息化部《2017年通信业统计公报》与各运营商2017年财政年报。

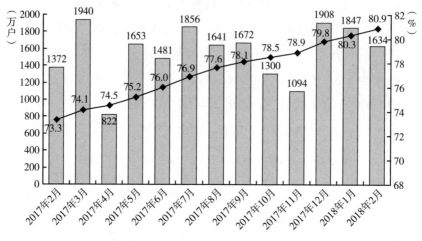

图4　2017年2月至2018年2月我国移动宽带用户规模

资料来源：工业和信息化部：《2018年2月通信业经济运行情况》，2018年3月23日。

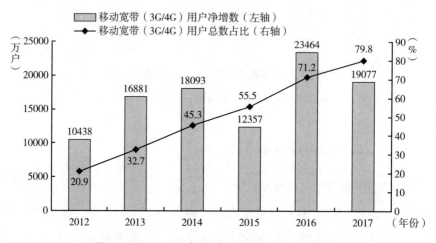

图5　2012～2017年我国移动宽带用户净增规模

资料来源：工业和信息化部：《2017年通信业统计公报》，2018年2月2日。

2. 流量增长分析及预测

2012～2017年，随着全球及我国4G用户扩张，移动数据流量呈持续爆炸式增长。2017年度我国移动互联网接入流量达246亿GB，同比增长

162.3%（2016年度93.8亿GB），增速较上年提高38.4个百分点。全年月户均移动互联网接入流量达到1775MB，是2016年的2.3倍，2017年12月当月的户均接入流量高达2752MB。2017年度移动互联网接入流量中，手机上网流量达到235亿GB，比上年增长179%，在移动互联网总流量中占95.6%，是推动移动互联网流量高速增长的主要因素。①

图6　2012～2017年我国移动互联网接入流量及月户均流量

资料来源：工业和信息化部：《2017年通信业统计公报》，2018年2月2日。

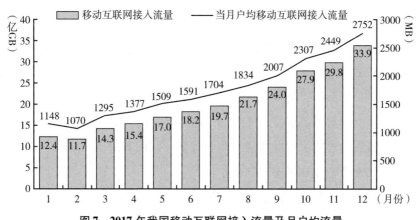

图7　2017年我国移动互联网接入流量及月户均流量

资料来源：工业和信息化部：《2017年通信业统计公报》，2018年2月2日。

---

①　工业和信息化部：《2017年通信业统计公报》，2018年2月2日。

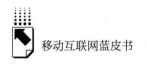

二 NB-IoT等技术支撑移动互联网向
物联网方向迈进

（一）移动物联网技术发展

1. 移动物联网技术体系已形成

移动物联网将真正开启万物互联的新时代，具有广阔的发展前景。移动物联网破除了传统物联网小范围局部性应用、垂直应用和闭环应用的局限，将进入万物互联发展新阶段。移动物联网是新一代信息技术的高度集成和综合运用，与传统产业、其他信息技术不断融合渗透，催生出新兴业态和新的应用，智能可穿戴设备、智能家电、智能网联汽车、智能机器人等数以万亿计的新设备将接入网络，形成海量数据，应用呈现爆发性增长，促进生产生活和社会管理方式进一步向智能化、精细化、网络化方向转变，经济社会发展更加智能、高效。目前相关国家纷纷提出发展"工业互联网"和"工业4.0"，我国提出建设制造强国、网络强国，为移动物联网开创了新的发展机遇。

"十二五"期间，我国物联网产业已形成环渤海、长三角、泛珠三角以及中西部地区四大集聚区，无锡、重庆、杭州、福州四大产业示范基地建设初见成效。"十三五"期间，我国提出要打造10个具有特色的物联网产业集聚区。在此形势下，各地开始着手布局构建移动物联网产业。福建、浙江、广东等省份形成了传统物联网产业集聚，江西等地已发展出一批仪表、箱包、电器制造企业和解决方案企业。

传统物联网产业体系初步建立，为移动物联网产业发展打下了良好的基础。自"感知中国"提出以来，我国传统物联网已经历近10年发展，形成了较为完整的产业链，其中设备、芯片、系统集成、软件、应用服务等关键环节取得了较为重大的进展；产业规模持续高速增长，截至2015年产业规模累计7500亿元，预计2020年将突破1.5万亿元；形成了一大批具备较强实力的领军企业，涌现出大量创新型中小企业；基于物联网的公共服务体系逐步完善，公共服务平台初具规模，能够提供共性技术研发、成果转化、信息服务、检验检测、标识解析等服务内容。

2.移动物联网标准正在成熟

2016年4月，NB－IoT物理层标准在国际标准组织3GPP R13冻结；2016年6月，3GPP正式发布NB－IoT核心标准；2016年9月，3GPP完成NB－IoT性能部分的标准制定；2017年3月基本完成系列规范，用时不到8个月，成为史上制定最快的3GPP标准之一。2016年底，中国通信标准化协会（China Communications Standards Association，CCSA）也完成NB－IoT行标主要内容。

2017年6月6日，工业和信息化部（下文简称"工信部"）下发《关于全面推进移动物联网（NB－IoT）建设发展的通知》（工信厅通信函〔2017〕351号，下文简称"351号文"）。351号文中要求，一方面需引领国际标准研究，加快NB－IoT标准在国内落地；另一方面，在已完成的3GPP国际标准基础上，结合国内网络部署规划、应用策略和行业需求，加快完成国内相应设备、模组等技术要求和测试方法标准制定。

（二）移动物联网基础设施发展

1.移动物联网基础设施涉及网络和平台等环节

移动物联网发展的基础网络条件处于加速部署的阶段。可穿戴设备、车联网、智能机器人、智能家电等新设备将以万亿级规模接入移动物联网网络，5G及NB－IoT等新技术为移动物联网提供了强大的基础设施支撑能力。相较于传统物联网，移动物联网产业链仍处于起步阶段，移动物联网产业涉及感知与控制、网络、平台服务和应用服务等多个环节，目前三大运营商积极部署NB－IoT商用网络，芯片厂商加快推进芯片量产，相关天线、基站等硬件制造商争相发力，一批终端厂商推出试用终端产品，移动物联网平台处于发展初期，和云计算、大数据等新一代信息技术交叉融合的空间巨大。从全球来看，移动物联网产业仍处于培育和发展阶段，正处于各方进行产业

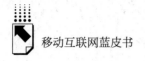

布局的关键时间窗口期。

2. 全国大规模进行 NB–IoT 网络建设

工信部 351 号文中提出,近期目标为"加快推进网络部署,构建 NB–IoT 网络基础设施。到 2017 年末,实现 NB–IoT 网络覆盖直辖市、省会城市等主要城市,基站规模达到 40 万个"。远期目标为"到 2020 年,NB–IoT 网络实现全国普遍覆盖,面向室内、交通路网、地下管网等应用场景实现深度覆盖,基站规模到 150 万个"。为响应国家政策、大力推行移动物联网基础设施建设,运营商加快部署移动物联网基础网络。目前,NB–IoT 已进入快速部署阶段,eMTC 即将进入试点和商用阶段,5G 进入标准制定和外场产品测试阶段,为移动物联网发展提供了强大的技术支撑和网络平台。

截至 2017 年 10 月,全球已商用的 NB–IoT 为 18 张,计划或已开启试验的网络 60 张;eMTC 商用网络 5 张,计划或已开启试验的网络 21 张。国内三大运营商均积极部署 NB–IoT 试验。中国电信建成 31 万个基站,完成 NB–IoT 全网部署;中国移动计划 2017 年建设 14.5 万个基站;中国联通计划 2017 年在 5 个城市开展试点应用。

中国移动于 2017 年 1 月在江西省鹰潭市建成了第一个覆盖全城的 NB–IoT 网络,涉及基站 100 多个。2017 年上半年陆续在杭州、上海、广州、福州四个城市开展 NB–IoT 的规模试验,逐渐拓展至其他重点城市。计划在 2017 年底实现规模商用,全年智能连接数增加 1 亿,总规模达到 2 亿户(含 NB–IoT、eMTC、LTE、GPRS)。

中国联通于 2017 年 1 月 20 日发布基于 3GPP 标准的 NB–IoT V1.0 网络版本。2017 年第一季度,开展 7 省 12 个城市的规模外场试验。2017 年在上海、北京、广州、深圳等 10 余座城市开通了 NB–IoT 试点。

中国电信于 2016 年在上海、北京、广东、福建等 12 个地市启动了基于 900MHz、1800MHz 的 NB–IoT 外场规模组网试验及业务示范工作。2017 年第一季度,在广东、江苏、浙江、上海、福建、四川和河南 7 省 12 个城市开展大规模外场测试工作。2017 年 3 月在深圳实现智慧水务,4 月在鹰潭开通智慧城市,5 月 17 日建成全球首个覆盖最广的商用 NB–IoT 网络,6 月在上海发布物联网开放平台。计划于 2018 年实现 NB–IoT 网络全国商用，到 2020 年全球物联网终端数量将达到 260 亿台。

3. 2018年启动 eMTC 网络建设

中国移动致力于同步推动 NB–IoT 与 eMTC 协同发展，从而实现技术互补，产业共进。2017 年初，中国移动联合爱立信和高通启动国内首个基于 3GPP 标准的 eMTC 端到端商用产品的实验室测试，目前已在多个城市进行 eMTC 网络的小范围部署和验证。

中国联通于 2017 年 2 月已在北京等城市开通了 eMTC 试验网，2016 年底打通了端到端业务流程，目前正在推进基于 eMTC 的物联网应用，将在 2018 年适时进行 eMTC 的商用部署。

中国电信在 2017 年正在或计划开展 eMTC 验证测试。2018 年计划开展 4 * 4MIMO[①] 技术试验和实现 eMTC 商用，将根据标准、产业成熟情况，适时引入 eMTC。

4. 移动物联网平台发展

中国移动于 2012 年成立全资子公司中移物联网有限公司，2014 年中移物联网设备云 OneNET 正式上线。OneNET 平台涵盖了"海量连接""数据存储""设备管理""应用孵化""能力输出""信息发布""数据监控""数据分析"八大功能，目前接入设备已超过千万。平台为客户提供开放的 API 接口，方便其连接终端和应用，缩短开发周期。基于 OneNET 开放平台可以汇聚短彩信服务、位置服务、视频服务、公有云等核心能力，为物联网的应用提供一些基础能力服务。

中国联通在 2017 年 6 月 27 日上海国际合作伙伴大会上发布了物联网新一代连接管理平台。此平台聚合了先进的物联网网络能力和强大的二次运营能力，并向应用开发者提供全方位能力开放，帮助中小企业成功定制开发创新产品、打造新的商业模式。平台具有四大差异化优势，将促进物联网行业

---

① 4 * 4MIMO，Multiple Input Multiple Output，即多入多出的意思。4 * 4MIMO，是基站和手机之间的一种工作模式，要求手机具有支持 4 个天线同时收、发的能力。

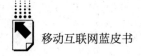

的创新升级。这是继 2015 年中国联通首次发布物联网连接管理平台之后，再次发力物联网领域，标志着中国联通支撑物联网产业实现规模化发展迈出了又一坚实步伐。

中国电信和爱立信联合推出中国电信物联网开放平台，由爱立信的设备连接平台提供支持。该平台于 2012 年推出，现在支持超过 25 家运营商和超过 2000 家企业客户，并且成为爱立信物联网加速器平台的一部分。此平台是一个全球连接管理平台，能够使公司加快物联网解决方案和服务的部署。公司通过合作伙伴关系部署，控制和扩大对物联网设备的管理。企业客户可以将业务流程与中国电信提供的管理连接服务相结合，共同创建 IoT 解决方案。

（三）移动物联网应用正在渗透到各个领域

1. 智慧城市

移动物联网以自动感知为基础、数据采集为手段、智能控制为核心、精细管理和服务提升为目的，广泛渗透到社会发展各个领域，提升城市管理能力和民生服务效率。

在城市管理方面，移动物联网显著增强城市运行状态感知能力，极大丰富城市管理手段。环保领域，支撑环境和污染信息全面监测和数据公开；水务领域，实现水务全生命周期监控和管理，促进"河长制"工作落实；交通领域，支撑路况实时播报、拥堵预测预警和交通指挥调度；地下管网管理方面，以可视化、精细化管理提升管网安全运行保障能力。

在民生服务方面，移动物联网促进服务在时间和空间上的延伸，提升服务便捷性。医疗健康领域，支持居民各类健康信息的动态采集和分析，享受随时随地的健康服务；社区服务领域，助力基层服务模式创新，促进各地"智慧民安"养老社区、"服务零距离"社区等发展，提高社区居民生活便利性。

2. 两化融合

两化融合是指电子信息技术广泛应用到工业生产的各个环节，信息化成为工业企业经营管理的常规手段。信息化进程和工业化进程在技术、产品、管理等各个层面相互交融，并不断催生工业和信息业融合新产业。两化融合是工业化和信息化发展到一定阶段的必然产物。近年来，我国新旧产业更替正在加速推进，面广量大的传统产业亟须改造提升。移动物联网与制造业深度融合，将大力推进制造业提质增效与转型升级。移动物联网、云计算、大数据等新一代信息技术与制造业结合，将提升企业研发、采购、制造、管理、服务、物流等环节对数据的开发利用能力，形成基于数据的各类智能化应用模式，进而实现传统制造业的提质增效与转型升级。其中，移动物联网是采集数据、传输数据的关键载体，是工业互联网与智能制造背景下助力传统产业转型升级的重要抓手，是加速供给侧结构性改革的驱动要素。

通过大力推进大数据、电子信息、节能环保、光伏、新型材料和新医药等产业与信息化的深度融合，加快新型工业化后发赶超，带动第一产业和服务业协同提速。物联网能够促进产业之间相互渗透重组，推动新兴产业不断涌现，促进传统产业提振效能。下面以航空制造业、生物医药行业、新能源汽车、电子信息制造业等几个国家战略性产业为例。

在航空制造业领域，其典型特点是离散式生产，产品结构与工艺流程十分复杂，生产过程、协调过程任务繁重，对移动物联网的需求集中在网络化协同、智能化生产、远程智能服务等方面。在网络化协同方面，基于移动物联网开展多专业并行协同的产品设计、面向全球的供应链业务协作等；在智能化生产方面，采用移动物联网技术实现工艺的智能化设计、生产过程的智能化管理、加工设备的智能化监控等；在远程智能服务方面，开展航空设备的远程模拟调试、设备运行监控、故障诊断、远程修复、能耗管理等。

在生物医药行业领域，行业生产具有复杂性、专业性等特点，对生产过程的清洁和安全性要求较高，对移动物联网的应用需求包括产品追溯、清洁生产、智慧物流等。在产品追溯方面，利用 RFID 标签等技术实现药品从原料到成品的全流程追溯；在清洁生产方面，采用移动物联网技术对生物医药行业生产过程中产生的废水、废气、废渣等进行实时监测；在智慧物流方面，搭建生物医药物流平台，综合利用移动物联网和大数据技术，实现物流信息的集中管控，提升供应链效率。

在新能源汽车领域，当前正处在传统汽车产业向车联网产业快速转型发

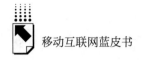

展过程中，对移动物联网需求主要体现为自动驾驶、短距离通信等车联网领域，同时在汽车制造过程中，也需要通过利用移动物联网实现零部件追溯、网络协同制造等。移动物联网、人工智能、自动驾驶、大数据等新兴信息通信技术的引入是汽车实现智能化和网联化，迈向车联网发展的必要手段。

在电子信息制造业领域，生产加工精密程度要求较高，部分环节存在较强自动化、数字化需求，亟须依托移动物联网技术，实现产品智能检测、生产精益管理等。在产品智能检测方面，基于移动物联网技术可以跟踪采集产品生产全流程的信息数据，为开展产品质量的大数据分析提供基础支撑；在生产精益管理方面，通过在生产现场部署移动物联网节点，可以加强对人员绩效、设备运转、零部件配送等信息的采集传输，提升企业运营管理能力。

3. 其他方面

移动物联网与传统产业相结合，其他信息技术不断融合渗透，将催生出新兴业态和新的应用。通过差异化布局，将为我国经济发展提供新动能，为社会发展提供新的手段。下面以农业、物流业、旅游业等传统产业为例。

在农业领域，为加快转变农业发展方式，需走出一条产出高效、产品安全、资源节约、环境友好的现代农业发展道路。结合我国《"十三五"全国农业农村信息化发展规划》等战略目标，以移动物联网助力农业现代化快速转型，以智慧农业为切入点，做好农产品质量安全溯源、农业种植养殖环境监测、农业机械设备的远程监控和调度等工作，全面提升农业支持保障能力，扎实推进农业现代化。

在物流业方面，随着国家"一带一路"等建设进入实质性推进阶段，充分发挥我国交通优势，并积极拓展国际物流发展空间。利用移动物联网构成全新的基于物联网的货物流转以及数据交换的智慧物流体系，让物流跟踪真正走入全过程，货物能在物流全过程中不间断地产生数据，实现物流管理的大数据处理和分析，从而提升物流效率。

在旅游业方面，智慧旅游将成为发展的重点，并对移动物联网应用供给提出新的要求。当前，我国旅游业进入黄金发展期，同时面临结构调整、矛盾凸显等问题，旅游信息化是旅游转型升级、现代化发展的必然要求。移动物联网将是构建完善游客信息服务体系、智慧旅游管理体系、智慧旅游营销体系的关键保障，也是各地著名旅游景区向智慧景区发展的重要支撑。

三 5G发展迅速，将成为移动互联网的关键基础设施

（一）中国5G技术试验情况

中国将于2016~2018年逐步快速推进5G的技术研发试验，包括关键技术验证、技术方案验证和组网验证；2018~2020年，中国计划推出5G产品研发试验，并于2020年实现5G商用。

中国候选5G频段如下。

低频段（低于6GHz）为5G基础频段，满足大覆盖、高移动性场景下的用户体验和海量设备连接；2020年我国5G商用主要依赖低频段。主要目标频段为3.3~3.6GHz、4.4~4.5GHz、4.8~4.99GHz。

高频段（高于6GHz）为5G长期战略性重要频段，满足热点区域极高的用户体验速率和系统容量需求；高频段对射频器件等技术要求高，需要我国提前培育产业。支持在ITU框架下开展AI 1.13议题候选频段研究工作，其中最高优先级研究频段为43.5GHz以下的26GHz、40GHz频段。

2016年1月，中国正式启动5G技术研发试验；2016年9月，中国完成了5G关键技术验证。2016年底，中国完成第一阶段5G试验，初步验证无线关键技术性能。参与此试验的主要厂家有华为、中兴、大唐、诺基亚、爱立信、英特尔、三星等。同时也验证了关键网络技术的性能，参与此实验的主要厂家有华为、中兴、大唐、诺基亚、爱立信、英特尔。2016年11月，我国5G技术研发试验第二阶段测试规范发布；2018年1月，5G技术研发试验第三阶段规范正式发布。

（二）5G标准进展

国际电信联盟ITU在2015年6月召开的ITU-RWP5D第22次会议上明

确了 5G 的三个主要应用场景——移动宽带、大规模机器通信、高可靠低延时通信。IMT－2020（5G）将移动宽带进一步划分为广域大覆盖和热点高速两个场景。IMT－2020（5G）推进组定义的四个主要应用场景为连续广覆盖、热点高容量、低功耗大连接和低时延高可靠。

2016 年成为 5G 标准的元年。3GPP 组织于 2016 年 3 月正式启动 5G 无线接入技术标准研究工作，标志着 3GPP 5G 技术标准研究全面启动。2018年下半年形成 5G 标准第一版本（Rel－15），支持早期商用需求。2019 年底完成满足 ITU 要求的 5G 标准完整版本（Rel－16），满足所有 5G 场景和需求，并作为 IMT－2020 标准提交。

表1　国际 5G 组织及推进 5G 进展情况

名称	组织类型	相关工作
3GPP	国际标准化组织	唯一拥有完整 5G 计划的组织
IEEE	国际性技术协会	重点发展 WLAN 技术
5GPPP	欧洲标准化组织	资助了一系列的研究项目：METIS－2020，METIS2
NGMN	运营商发起的平台	发布了 5G 白皮书，在 2016 年初为 3GPP 输入了 5G 需求
IMT－2020(5G)推进组	中国 5G 研究组织	发布 5G 白皮书，并已完成技术研发试验的第一阶段测试
5G Americas	美国 5G 研究组织	前身为 4G Americas，已发布白皮书
5G forum	韩国的 5G 论坛组织	发布了白皮书，确立了核心网和无线网的设计目标
5G MF	日本的 5G 论坛组织	发布了白皮书

（三）5G 将解决移动流量高速增长的问题

未来人类对新一代通信技术的需求主要集中在两个方面——移动互联网和物联网。根据相关预测，到 2020 年全球移动用户数将超过 90 亿，全球联网设备数量将达到 260 亿个，全球联网设备带来数据将达到 44ZB。由于智能手机用户数的持续增加以及智能手机用户的数据流量需求，预计 2021 年全球移动数据流量相比 2015 年增加 10 倍，主要来自移动视频和社交网络应用等。我国移动互联网流量将出现强劲增长，同比增速继续超过 100%，月户均移动互联网接入流量突破 2G。未来几年内，我国移动数据流量、高速带宽仍是主要增长动力。4G 用户迁移基本完成，智能终端换机窗口期即将结束。商务、娱乐和生活类应用的全方位渗透将成为流量增长的新驱动力[1]。

尽管目前有很多新技术，如 WLAN、蓝牙、Zigbee 等，但都只能满足上述的部分需求，只有 5G 可以满足上述所有需求。目前 5G 技术已经确定了 8 大关键能力指标：峰值速率达到 20Gbps、用户体验数据率达到 100Mbps、频谱效率比 IMT－A 提升 3 倍、移动性达 500 公里/时、时延达到 1 毫秒、连接密度每平方公里达到 10^6 个、能效比 IMT－A 提升 100 倍、流量密度每平方米达到 10Mbps。这意味着 5G 将大幅提升用户的上网速度，业内人士认为 5G 的网速能达到 4G 的 40 倍甚至更高，从而实时传输 8K 分辨率的 3D 视频，或是在 6 秒内下载一部 3D 电影。

预计 2020 年实现 5G 商用时，中国移动数据流量的增长将会非常迅速，更高的数据流量和更快的用户体验速率、更多的海量终端设备连接数和更低的设备连接时延将会带动增强和虚拟现实、移动视频直播、移动云服务、无人驾驶、智能家居等新兴产业呈现爆发性增长。据 IMT－2020（5G）推进组发布的《5G 愿景与需求》报告预测，面向 2020 年及未来，中国的移动数据流量增速高于全球平均水平，预计 2020 年将比 2010 年增长 300 倍以上，2030 年将比 2010 年增长 4 万倍，其中发达城市及热点地区的移动数据流量增速更快，上海到 2020 年将比 2010 年增长 600 倍，北京热点区域将增长 1000 倍。

（四）5G 将带来标志性的移动互联网业务

移动互联网用户的需求主要集中在：媲美光纤的接入速率、媲美本地操作的使用体验和多场景的一致服务。万物互联的需求也将出现爆发式增长。随着移动互联网的飞速发展、越来越多智能设备的出现，在超高清视频、虚

---

[1]　综合 ICT 领域深度观察、Gartner、麦肯锡物联网白皮书等得出。

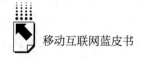
拟现实、增强现实、智能穿戴、智能家居、智能抄表、智能交通等各个领域都会产生极大的通信需求。同时，超高清视频、虚拟现实、智能交通等领域对系统的响应时间也提出了非常严苛的要求。物联网用户的需求主要集中在：满足不同行业的差异化需求、支持更丰富的无线连接类型、支持海量的设备连接。

移动互联网的需求要求未来新技术必须能够随着用户需求的持续增长提供更高带宽的接入能力，并支持海量终端同时接入网络；支持超快速响应应用，实现低于 1~5ms 端到端时延，并具有高可靠性；支持灵活的各种应用场景，如智能工业、智能交通、智能家居、车联网等多种信息化应用。

面向 2020 年及未来，智慧城市、工业控制、环境监测、车联网、电子银行、电子教学和电子医疗等核心服务的移动性普及出现爆发式增长，预计2020 年全球接入互联网的移动终端数将超过 100 亿个。5G 将移动通信变成了一项通用技术，5G 将引发革命性变革的关键在于将多种物联网场景以卓越的性能进行互联，从而引爆如车联网等垂直行业的蓬勃发展，并将在未来催生大量的行业应用及就业机会，5G 为大众创业、万众创新提供平台，为我国成为制造强国、网络强国的发展提供广阔的发展空间，极大地带动产业升级。

（五）5G 将为工业互联网和车联网等提供最佳的基础设施

车联网业务要求毫秒级的时延和接近 100% 的可靠性。5G 技术具有高可靠性和超低时延的特征，可以应用于高要求的车联网行业。如果车与车之间的通信能实现低时延的通信，就能提高驾驶的安全性。在高速公路上，100 毫秒的时延大约相当于 3 米的距离，每减少一毫秒的时延，都可以缩短汽车的安全距离。在自动驾驶广泛普及前，每部车里都需要有可靠的通信技术，提高车辆在行驶过程中的安全性能。庞大的汽车市场为中国的车联网服务的增长提供了强有力的基础，预计 2020 年中国汽车保有量将超过 2 亿辆，车联网用户规模将突破 5000 万户，增加值规模将超过千亿美元。

作为与电力一样的泛在基础设施，5G 网络将成为支撑中国培育新动能的重要驱动力之一。据调查，91%的受访者认为5G将会驱动产生尚未出现过的新产品和服务，89%的受访者认为5G将会提高生产率，87%的受访者认为5G将会催生出新的行业。① 在中国，5G技术与其他无线移动通信技术的密切结合，正在形成各种新产业、新业态和新模式的基础性业务平台，并以此推动互联网和实体经济深度融合。5G技术拥有更大的带宽容量和更快的数据处理速度，通过手机、可穿戴设备和其他联网硬件可以创造出更多目前尚不存在的全新终端服务，使未来拥有无限可能。埃森哲的调查显示，中国企业认为移动技术已经上升为对中国企业最为重要的技术，将得到广泛采用的移动技术视为企业层面的重要内容，六成中国受访者表示已经在整个企业范围内积极寻求移动技术相关机遇和投资项目，一半以上（56%）的中国首席执行官会参与移动技术战略的制定，比全球平均水平高出20个百分点。②

参考文献

中国信息通信研究院：《5G经济社会影响白皮书》，2017年1月。

中国国际经济交流中心、中国信息通信研究院：《5G通信技术孕育中国经济发展新动能》，2017年11月。

《江西省人民政府办公厅关于印发〈江西省移动物联网发展规划（2017～2020年）〉的通知》（赣府厅发〔2018〕1号），2018年1月8日。

《关于全面推进移动物联网（NB－IoT）建设发展的通知》（工信厅通信函〔2017〕351号），2017年6月7日。

《中国联通2017年第三季度报告》，2017年10月27日。

东莞证券：《通信行业2017年三季报综述》，2017年10月。

---

① Qualcomm, "5G Economy Global Public Survey Report", December 2016.

② 埃森哲：《移动技术：助推数字化浪潮——2014年埃森哲移动技术首席高管调查报告聚焦中国》，2014。

B.9
5G时代移动互联网对
经济社会发展的影响前瞻

孙　克*

摘　要： 移动互联网发展是引领国家数字化转型的关键，5G时代的来临将开启万物互联、带来无限遐想的新时代。本文针对移动互联网对于经济社会发展的影响进行评估，建立传导机制和测算框架，给出较为科学精准的测算区间、测算范围和测算模型，量化移动互联网产业对经济社会发展的贡献。在发展进程、国际合作、基础设施和创新环境方面，本文也为移动互联网发展提供相关可行建议。

关键词： 移动互联网　5G　数字经济　产业融合

一　移动互联网产业成为引领国家数字化转型的关键

（一）移动互联网技术创新活跃

移动互联网产业发展迅速，自20世纪80年代以来，平均每10年互联网产业引发一次革命性技术，推动着信息通信技术、产业和应用的革新，为

---

* 孙克，中国信息通信研究院数字经济研究部副主任（主持工作），高级工程师，北京大学经济学博士，主要从事ICT产业经济与社会贡献相关研究，曾主持GSMA、SYLFF等重大国际项目，国务院信息消费、宽带中国、"互联网＋"等重大政策文件课题组的主要参与人。

全球经济社会发展注入源源不断的强劲动力。移动互联网产业相关技术的迅猛发展，使得移动产业系统性能实现高速、指数级优化。从1G的模拟技术到2G实现数字技术，移动通信产业从语音业务的局限中，拓宽到低速数据业务。3G阶段，显著提升了从2G阶段发展来的数据传输能力，数据传输的峰值速率在2 Mbps以上，甚至可达数十 Mbps，支持包括视频电话在内的多项多媒体移动业务。而到了4G阶段，相比3G阶段，其传输能力得到了数量级的提升，峰值速率可达100Mbps至1 Gbps。

从1G阶段到4G阶段，目前移动通信技术已经历了四个时代。随着新一轮技术创新第五代移动通信技术（5G）到来，新一轮的移动互联网代际跃迁正在发生。5G移动通信技术作为移动互联网产业的尖端技术，其高速和高质量物联网连接能力，提供了前所未有的优质用户体验。面对物联网设备的海量增长、大数据在各领域的广泛应用，5G移动通信技术将应对2020年及以后的海量设备连接和爆炸式流量数据增长。除了在峰值速率、频谱效率、移动性以及时延等传统指标上的突破，5G移动通信技术在用户体验速率、连接数密度、流量密度和能效四个关键能力指标上实现了创新，具体表现为：5G用户体验速率高，速率在100Mbps到1Gbps之间，可以支持用户体验极致业务，如移动虚拟现实等；连接数密度良好，达百万个/平方公里，扫除物联网设备的海量接入障碍；流量密度性能优越，达10Mbps/平方米，可以积极响应移动业务流量未来千倍以上的增长；传输时延微小，为毫秒量级，符合工业控制和车联网的精密控制要求。5G将开启万物互联、带来无限遐想的新时代。

（二）移动互联网产业加速经济社会数字化转型

数字化转型成为主要经济体的共同战略选择。当前，信息通信技术向各行各业融合渗透，经济社会各领域向数字化转型升级的趋势愈发明显。数字化的知识和信息已成为关键生产要素，现代信息网络已成为与能源网、公路网、铁路网相并列的、须臾不可或缺的关键基础设施，信息通信技术有效提升效率，成为经济结构优化的催化剂，在提高现有产业劳动生产率、培育新

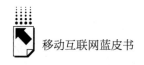

市场和产业新增长点、实现包容性增长和可持续增长中正发挥着关键作用。依托新一代信息通信技术加快数字化转型，成为主要经济体提振实体经济、加快经济复苏的共同战略选择。

移动互联网技术是经济社会数字化转型的关键使能器。不久的将来，移动互联网技术伴随着云计算、大数据、人工智能的迅速发展，将深度融合虚拟增强现实等高精尖技术，实现人与物、物与物的联通，为各产业和各行业的数字化转型提供基础支持和关键设备。在用户体验方面，移动互联网技术将促使人类交互模式的再升级，为用户提供包括新型互联网社交、虚拟现实游戏以及超高清视频在内的浸入式业务体验。在设备支持方面，移动互联网技术可以支撑海量设备接入，在智能城市和智能家居中将广泛应用移动互联网技术，数千亿台设备将通过移动互联网技术连接。新一代移动通信5G的可靠性高、时延等特征，也将在垂直行业中得到广泛应用，促进汽车行业、移动医疗和工业互联网等发展。

总体上看，移动互联网技术的广泛应用将为大众创业、万众创新提供坚实支撑，助推制造强国、网络强国建设，使新一代移动通信成为引领国家数字化转型的通用目的技术①。

二 移动互联网产业对经济社会影响的传导机制和测算框架

（一）移动互联网产业对经济社会影响的传导机制

促进移动互联网技术向经济社会各领域的扩散渗透，孕育新兴信息产品和服务，重塑传统产业发展模式，成为经济社会发展的关键动力。业界认为，作为新兴通用目的技术，5G技术的商用化将引发新一轮投资高潮，成

---

① 注：通用目的技术是指对人类经济社会产生巨大、深远而广泛影响的革命性技术，如蒸汽机、内燃机、电动机、信息技术等。

为拓展经济发展新空间、打造未来国际竞争新优势的关键之举和战略选择。

1. 激发各领域加大数字化投资，加速 ICT 资本深化进程

经济增长理论表明，资本积累是推动经济增长的关键因素，与其他要素相比，其对经济社会的拉动作用更为直接和显著。移动互联网投资对经济增长的作用路径体现在以下两个方面。一是投资需求路径。作为总需求的重要组成部分，投资的增加将直接拉动总需求扩张，带动总产出增长，推动经济发展。移动互联网技术的大规模产业化、市场化应用，必须以运营商网络设备的先期投入作为先决条件，运营商对 5G 网络及相关配套设施的投资，将直接增加国内对网络设备的需求，间接带动元器件、原材料等相关行业的发展。二是投资供给路径。投资以技术、产品、人力等各种形式形成新的资本，促进技术进步和生产效率提升，增强经济社会长期发展的动力。新一代移动互联网技术 5G 的低时延、高速率、低成本特性，将吸引国民经济各行业加大移动互联网技术的相关投资，增加 ICT 资本投入比重，提升各行业数字化水平，提高投入产出效率，进而促进经济结构优化，推动经济增长。

2. 促进业务应用创新，挖掘消费潜力扩大消费总量

当前，我国最终消费对经济增长的贡献率超过 60%，经济社会发展已步入消费引领增长的新时期，移动互联网技术对扩大消费、释放内需有着重要作用，具体的作用路径如下。

一是增强信息消费有效供给。移动互联网技术的革新和推广将促进信息产品和服务的创新，让智能家居、可穿戴设备等新型信息产品，8K 视频、虚拟现实教育系统等数字内容服务真正走进千家万户，增加信息消费的有效供给，推动信息消费的扩大和升级，释放内需潜力，带动经济增长。

二是带动"互联网＋"相关消费。新一代移动互联网技术 5G 将能够在人们居住、工作、休闲和交通等各种区域，提供身临其境的交互体验，有效促进虚拟现实购物、车联网等垂直领域应用的发展，使用户的消费行为突破时空限制，真正实现"消费随心"。因此，移动互联网的广泛应用将有效带动其他领域的消费。

3. 拓展 ICT 产品国际市场空间，提升我国综合优势

在开放经济条件下，国际贸易和国际投资对一国经济增长的作用日益显著。预期移动互联网技术的国际化拓展对经济的拉动作用主要体现在以下两个方面。一是对外商品贸易路径。预期标准统一的移动互联网技术将极大地便利相关产品及服务的出口，扩大对外贸易规模、优化贸易结构，拉动优质产品服务的供给，进而对经济的快速增长、经济结构的优化升级起到重要推动作用。二是对外直接投资路径。通过在国外建立分销渠道或部署 5G 网络等，将有效规避贸易壁垒，直接带动移动互联网产业相关产品出口，充分利用、挖掘国外资源和国外市场，扩大出口份额，促进国内需求扩大，进而带动国内经济增长。

（二）5G 时代移动互联网产业对经济社会影响的测算框架

第一，测算区间的选择。从国际标准来看，根据 3GPP 5G 技术标准推进计划，5G 标准完整版本将于 2019 年底完成，并作为 IMT－2020 标准于 2020 年初提交 ITU。从我国发展规划来看，国家高度重视 5G 技术发展，《国民经济和社会发展"十三五"规划纲要》明确提出"积极推进第五代移动通信（5G）和超宽带关键技术研究，启动 5G 商用"。2015 年 9 月，马凯副总理在出席中欧 5G 战略合作联合声明签字仪式时宣布，中国将力争在 2020 年实现 5G 网络商用。从移动通信技术发展历程来看，每一代移动通信技术从起步、成熟到被下一代技术代替的周期基本为十年。因此基于上述考虑，选取 2020～2030 年为我国 5G 经济社会影响测算的时间区间。

第二，测算范围的选择本文采用国民经济核算的生产法测算 5G 对经济社会的影响。在测算范围上主要考虑三大部门的收入增长情况，针对电信运营商，主要考虑其通信服务收入，包括来自用户和其他垂直行业的通信服务支出。针对互联网企业，主要考虑其信息服务收入，包括来自用户在移动视频、网络游戏等典型业务上的支出。针对设备制造商，考虑两类收入，一类是网络设备收入，主要是来自电信运营商、互联网企业以及其他垂直行业的网络设备投资，另一类是终端设备收入，主要是来自用户的手机、泛终端支出和其他垂直行业的 M2M 终端支出。

第三，测算模型的说明。本文主要采用两类模型进行测算。在直接经济社会贡献方面，本文针对纳入测算范围的三大部门测算各个部门在 2020 ~ 2030 年间的收入增长情况，如电信运营商的收入主要来自公众用户和垂直行业用户的流量服务支出。其中，公众用户的支出总额取决于 5G 用户的渗透率和单用户支出额，本文深入分析 3G 和 4G 技术的渗透路径和用户消费特征，研判提出 5G 技术的渗透趋势，并设定相关模型参数，结合单用户支出情况，测算得到公众用户贡献的电信服务收入。而设备制造部门的收入主要来自网络设备和终端设备收入。仅以网络设备收入为例，一方面，本文总结了电信运营商的网络设备投资支出规律，结合 5G 发展策略和网络部署的长周期性，对 5G 网络投资增长进行定量建模；另一方面，本文考虑了各垂直行业生产投入中的网络设备支出占比，结合 5G 网络渗透趋势，建模分析得到各垂直行业在 5G 网络设备上的支出额。在间接经济社会贡献方面，本文基于 2012 年国家投入产出表测算各部门经济活动的间接拉动系数，结合前述直接经济贡献测算结果，得到 5G 对经济社会的间接拉动效应。

三 5G 时代移动互联网产业对经济社会发展的贡献展望

（一）移动互联网产业对经济产出的贡献

在产出规模中，5G 的直接产出和间接产出将在 2030 年分别达到 6.3 万亿元和 10.6 万亿元。在直接产出方面，预计 5G 2020 年的直接产出将达到 484 亿元，2025 年将增加到 3.3 万亿元，并在 2030 年达到 6.3 万亿元，2020 ~ 2030 年的年均复合增长率为 29%。在间接产出方面，5G 将在 2020 年带动 1.2 万亿元的产出，2025 年达 6.3 万亿元，2030 年达 10.6 万亿元，2020 ~ 2030 年的年均复合增长率为 24%。

在产出结构中，随着 5G 商业化的推进，产出增长的动能也发生了转变。在 5G 商业运营的初期阶段，在运营商网络建设的大规模投资为 5G 的直接经济产出，预计 2020 年，网络设备和终端设备收入总额约 4500 亿元，占 5G 直接经济产出的 94%。在 5G 商业运营的中期阶段，其他行业和大众群体对终端设备和电信服务的支出持续增长，预计 2025 年，这两项支出分别为 1.4 万亿元和 0.7 万亿元，占直接经济产出的 64%。在 5G 商业运营的后期阶段，互联网企业等的 5G 服务信息收入显著增长，成为直接产出的主要来源，预计在 2030 年，5G 服务收入达到 2.6 万亿元，占直接经济产出的 42%。

在产出设备中，5G 业务的垂直行业将成为 5G 商业运营后期的网络设备支出的主要增长动力，预计到 2020 年电信运营商 5G 网络设备投资将超过 2200 亿元，5G 设备在各行业支出达 540 多亿美元。随着网络部署的不断完善，运营商网络设备的支出成本预计将从 2024 年开始下降。同时，随着 5G 对垂直行业的渗透和整合，5G 设备的支出将稳步增长，成为推动相关设备制造商收入增长的主要动力。在 2030 年，5G 设备的支出预计将超过 5200 亿元，占设备制造企业总营收的近 69%。

（二）移动互联网产业对经济增加值的贡献

5G 的发展将直接带来电信运营业、设备制造业和信息服务业的快速增长，进而对 GDP 增长产生直接贡献，并通过产业间的关联效应和波及效应，放大 5G 对经济社会发展的贡献，即间接带动国民经济各行业、各领域创造更多的经济增加值。在测算 5G 对经济增加值的贡献时，需要将 5G 对总产出的贡献转换为增加值口径。按照 2012 年国家投入产出表，电信和其他信息传输服务业的增加值率为 55%，软件和信息技术服务业的增加值率为 35%，通信设备行业的增加值率为 16%，全社会各行业增加值率的平均值为 31%。由以上各部门的增加值率参数乘以对应部门的总产出贡献，加总得到 5G 拉动的经济增加值。

5G 直接创造的经济产值到 2030 年预计约为 3 万亿元。5G 在 2020 年预计创造经济产值约 920 亿元，主来源自电信运营商在 5G 网络建设初期进行的网络设备支出。5G 在 2025 年预计创造约 1.1 万亿元的经济产值，对 GDP

增长的贡献率[①]当年可达 3.2%，主要来自用户端流量消费、移动终端购买及各类信息服务消费的支出。预计 5G 在 2030 年直接贡献超过 2.9 万亿元的经济增加值，对 GDP 增长的贡献率当年可达 5.8%，主要贡献来源为用户端移动互联网信息服务消费支出、流量消费支出以及各垂直行业对网络设备的投资等。2020～2030 年，5G 直接拉动的 GDP 年均复合增长率达 41% 左右。

2030 年 5G 可间接拉动 3.6 万亿元的经济产值。根据产业关联关系计算，2020 年 5G 在经济产值方面将间接带动 4190 亿元以上的经济产值；间接拉动的经济产值在 2025 年可达到 2.1 万亿元；此后 5G 间接拉动的经济产值将进一步提升达到 3.6 万亿元。2020～2030 年，5G 间接拉动经济产值的年均复合增长率将达到 24%。

十年间，5G 拉动经济产值增长的关键动能不断更新。5G 的发展全面带动各个所有经济部门的增长，在 2020 年，电信运营商的 5G 网络投资以及用户终端购置支出预计是带动经济增长的主要动能，带动 GDP 增长 740 亿元左右，占当年 5G 对 GDP 总贡献的 80%。此后，伴随着 5G 的普及和大众化，5G 提供的服务对于经济的带动效应将显著提升，超过 5G 制造环节的带动效应，在 2030 年，预计 GDP 中有 9000 亿元来自电信运营商流量收入，5G 对 GDP 的总贡献当年可达 31%，1.7 万亿元的 GDP 来自各类信息服务商提供信息服务支出，5G 对 GDP 的总贡献当年可达 58%。

（三）移动互联网产业对就业增长的贡献

移动互联网产业的普及，将提升企业生产效率，一方面将对社会原有工作岗位形成替换，另一方面将创造高技术含量和知识含量的全新就业岗位，通过产业的关联效应间接促进就业。在测算移动互联网对就业的贡献时，需要依据各行业的人均劳动生产率进行计算。按照 2012 年投入产出表及国家统计局相关数据，电信和其他信息传输服务业、软件和信息技术服务业人均

---

① 5G 对 GDP 增长的贡献率，即 5G 当年新创增加值在当年 GDP 增量中的占比。

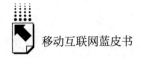

增加值劳产率为 53 万元，通信设备行业人均增加值劳产率为 21.5 万元，全社会平均人均增加值劳产率为 7 万元。用各行业增加值产出除以对应的人均增加值劳动生产率，即得到 5G 创造的就业机会。

2030 年 5G 将创造 800 多万个就业机会。据估计，2020 年 5G 正式商用将直接为社会创造约 54 万个就业机会，主要来自 5G 相关设备制造创造的就业机会。随着 5G 应用范围的扩展与应用领域的深化，2025 年，5G 将提供约 350 万个就业机会，主要来自 5G 相关设备制造和电信运营环节创造的就业机会。2030 年，5G 将带动超过 800 万人就业，主要来自电信运营和互联网服务企业创造的就业机会。

5G 对就业的间接贡献具有倍增效应。5G 通过产业关联和波及效应间接带动 GDP 增长，从而为社会提供大量就业机会。2020 年 5G 将间接提供约 130 万个就业机会，是其直接提供的就业机会的 2.5 倍；2030 年预计 5G 将间接提供约 1150 万个就业机会，约是直接提供的就业机会的 1.4 倍，较 2020 年有所下降。究其原因，从 2020 年到 2030 年，5G 总产出结构中，电信运营收入和互联网信息服务收入的占比越来越高，而这些部门对就业的间接拉动能力较弱，导致间接就业机会增速日趋放缓，相对于直接就业机会的倍数有所下降。

5G 设备制造和信息服务环节的就业带动作用凸显。5G 技术、产品在各个行业的广泛渗透应用，将创造大量就业机会，成为稳定社会就业的重要途径。在 5G 建设初期阶段，预计在 2020 年约 51 万人的就业由设备制造商直接带动，占 5G 带动总就业人数的 94%。随着 5G 的应用和普及，移动终端逐渐得到推广，相关信息服务快速发展，预计 2025 年约 180 万人的就业由设备制造商直接带动，占带动总就业人数的 52%，来自信息服务商的就业带动作用开始凸显，预计约 90 万人的就业直接带动作用来源于此，占 5G 总带动就业人数的 27%。5G 的社会经济带动效应在 2030 年预计得到充分体现，信息服务的就业带动效应显著，320 万个就业岗位将来自信息服务领域，占 5G 带动就业人数的 41%，超过设备制造的带动作用，约 310 万人的就业来自设备制造商的带动，占 5G 带动就业人数的 38%。

四　充分释放移动互联网产业发展潜能的相关举措建议

（一）把握发展窗口，推进产业发展进程

发展移动互联网产业，推广新一代移动通信技术，首先要在近期明确拟在 3300～3600MHz 和 4800～5000MHz 两个频段部署 5G 的基础上，统筹和协调 5G 频率的中期与长期规划。在国际电信联盟（International Telecommunication Union，ITU）平台加强交流与协调，积极促成更多 5G 频段的统一和兼容。鼓励 5G 研发的创新，加强 5G 研发的资金扶持，加快在虚拟化平台、高频器件以及核心芯片等关键技术和核心环节的进展与突破。通过 5G 的外场试验，验证产品性能，保证技术和应用成熟程度，促进 5G 及其增强技术的落地。推行适应 5G 发展和推广的牌照方案，保障移动互联网产业良性发展。

（二）加强国际合作，共享全球发展红利

注重国际的合作与交流沟通，搭建国际化的试验平台，参与和引领全球移动互联网标准的规范化和兼容性。积极参加互联网国际组织的会议，不断加强与美国、欧盟、日本、韩国等的经验分享，并加强大陆与港澳台地区的学习互动，在技术标准规范、网络互联互通、应用创新发展、频谱资源管理等方面实现合作与共赢。通过政策扶持，加强"引进来"战略，鼓励国内企业实现国际合作，并逐步提升移动互联网技术和产品的质量，实现国内应用和服务的"走出去"。迎接"一带一路"的发展机遇，促进搭建"命运共同体"的全球移动互联网产业生态。

（三）加强超前谋划，构筑网络基础设施

加强有序的协调和指导，统筹网络基础设施的规划和发展。促进 5G 网

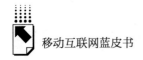
络和4G网络的协调发展，实现城、县、镇的全面覆盖，注重加强对农村热点地区的有效覆盖，综合加强网络共享和实现异网漫游等策略，提升各地区尤其是流量密集地区的用户体验，努力建设覆盖完整、质量稳定、资源节约的移动互联网。对接入网和骨干网的提速进行"两手抓"，实现"互联互通"，优化移动互联网整体质量。继续推进大众服务工作，积极发挥财政政策和资金扶持的引导作用，促进地方机构和社会群众的投资，统筹区域发展，加强对贫困地区移动互联网基础设施的建设扶持，保障中西部地区的快速追赶，以及农村地区的健康发展。

（四）营造创新环境，促进产业融合发展

强化对移动互联网产业的简政放权，对移动互联网产业发展放管结合，在优化服务和审慎监管制度上进行探索。减少多元市场主体进入的政策壁垒，打造平等进入的市场环境。注重对知识产权的保护，采取减免税收等财政政策鼓励企业加快研发和开发投入，在技术、业态、模式上实现移动互联网的创新，扩大移动互联网的应用范围和业务领域。发挥政府的宏观把控职能，实现产学研相结合，促进高校、科研机构以及移动互联网产业链的应用层、网络层、设备层企业，依托工业互联网产业联盟、IMT－2020（5G）推进组等互联网行业平台，共同开发移动互联网相关的技术标准、产业构架、设备规范与应用。加快推动移动互联网与工业互联网的融合，强化移动互联网与远程医疗、车联网等垂直行业的相互促进。

参考文献

彭本红、屠羽、鲍怡发：《移动互联网产业链的演化与治理——基于双重网络嵌入的视角》，《财经科学》2016年第6期。

武常岐、张竹：《中国移动互联网市场结构现状与发展态势分析》，《管理现代化》2015年第5期。

罗仲伟、任国良、焦豪、蔡宏波、许扬帆：《动态能力、技术范式转变与创新战

略——基于腾讯微信"整合"与"迭代"微创新的纵向案例分析》,《管理世界》2014年第 8 期。

孙耀吾、翟翌、顾荃:《服务主导逻辑下移动互联网创新网络主体耦合共轭与价值创造研究》,《中国工业经济》2013 年第 10 期。

韩钢、李随成、张建宏:《移动互联网浪潮下的智能手机消费分析》,《消费经济》2011 年第 4 期。

B.10
2017年我国移动互联网
核心技术创新进展

黄 伟[*]

摘 要： 当前移动互联网进入全新发展阶段，技术架构相对稳定，产业逻辑转向新技术储备和精细化运营。移动计算通信芯片、移动操作系统、移动传感芯片仍是技术创新重点领域，5G芯片、3D感知、人工智能与操作系统的融合等成为发展热点。此外，我国移动互联网技术产业发展已取得较大突破，智能终端、移动网络、移动应用服务等技术创新活跃，但核心基础软硬件技术水平仍有待提升，需加强研发布局，进一步增强我国核心技术国际竞争力。

关键词： 移动互联网 5G芯片 操作系统 移动传感芯片

一 2017年全球移动互联网核心技术热点

（一）移动互联网总体发展态势分析

1.移动互联网技术架构稳定，原生操作系统依然是技术主线

移动互联网自发展早期就形成云管端紧密耦合的技术架构体系，并成熟

---

* 黄伟，中国信息通信研究院两化所集成电路与软件部副主任，高级项目经理，从事智能终端、操作系统、智能传感、移动芯片等方面研究。

稳定升级多年。一是云侧技术基本延续自互联网，但数据资源更加多元化；传统互联网服务品类依然构成应用服务主体，基于位置及O2O（线上到线下）类是亮点所在。二是管侧技术形成3G/4G移动通信网络全局支撑和WiFi热点补充的格局，5G技术趋于成熟并逐步走向商用。三是端侧技术原生操作系统依然是主线，对上实现应用、对下统管硬件；x86（无内部互锁流水级的微处理器）和MIPS（Microprocessor without Interlocked Piped Stages）围绕硬件基础架构，以及HTML5围绕web平台和应用，分别引发技术架构的变革，但最终并未获得实质性进展，前者基本退出移动计算领域，后者融入原生操作系统中成为辅助技术。

2. 移动互联网浪潮仍在继续，进入全新发展阶段

一是规模持续领先，移动互联网产业规模超过12万亿元[①]，远超物联网、云计算、大数据、人工智能产业规模总和；全球智能机保有量超过28亿元，[②]仍是第一大入口级计算平台。二是空间依然广阔，移动互联网用户普及率仅为42.6%，新兴国家仍存在较大的人口红利；移动应用、移动流量未来仍将保持高速增长态势，应用及流量价值挖掘潜力增大。三是增长动力强劲，全球智能机出货稳步增长，智能穿戴、VR/AR等新型终端加速普及，根据高德纳咨询公司（Gartner）数据，2017年全球可穿戴设备出货超3亿台，增幅达到16.7%。[③]四是长期技术演进，计算通信、存储传感、输入输出器件革新和5G通信网络技术演进将带动终端、网络、应用等跨越发展。

3. 移动互联网产业逻辑转向新技术储备和精细化运营

一是产业格局趋稳，引领产业发展的核心智能终端产业格局趋于稳固，进入门槛大大提高，竞争全球化、白热化，行业洗牌加剧；移动应用创新与

---

① 根据中国信息通信研究院（CAICT）测算，为智能终端、移动网络流量营收和移动应用产业规模之和。

② 《2017年互联网趋势报告》，腾讯网，2017年6月1日。

③ 《Gartner：预计2017年全球可穿戴设备出货量达3.1亿台》，中文互联网数据资讯中心，2017年8月27日。

竞争已演变为巨头企业之间的竞争。二是融合创新加剧，智能机在物联网应用场景中扮演着控制中心角色；智能机中大量引入人工智能技术，如智能个人助理、增加电池续航、智能音频等，将成为人工智能最大平台；大数据、人工智能技术为实现智能化应用提供支撑。

4. 移动互联网技术被内化、影响在放大，杠杆效应推动产业价值裂变式增长

当一项技术被充分普及，它就被社会"内化"成理所当然的一部分，移动互联网已开始走向被内化阶段，成为人们生活工作中理所当然、不可或缺的组成部分。每一波技术创新浪潮都会催生新的行业，智能终端、宽带网络、移动应用跟传统行业的融合不断创造全新可能，催生出移动导航、移动游戏、移动打车、移动办公等各类丰富的应用服务。此外，移动互联网先后经历了三个阶段，第一个阶段是"生态重塑＋改变互联网格局"，创新个人移动、便捷接入、感知/摄像、位置服务、社交平台、移动支付、单易用等功能特性，提供 10 倍于台式电脑时代的机会。第二个阶段是"产业扩张＋重置传统领域"，移动互联网与更多生活生产领域融合，创新服务模式及产业形态。第三个阶段是"跨界＋细分＋智能＋挖潜更多价值"，行业界限更趋模糊，移动互联网产业价值持续放大。

5. 多元融合促进产业生态持续创新，技术演进仍蕴藏巨大变革

一是操作系统提供商和各软件应用服务提供商联合起来，实现应用层和业务层的数据共享和数据联动，如 iOS 开放 Siri，支持语音操作微信、优步（Uber）服务等，照片应用加入面部识别查找功能，运营商网络和移动应用生态的绑定。二是线下产品、品牌、社交元素与线上数据、平台、体验、价值融合，实现高效传递、精准挖掘，塑造新的商业形态。三是移动互联网演进仍蕴含较大的技术创新活力，其中延续性的技术升级包括工艺制程升级、架构革新、分辨率的提升、数据处理能力增强、传感器智能化等；颠覆性的技术变革包括与特定算法紧耦合的专用智能应用芯片、基于材料和器件创新的通信功率器件、可识别生物量的传感器、5G 芯片、人工智能芯片等。

（二）2017年全球移动互联网核心技术热点

1.移动芯片

（1）5G高频应用推动移动芯片变革

5G频谱包含6GHz以下低频段和6GHz以上高频段，高频应用推动移动芯片在设计、制造、封装等领域的系统性革新。设计方面，基带高速并行处理能力的要求大幅提升，5G带宽要求超过800M，工作频率达到1GHz左右，工作频率仅仅是采样率的2倍左右，对基带的高速并行处理能力提出更高的要求。制造工艺方面，半导体先进制程工艺需要持续的升级，以满足基带5G高速率和低功耗的需求，5G终端基带芯片有望升级到7纳米工艺节点，此外GaAs（砷化镓）、GaN（氮化镓）化合物半导体工艺、SAW（声表面波滤波器）、BAW（体声波滤波器）制造工艺等特色工艺亟待升级，5G毫米波高频通信还将推动基于射频CMOS（互补金属氧化物半导体）或锗硅（SiGe）等硅基集成工艺技术的发展。除了制造材料工艺的变革，封装同样面临新的挑战，射频器件封装用的PCB（印制电路板）由于高频段损耗的增大将改用高端陶瓷基板。

（2）英特尔和高通围绕5G终端基带展开竞赛

英特尔和高通围绕5G终端基带芯片加速产品研发。英特尔在2017年国际消费类电子产品展览会上发布了业界首款全球通用5G调制解调器，支持6GHz以下频段和毫米波频段，样品预计于2017年下半年推出；高通早在2016年就已推出支持28GHz毫米波频段的X50 5G基带芯片，并于2017年扩展到6GHz以下和多频段毫米波频谱，首批商用产品预计于2018年上半年推出。同时，两家巨头也在联手众多行业合作伙伴，加速5G新空口的试验和部署。英特尔推出了第三代5G移动试验平台，与行业领先的电信设备供应商、运营商及服务商合作加速5G商用落地；高通推出的毫米波频段X50 5G基带芯片主要配合韩国KT、美国Verizon等运营商的网络技术需求。

（3）移动芯片巨头加速向射频芯片拓展

目前射频前端主要被海外巨头垄断，其中Skyworks、Qorvo和博通合计占全球终端 PA（功率放大器）市场的份额超过 90%，村田、TDK 和太阳诱电（Taiyo Yuden）合计占全球 SAW（声表面波滤波器）市场的份额超过 80%，Broadcom 和 Qorvo 合计占全球 BAW（体声波滤波器）市场的份额超过 90%。目前高通、联发科等移动芯片巨头向基带 + 射频一体化方案延伸，加速向射频芯片横向拓展，有望抢食 Skyworks、Qorvo、博通、村田等射频巨头的市场，例如高通和日本 TDK 组建合资公司 RF360 Holdings 布局射频前端市场，联发科以 13 亿美元对台湾射频 PA 厂商络达进行 100% 股权收购。

（4）人工智能加速成为高端手机芯片的标配

移动终端将面临并解决智能感知、精准认知、安全系统、动力系统四大挑战，人工智能成为移动芯片性能升级的重要推动力。实时计算机视觉、低能耗增强现实和精确语言理解是端侧人工智能创新的三个重要方向，移动SoC（系统级芯片）通过升级异构性能或集成专用计算加速单元，提升神经网络处理能力。目前高通、三星等厂商主要是通过升级异构性能，推出基于CPU（中央处理器）+ GPU（图形处理器）+ DSP（数字信号处理）的移动异构计算平台，例如高通骁龙 835 移动芯片中的数字信号处理单元提升神经网络处理速度和能效分别至 CPU 的 8 倍和 24 倍，并且 DSP 与 ISP（图像信号处理）配合支持计算机视觉。华为、苹果主要是通过集成专用计算加速单元，华为海思麒麟 970 芯片为全球首款集成 NPU（嵌入式神经网络处理器）的手机 SoC（系统级芯片）芯片，其中 NPU 提升深度学习任务处理速度和能效分别至 CPU 的 25 倍和 50 倍，大幅提升人工智能性能；苹果也推出了集成专用神经引擎的 A11 芯片，支持快速人脸解锁，运算速度达到每秒 6000 亿次。

（5）VR/AR 对芯片图像处理能力提出更高要求

当前 VR（虚拟现实）、AR（增强现实）在技术上面临视觉、听觉、交互和续航四个方面的技术突破。移动终端基于异构系统级芯片，有助于实现VR/AR 任务的图形渲染、视觉处理和直观交互等功能，提供沉浸式体验。以高通骁龙 835 芯片为例，视觉处理主要是集成 GPU 支持实时动作图像渲染，支持超高清画质，听觉主要是借助定位音频、3D（三维）环绕声和噪声消除等技术，打造高保真音质，交互是精准预测六自由度信息和超快响应，机器学习辅助实现手势追踪和物体识别，续航则是采用 CPU + GPU + DSP 异构实现高效低功耗，支持 2 小时以上游戏时间。此外，VR/AR 与人工智能技术融合势头加剧，视觉处理芯片成为业界布局焦点。英特尔推出了视觉处理芯片 Movidius VPU（视觉处理单元），专为高速、低功耗、不牺牲精确度地运行基于深度学习的神经网络，让设备能够实时地看到、理解和响应周围环境。

2. 移动操作系统

（1）安卓和 iOS 在开放和封闭之间寻找平衡，安卓加紧碎片化管理，iOS 积极构建开放的应用开发环境

一是谷歌逐渐加强对安卓的控制权，以对抗碎片化和安全等问题。早在安卓 7.0 版本发布的时候，谷歌就发布了与之对应的安卓兼容性定义文档，对快充标准、安卓扩展（Android Extensions）、多窗口等进行一系列强制规范，后续又提出对安卓 7.1 后通知中心的强制整合要求。在 2017 年发布的安卓 8.0 版本同时，谷歌又推出了 Treble 计划，简化系统更新的推送流程，以解决安卓碎片化问题。二是苹果逐步放松对 iOS 的收紧政策，为开发者营造更加友好的生态环境，自 2014 年以来，苹果不断增加开放 API（应用程序编程接口）的数量，先后开放 Touch ID、相机、Core NFC、Music Kit 等多个 API，实现对第三方输入法、第三方安全软件等多项功能的支持，打破应用程序之间各自为政的局面，满足用户对个性化、差异化的需求，扩大和增加 iOS 应用生态和收益。

（2）AI 技术将成为手机操作系统发展的突破口

一是人工智能技术在手机操作系统中的应用日益广泛和深入，通过机器学习，重点提升系统的资源优化配置、系统流畅性以及人机交互能力。如 iOS 系统引入 AI 照片应用，可识别人脸、物体，并能对相册中的人物进行分类，可以识别 400 多种物体、5000 多种不同场景；引入人工智能编程框架 CoreML，通过引入本地机器学习和机器视觉框架，为开发者提供机器学

习 API。安卓系统应用了神经网络 API，该 API 专门为机器学习库框架而设计，提供机器学习的硬件加速。二是人工智能未来将更加注重场景分析能力和行为习惯的学习预测能力的提升。如苹果 Siri 学习能力持续提升，能够借助智能机器学习，主动判断用户接下来的动作以及可能用得上的功能，语调更加真实自然。安卓智能文本选择可智能检测何时选择地址或电话号码，然后自动将其应用于相应的应用程序；华为 EMUI 操作系统的智能资源调度可根据用户使用习惯动态配置软硬资源，对高频程序进行预载。

（3）灵活可支配和云端协同是智能硬件操作系统发展重点

相较于移动操作系统架构，智能硬件操作系统差异性主要体现在如下几方面。一是出现外围功能组件，功能组件从操作系统内核中独立出来，保留必需的功能模块，裁剪非必需以实现可伸缩性；二是面向设备互联产生协同框架，协同框架为互联的基础，分为设备发现、识别、通信协议、云端服务等；三是面向智能化产生智能引擎，应用智能引擎包含语音与语义识别、机器学习等功能模块。

3. 移动传感

（1）指纹识别成为用户体验提升与整机差异化的重要手段

在整机全面屏化的背景下，指纹识别技术的创新正成为实现整机设计突破与提升用户体验的关键钥匙，也是凸显智能手机差异化的关键技术，产业链中的企业均在寻求突破。自 iPhone（苹果手机）4S 推广开来的电容式指纹识别，帮助实现了智能手机上身份认证技术的跨越发展，但是由于识别距离限制（0.3mm 以内），电容式指纹识别无法实现屏下识别，从而限制了智能手机屏占比的提升。为此，众多产业链厂商开始探索多种类型替代方案。一类是光学指纹识别技术。其能够利用屏幕光或者将发光器件集成在屏幕中，在屏幕内实现指纹信息的采集与感知，从而进一步简化手机设计、突破现有产品形态，目前主导企业包括苹果、FPC、汇顶等。另一类是超声波指纹识别技术。其在电容式基础上，通过超声波技术进一步提升识别穿透力，实现隐藏式指纹识别。高通力推该技术，并在芯片层面予以支持，目前该技术已应用于多款手机产品。

（2）3D感知技术趋于成熟，AR关键技术门槛实现突破

3D感知技术的快速微型化、模块化，使其成功应用在智能终端上。当前，结构光技术是飞行时间质谱（TOF）、双目成像、结构光三大类技术中最先实现模组微型化的技术，同时在分辨率和成本、系统复杂度等方面具有平衡优势，并率先被苹果搭载在iPhone X上实现量产应用。3D感知技术为智能终端带来比传统面部识别、指纹识别更加安全可靠的身份认证方案，目前已经能够用于金融交易。除身份认证外，3D感知技术在手机上应用的更大意义在于，其为物理世界与虚拟世界的交互提供了一种更加高级的方式，标志着AR技术终端应用的关键技术门槛已经取得突破，未来AR应用的巨大潜力将会被释放。

二 2017年我国移动互联网核心技术创新进展

（一）我国移动互联网技术产业发展取得较大突破

在应用方面，"移动互联网+"快速推进，线上线下融合加速，移动电商全球领先，移动支付、共享单车等创造增长奇迹，应用消费时长及市场规模快速增加；移动应用与人工智能、大数据、云计算等的融合创新将开辟全新的发展阶段，由BATJ引领的龙头企业均在大力布局。在通信网络方面，华为在5G标准方面超越高通、爱立信等国际巨头，推出的Polar Code（极化码）方案成为5G控制信道eMBB（增强移动宽带）场景编码方案。澳大利亚运营商Optus已经与华为合作完成了5G网络测试，单用户下行速率超过35Gbps，超越9月同为澳大利亚运营商的澳电讯公司（Telstra）与爱立信合作测试所达到的10Gbps峰值。在智能终端方面，国产品牌全球出货量占比约为50%，TOP5厂商占据三席；本土市场出货量占比超过80%；小米智能穿戴全球领先，品牌影响力持续提升；移动芯片国产化率超过20%，技术水平与国际同步；显示屏、摄像头、PCB等快速发展；存储、传感快速补齐；终端整体配套能力不断增强。

（二）三大关键技术领域的国产化进展情况

1. 移动芯片技术创新进展

（1）我国终端基带芯片实现千兆级数据传输速率，多核技术产生新变革

一是载波聚合、高阶调制、MIMO（多输入多输出）等关键技术不断推动移动终端通信基带芯片快速升级，目前基带已达到下行 Cat. 18（网络接入等级为 18）、上行 Cat. 13 的通信标准。华为海思 2017 年 9 月推出麒麟 970，基带下行速率达到 1.2Gbps，比肩全球领先水平，成为首颗达到 Cat. 18/13 标准的 SoC 芯片产品。二是移动芯片核数之争以八核终结，多核异构计算效率正在不断提升。2017 年 Q2 我国八核智能机出货占据 67.3% 的份额①，十核智能机未能实现市场突破，以联发科 X30 为代表的十核高端芯片仅有魅族 PRO7/PRO7 Plus 手机采用。此外，移动芯片多核异构计算效率

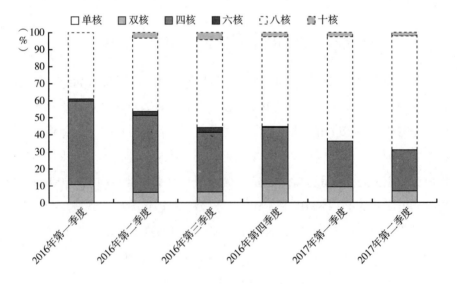

图1　我国移动芯片多核分布情况

资料来源：中国信息通信研究院统计数据。

---

① 中国信息通信研究院统计数据。

正在不断提升，ARM 在为适当的作业分配恰当处理器的 big. LITTLE 技术基础上推出了 DynamIQ，能够对单一计算丛集的大小核进行弹性配置和独立控制，可大幅提升多核异构计算效率。

（2）我国高度重视 5G 芯片的技术研发和应用，产业发展进入快车道

一是我国政府高度重视 5G 芯片的发展，"中国制造 2025"、"十三五"国家信息化规划、信息通信行业发展规划、国家科技重大专项等均对 5G 芯片的发展提供了良好的政策支撑环境。二是我国积极推动 5G 标准专利布局与产品研发，2016 年 9 月已顺利完成 5G 技术研发试验第一阶段测试，目前进入第二阶段系统验证测试阶段，具备在标准、芯片、终端、运营等全面抢跑的条件。三是国内与国际合作层次快速提升，5G 芯片巨头加大在华布局力度，如英特尔积极参与我国的 5G 研发测试试验，并与展讯合作推进 LTE 芯片平台的研发。

（3）我国企业和科研院所围绕 5G 芯片不断发力，积极布局拓展未来成长空间

海思、中兴、展讯、能讯半导体等国内企业都已开展 5G 芯片的研发，如海思借助华为 5G 网络设备的同步优势，积极展开支持 5G 技术的基带研发；中兴开展 Pre－5G 芯片平台的研发，并联合英特尔发布首个基于软件定义架构和网络功能虚拟化（SDN/NFV）的 5G 无线接入产品；展讯基于现场可编程门阵列（FPGA）的 5G 原型机 Pilot V1 已完成与华为对接，5G 商用基带芯片将于 2018 年推出；能讯半导体已发布 5G 基站侧氮化镓 PA，与国际先进水平基本同步。科研院所方面，中科院与广东省共建"5G 研究院"，投资 3000 万元部署 5G 基带和射频芯片产业化项目；多家军工科研院所均已开展 5G 高频器件研发，现已在 PA、滤波器等核心器件上取得重大突破。

（4）5G 芯片短板领域投资布局持续扩大，本土技术产业发展水平快速提升

国内集成电路不断完善的投融资环境为 5G 芯片的快速发展奠定了良好的基础，三安光电在国家集成电路产业投资基金的支持下，围绕砷化镓和氮化镓代工制造，大力开展微波通信器件技术研发、生产线建设与境内外并

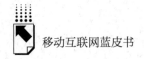

购。北京建广资产以 18 亿美元收购恩智浦旗下射频功率事业部的所有业务、管理团队及相关专利,获得了射频功率放大器件的设计、制造及封装技术。此外,目前国家、地方、企业联动的投融资生态仍处于快速发展当中,也有助于进一步加快我国 5G 芯片技术产业化进程。

2. 移动操作系统技术创新进展

(1) AliOS 强调云端一体化服务,打造跨终端智能协同平台

阿里升级操作系统战略,发布了全新的 AliOS(阿里操作系统)平台,打造面向手机、汽车、可穿戴设备、智能家居产品等的万物智能平台。其中智能车载终端成为阿里下一个重点布局的方向,手机市场安卓和 iOS 两大阵营的垄断优势令 AliOS 扩张市场举步维艰,阿里利用 AliOS 切入互联网汽车市场,迂回扩大市占率,目前 AliOS 已经被用于互联网汽车荣威 RX5 中。AliOS 几乎 100% 兼容 Android 应用生态,二者的差异性主要体现在终端平台与云端能力的对接上,这也是阿里的本土化优势所在。AliOS 的云应用开发框架(Cloud APP Framework,CAF)本身作为 AliOS 应用与系统交互的接口,同时聚合了端上以及云端服务能力,提供了场景化的模型和编程接口,支持无须安装即可使用以及按需加载的 Cloud APP,从而在冰箱、汽车、手机等不同的物联网设备上运行相同的移动应用,也可以将云端的语音识别、人脸识别等功能快速切入到移动应用中。

(2) 我国企业在轻量级 OS 领域应用较好

物联网操作系统大部分基于 Linux 进行定制开发,目前并没有一款成熟产品能够完全适应各类物联网应用,这对于新进入者而言较为有利。可承载交互类应用的产品以延续类 Android/iOS 架构为主;不承载交互类应用的产品,如手环、家居类等,多采用简单嵌入式 OS 平台。操作系统与云端结合趋势也为中国发展操作系统带来了有利条件,目前开发物联网操作系统的中国厂商都有互联网和云端的相关背景,如华为、阿里等。庆科 MiCO 与 AliOS 在家居领域发展较好,与底层硬件和家电厂商初步形成生态。如庆科已与 40 多家硬件厂商进行了合作,MiCO 兼容所有主流的微控制单元(MCU)平台。

3. 移动传感技术创新进展

我国移动 MEMS 传感器产业链完备，但普遍存在规模小、品类单一、技术落后等问题。一是目前国内 MEMS（微机电系统）产业链已形成从前端设计、研发、中试、制造到后端封测、系统集成的完整产业链条。其中包括敏芯微电子、矽睿、深迪半导体等设计企业；上海微技术工业研究院、苏州纳米所等科研院所；中芯国际、上海先进、华润上华等专业 MEMS 代工企业；华天科技、晶方科技、长电科技等传统半导体封测企业；华为、中兴、联想等系统集成应用商。二是国内厂商起步晚、产品种类单一、技术工艺落后。国内涉足移动消费电子领域的传感器厂商主要有苏州敏芯、北京水木智芯、苏州明皓传感、无锡美新和上海矽睿科技，除敏芯外的其他公司均成立于 2011 年以后。本土厂商主要聚焦于中低端市场的惯性、压力、磁力、陀螺仪等传感器产品。此外，传感器性能的稳定需要大批量、长时间设计与生产的磨合，相较 ST、Knowles、AKM 等国际大厂商，国内厂商市场接受程度明显偏低，进而限制了技术工艺的升级演进，不利于形成制造成本的规模效应。

三 未来我国移动互联网核心技术升级展望

（一）移动芯片

1. 集成电路固有的"两端在外"问题在5G 时代将更为凸显

一是我国基带、射频等关键芯片设计企业的产品主要在海外或外资企业加工，不仅面临频率和功率的禁运限制，而且因产能制约影响规模量产。二是国内制造产业链配套上下游产业能力不足。SAW 滤波器材料方面，国内的钽酸锂、铌酸锂晶片供应的品质和产能与日本优势企业相比存在较大差距；封装材料方面，高端陶瓷基板材料仍依赖于进口。三是国内芯片制造企业以中低端产品代工为主，利润率低且工艺升级步伐缓慢，国内 5G 芯片缺乏成熟的商用工艺支撑，无法满足国内设计企业的需求；国内 GaAs 和 GaN

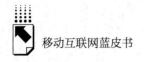
生产线主要面向军工，成本高、产能低；SOI（绝缘体上的硅）工艺方面，国内仍处于起步阶段，中芯国际、华虹宏力、华润上华的SOI工艺成熟度与国际先进水平相比存在明显差距。此外，国内仍没有成熟的商用或军用SiGe生产线，国外代工存在应用场景和性能的限制。

2.构建包含IP、材料、芯片、终端、系统等在内的5G整体产业生态体系，推进国内5G芯片产品规模应用

一是建议国家、地方政府、企业和科研院所加大政策和资金投入力度，重点布局5G芯片关键材料、工艺模型、电路设计工具、先进封装测试等基础共性技术，在我国5G技术研发与验证的开放环境下，持续积累5G芯片技术专利。二是紧密结合5G的需求，汇聚运营商、设备制造企业及科研院所等创新链和材料、芯片、终端、系统等产业链各方力量，推动国产5G芯片的规模化应用。

（二）移动操作系统

强化移动操作系统协同创新能力，打造泛在生态。一是推进软硬协同创新，强化与硬件厂商的合作，通过软硬整合，提升操作系统硬件调度效率等性能，打造品牌差异化亮点，同时联合产业合作伙伴加快生态建设；二是大力布局泛终端，强化操作系统跨平台能力，加强操作系统与云端的协同能力，面向智能车载终端、可穿戴设备、智能家居设备等打造统一的互联平台；三是加强与人工智能技术紧耦合，提升研发语音交互、图像识别等相关智能技术水平，开发面向移动终端的人工智能引擎、框架等产品，增强场景分析能力和行为习惯的学习预测能力等。

（三）移动传感芯片

1.大力开展核心技术攻关

支持本土企业开展设计、制造、封装工艺技术研发，从基础技术层面提升产品核心竞争力，同时积极布局面向未来的传感器前沿技术，逐步构建高水准技术创新体系。从细分环节来看，设计方面，重点攻关模拟仿真、信号

处理、EDA（电子设计自动化）工具、软件算法、MEMS 与 IC（集成电路）联合设计等核心技术；制造方面，突破核心硅基 MEMS 加工、与 IC 集成等技术，提升工艺一致性水平，探索柔性制造模式；封测方面，推动器件级、晶圆级封装和系统级测试技术，鼓励企业研发个性、大规模、高可靠测试设备。此外，鼓励企业探索面向未来发展的新型传感器制造技术、集成技术、智能化技术等。

2. 积极推动产业链协同升级

一方面，积极提升本土 MEMS 传感器产业配套能力。推动 MEMS 机构设计与验证、MEMS + ASIC（微机电系统 + 专用集成电路）协同设计、不同类型传感器分析软件工具研发；推动传感器数据融合、数据处理专用集成电路集成，以及平面集成、3D 集成产品的研发与产业化；推动传感器制备核心装备的技术研发与产业化；推动满足大规模、高精度的测试设备的研发及产业化。另一方面，统筹产业链上下游资源，强化产业链上下游合作，增强产业协同发展能力。鼓励上游材料与设计、中试、制造、封测协同攻关，集中力量突破基于新材料、新结构、新原理的新型传感器；支持国内设计、中试、制造企业建立紧密合作关系，加速新设计、新工艺导入、缩短产品转化周期；鼓励下游大型集成应用厂商、计算通信厂商通过商业合作、投资入股、整合并购等方式积极参与上游传感器的研发与制造，提升传感器集成化、智能化水平。

参考文献

徐琳然：《新商业时代：移动互联网时代的场景革命》，浙江大学出版社，2016。

曾响铃：《移动互联网 +：新常态下的商业机会》，电子工业出版社，2016。

郑凤：《移动互联网技术架构及其发展》，人民邮电出版社，2015。

中国信息通信研究院：《移动智能终端暨智能硬件白皮书（2017 年）》，2017。

B.11
2017年中国移动应用发展现状及趋势分析

胡修昊*

摘　要：　2017年，我国移动应用市场发展迅速，在全球移动应用市场占据领先地位，移动用户规模趋于稳定。在细分市场中，微信、微博等应用拓宽服务边界，共享经济、手游、短视频等市场趋势兴起，同时应用研发、分发、营销等服务不断完善。移动应用垂直领域管理愈加规范，移动应用安全市场机遇与挑战共存。在人工智能、5G等创新技术推动下，我国移动应用市场空间将不断增大。

关键词：　移动应用　应用分发　应用安全

一　中国移动应用市场发展概况

（一）中国移动应用市场平稳发展，趋于成熟

1. 中国移动应用市场规模稳定增长

在移动互联网稳定发展的环境下，中国移动应用市场迈向成熟期。现阶段我国移动应用数量稳定增长。工信部数据显示，截至2017年12月

＊　胡修昊，DCCI互联网数据研究中心资深研究员，长期关注TMT产业，重点研究社交、电商及人工智能、智能设备领域。

底，我国市场共监测到 403 万款移动应用，仅 12 月我国第三方应用商店与苹果应用商店中新增 18.2 万款移动应用，其中我国第三方应用商店移动应用数量超过 236 万款，苹果应用商店（中国区）移动应用数量超过 172 万款①。随着应用数量增长及产品服务优化，我国移动应用市场规模也呈增长趋势，数据显示，2017 年我国移动应用市场规模达 7865 亿元（见图 1）。

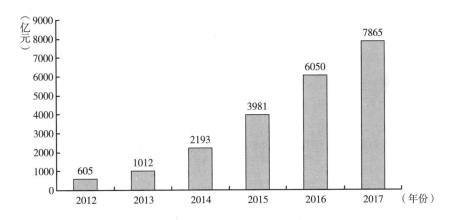

图 1　2012～2017 年中国移动应用市场规模

资料来源：DCCI 互联网数据研究中心。

2. 移动应用人口红利逐渐消失，用户增速放缓

经历用户规模快速增长后，我国移动网民人口红利逐渐消失，移动网民规模增速放缓。整体来看，我国手机网民规模呈稳定增长趋势，CNNIC 数据显示，截至 2017 年 12 月，我国手机网民达 7.5 亿人，较 2016 年底增加 5734 万人，网民使用手机上网的比例由 2016 年底的 95.1% 提升至 97.5%，但我国手机网民规模增速逐年放缓，2017 年不足 10%。

---

① 中华人民共和国工业和信息化部：《2017 年互联网和相关服务业快速增长》，http://www.miit.gov.cn/n1146285/n1146352/n3054355/n3057511/n3057518/c6043561/content.html，2018 年 1 月 31 日。

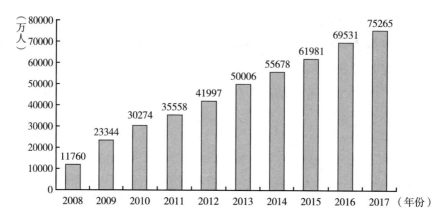

图2　2008～2017年中国手机网民规模

资料来源：CNNIC。

（二）中国移动应用市场特色化发展，在全球市场中占据重要地位

1. 中国移动应用市场领先全球

从应用数量和下载量来看，全球移动应用市场发展迅速。APP Annie统计数据显示，2017年Google Play和iOS应用商店中APP数量超过600万款，全球APP下载量突破1750亿次，较2015年增长60%。同时，在发展迅速的智能终端市场与庞大规模的移动用户推动下，中国移动应用市场在全球占据领先地位。在国民经济迅速增长的环境下，我国移动互联网软硬件技术水平不断提高，BAT及小米、华为等领先企业不断增强自主研发能力，同时，我国应用市场使用场景丰富，用户对移动应用的需求较大。根据APP Annie统计数据显示，中国移动应用市场在全球APP下载量中排名第一，较2015年增长125%，其后依次为印度、美国、巴西、俄罗斯。①

2. 中美移动应用市场各有优劣

中国和美国依然是全球移动应用发展的主要市场，其中，美国移动应用市场起步早，中国移动应用市场发展快。APP Annie数据显示，2017年全球

---

① APP Annie：《2017年应用经济回顾报告》，2018年1月18日。

应用商店的消费额超过860亿美元，中国和美国应用商店的消费总额领先日本、韩国、英国及其他国家，同时，全球应用下载量排名与手机综合月活跃用户数排名TOP10的移动应用均属中国和美国（见表1）。[①]

表1　2017年全球应用下载量与手机综合月活跃用户数TOP10 APP

2017年全球iOS与Google Play 综合下载量排名			2017年全球iPhone和Android手机 综合月活跃用户数排名		
排名	APP名称	国家	排名	APP名称	国家
1	Facebook Messenger	美国	1	Facebook	美国
2	Facebook	美国	2	WhatsAPP Messenger	美国
3	WhatsAPP Messenger	美国	3	微信	中国
4	Instagram	美国	4	Facebook Messenger	美国
5	Snapchat	美国	5	QQ	中国
6	UC浏览器	中国	6	Instgram	美国
7	SHEARit	中国	7	淘宝	中国
8	Uber	美国	8	支付宝	中国
9	YouTube	美国	9	WiFi万能钥匙	中国
10	imo	中国	10	腾讯视频	中国

资料来源：APP Annie。

美国应用市场发展周期较长，产业成熟，成为众多企业模仿学习的对象，但随着中国应用市场的快速发展，我国应用产品逐渐摆脱借鉴学习的阶段，产品创新逐渐增多，甚至成为他人模仿学习的对象。对比中美应用市场，相同类型产品功能及市场呈现明显差异，如，WhatsAPP更专注社交聊天，产品小而美，微信功能多样，产品大而全；Twitter社交属性更强，微博媒体属性更强；支付宝、微信支付等移动支付APP功能丰富，在中国市场发展迅速，而美国移动支付APP市场发展相对缓慢；ofo、摩拜等共享单车开创无桩模式，走出国门扩展至亚洲及欧美国家，无桩模式也被外国许多企业学习借鉴。整体来看，中美国两国应用市场的差异主要源于国情及国民行

---

① APP Annie：《2017年应用经济回顾报告》，2018年1月18日。

为习惯，在全球应用发展的过程中，中国应用市场逐渐走上特色化发展之路。

二 中国移动应用市场管理

（一）政策环境利好，垂直应用市场愈加规范

随着移动应用市场的稳定发展，移动应用管理措施逐渐完善。由于移动应用服务与移动互联网紧密联系，移动应用市场的管理政策与移动互联网及互联网的管理政策（尤其是在垂直领域方面）高度并行。2017 年，从应用开发、测试、上线到运营、管理，市场参与者逐渐增多，中国移动应用产业结构更加清晰，各主体责任更加明确，其中应用服务运营平台成为移动应用市场的主要监管对象。

1. 政府鼓励应用市场创新发展，推动落实应用商店管理

我国鼓励移动互联网创新发展，中国移动应用市场政策环境利好。2017 年 1 月 15 日，中共中央办公厅、国务院办公厅发布《关于促进移动互联网健康有序发展的意见》指出，鼓励移动互联网领先技术和创新应用先行先试，扶持基于移动互联网技术的创新创业，积极扶持各类中小微企业发展移动互联网新技术、新应用、新业务，打造移动互联网协同创新平台和新型孵化器，并积极扶持各类正能量账号和应用。

继 2016 年底工信部发布《移动智能终端应用软件预置和分发管理暂行规定》后，政府逐渐落实相关管理政策，加大对移动应用分发渠道（主要是应用商店）的管控力度。2017 年 1 月 16 日，国家网信办发布《关于开展互联网应用商店备案工作的通知》，要求各省、自治区、直辖市互联网信息办公室自 1 月 16 日起，正式启动互联网应用商店备案工作，其中突出"三个申请"：一是应用商店业务运营需申请备案；二是应用商店备案事项变更需申请变更备案；三是应用商店停止服务需申请注销备案，其主要目的是加大对移动应用的上架审核力度，督促应用商店相关企业落实主体责任。

2. 社交类、新闻类及共享单车类应用运营管理细则陆续出台

新闻信息与社群管理成为互联网市场管理重点领域，其中涉及社交类与新闻类应用（见表2）。2017年涉及社交类与新闻类应用的法律法规有《互联网新闻信息服务管理规定》《互联网论坛社区服务管理规定》《互联网跟帖评论服务管理规定》等，同时，新兴的共享单车市场监管引发热议，共享单车市场监管措施陆续发布。

表2　2017年垂直领域移动应用服务相关政策（不完全统计）

时间	法律法规	主要涉及应用类型
2017/1/13	《关于开展互联网应用商店备案工作的通知》	应用商店
2017/1/15	《关于促进移动互联网健康有序发展的意见》	全部
2017/5/2	《互联网新闻信息服务管理规定》	社交、直播、新闻媒体
2017/5/2	《网络产品和服务安全审查办法（试行）》	全部
2017/5/22	《互联网新闻信息服务许可管理实施细则》	社交、直播、新闻媒体
2017/8/1	《关于鼓励和规范互联网租赁自行车发展的指导意见》	共享单车
2017/8/25	《互联网论坛社区服务管理规定》	社交
2017/8/25	《互联网跟帖评论服务管理规定》	社交、直播、视频、新闻媒体
2017/9/7	《互联网用户公众账号信息服务管理规定》	社交、直播、视频、音频、新闻媒体
2017/9/7	《互联网群组信息服务管理规定》	社交
2017/10/30	《互联网新闻信息服务新技术新应用安全评估管理规定》	社交、直播、视频、新闻媒体
2017/10/30	《互联网新闻信息服务单位内容管理从业人员管理办法》	社交、直播、视频、新闻媒体

（二）政府加大监管力度，企业提升责任意识

1. 政府迅速推行管理政策，加大执法力度

随着管理政策的出台，各地政府部门立即加强对应用服务运营平台的管理，其中2017年政府重点监管直播类、新闻类等应用企业。在直播方面，各级网信部门关闭"红杏直播""蜜桃秀"等一批传播淫秽色情信息的直播应用；2017年2月，上海市网信办约谈熊猫直播、全民直播，并要

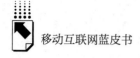

求全面整改。同时，2017年北京网信办也曾多次约谈搜狐、网易、凤凰、腾讯、百度、今日头条、一点资讯等企业相关负责人，封停多家平台中的违规企业账号（微信公众号、头条号等），违规视听节目服务也被关停或整顿。

2. 企业建立自律公约，提升责任意识，规范市场行为

随着移动应用市场的稳定，领先企业愈加重视市场管理。2017年11月7日，中国互联网协会发布《移动智能终端应用软件分发服务自律公约》（以下简称《公约》），国内腾讯、华为、阿里、小米、百度等16家企业共同签署。《公约》涵盖应用下载、安装、升级、卸载的过程，明确用户权益保障与公平竞争细则，致力于推动应用软件分发市场的繁荣与创新发展。

三　中国移动应用市场发展特征

（一）中国移动应用产品多样化发展，丰富大众数字化生活

1. 即时通信、网络新闻、移动搜索应用仍是流量主要入口

从用户规模来看，即时通信、网络新闻与移动搜索应用依然领先于其他应用。CNNIC数据显示，即时通信、网络新闻及移动搜索应用用户规模最大，其中即时通信用户规模最高，达6.9亿。同时，2017年手机应用用户规模继续增长，手机网上订外卖应用用户规模增长最快，达66.2%（见图3）。

2. 移动应用多样化、垂直化，应用服务愈加贴近生活

随着网络服务不断深化，移动应用类型更加丰富，产品定位更加聚焦。微信、支付宝等主流应用发展稳定，占据庞大的市场份额。众多创业企业或挖掘新类型的应用服务，或聚焦特色化、垂直化服务。在移动应用成熟化发展的情况下，移动应用研发成本逐渐降低，垂直应用服务逐渐增多，如轻聊应用"TIM"、周杰伦"地表最强"演唱会同名应用、覆盖司法政务的浙江智慧法院应用、儿童疫苗管理应用服务等，更专注于解决垂直领域的服务难

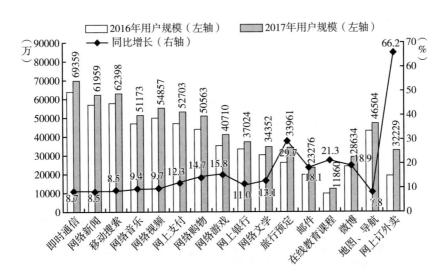

图3 2016～2017年中国网民各类手机应用用户规模及增长状况

资料来源：CNNIC。

题。我国移动应用服务愈加全面，这种丰富、多样化的应用市场也促使大众生活、工作更加便利。

（二）企业不断探索服务模式，新型应用趋势兴起

1. 主流应用平台深挖平台服务模式

微信、微博、支付宝等主流应用程序用户规模不断增长，并不断拓宽服务边界。以微信为例，2017年微信月活跃用户达9.8亿，比上年同期增长15.8%[1]，同时，2017年初微信上线"小程序"，实现覆盖200余个细分行业[2]，加强用户与低频应用的链接，5月还上线"搜一搜""看一看"，逐渐加强内容搜索服务。现阶段主流应用平台更专注于提升用户体验，深挖现存用户价值，提升用户留存率与ARPU（每用户平均收入）。

2. 共享经济、手游等应用市场发展迅速

2017年以共享单车、共享充电宝为代表的共享应用市场爆发，其中移

---

[1] 参见《腾讯：2017年第三季度财报数据》，其中月活跃用户为微信和WeChat合并数据。

[2] 《微信开放平台基础部：2017腾讯全球合作伙伴大会披露数据》，2017年11月9日。

动应用成为用户使用共享单车、充电宝等服务的主要入口（见图4）。
CNNIC数据显示，共享单车用户增长迅速，2017年6~12月，共享单车用
户在半年时间内增长1.15亿，同时，共享充电宝用户达0.97亿[1]，小电、
来电、街电等迅速跑马圈地，腾讯、阿里、小米、美团等通过投资并购或战
略合作的方式也进入市场。此外，2017年王者荣耀等MOBA（多人在线战
术竞技游戏）及绝地求生类手游发展迅速，12月底腾讯开放的小游戏成为
手机游戏新形态。

图4 中国共享单车产业链

资料来源：DCCI互联网数据研究中心。

3. 内容市场发展迅速，资源争夺激烈

在产品寻求差异化的过程中，头部内容成为新闻、音频、视频、直播等
多类应用的核心竞争力，针对内容的市场竞争十分激烈，各应用平台逐渐强
化内容布局。以微博为例，2017年，微博推出垂直MCN[2]计划，在与一直

---

[1] 中国互联网络信息中心：《第41次中国互联网络发展状况统计报告》，http：//www.cnnic.
net.cn/hlwfzyj/hlwxzbg/hlwtjbg/201801/P020180131509544165973.pdf，2018年1月31日。
[2] MCN：Multi-Channel Network，即多渠道网络，此处指内容生产与传播网络。

播、秒拍等视频平台合作的基础上，与NBA、英雄联盟等IP版权方合作，微博头部用户不断增长，数据显示，截至2017年11月，微博在53个垂直领域中与1200家MCN机构展开深度合作，微博全站头部用户规模达41.8万，较上年增长23%，其中，大V用户达2.5万，较上年增长67%。[①] 此外，版权市场竞争激烈，网易云音乐因版权归属问题被起诉并下架多首歌曲，同时腾讯音乐与阿里就音乐授权达成战略合作。

四　中国移动应用研发、营销与渠道分发

（一）移动应用平台研发工具升级，营销解决方案不断完善

1. 移动研发工具愈加普遍，应用研发市场迅速发展

我国移动应用需求不断增加，研发市场迅速发展，其中移动开发者收入不断增长。APP Annie的统计数据显示，2017年iOS操作系统的应用程序和游戏的开发人员收入达到265亿美元，比2016年增长30%。[②] 随着移动应用开发需求的增长，移动开发工具不断丰富、优化，现阶段移动开发工具能够覆盖编程、测试、UI、数据分析等整个研发过程，可提供多种模板或基于需求完成定制化服务。同时模块化的开发工具降低移动应用开发成本，加速市场发展。此外，云服务在移动应用开发和运营市场中逐渐发挥作用，云计算平台为移动应用提供存储、计算、推荐等多种服务，降低应用研发门槛。

2. 创新技术驱动移动营销更加精准

在大数据与人工智能技术的帮助下，移动应用营销解决方案不断优化。现阶段，广告收入成为应用平台盈利来源之一，随着程序化购买市场的快速发展，智能化移动营销方案不断提升移动应用平台营销价值。2017年，依赖用户画像、使用行为等定位用户特征的标签式营销策略得以改变，主流移

① 《微博：2017年"V影响力峰会"微博官方公布数据》，2017年12月5日。
② APP Annie：《2017年应用经济回顾报告》，2018年1月18日。

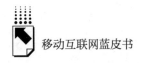

动营销平台开始通过融合人工智能技术，结合更丰富维度的数据，提升机器识别用户能力，动态匹配内容，并实时追踪优化营销方案。此外，人工智能还可应用于语音互动广告、广告效果预测中，丰富广告内容形式，提升移动应用营销效率。

（二）移动应用商店升级服务，应用分发市场竞争激烈

1. 应用商店转型升级，提供用户需求解决方案

2017 年主流应用商店稳定发展，不断创新服务方式。应用商店是我国移动应用主要分发渠道，2017 年应用宝中不局限于搜索 APP 关键字进行服务，可基于用户使用 APP 的目的与需求（如 P 图、理财等），提供相关类型应用推荐或相关内容资讯服务，辅助用户下载与使用应用的决策；360 手机助手2017 年也推出个性分发服务，为不同标签用户定制 APP 推荐计划。随着人口红利消失，用户获取难度增大，应用商店深挖用户需求与平台价值，提升应用商店服务体验。

2. 终端厂商与第三方应用商店服务商竞争激烈

第三方应用商店与移动终端应用商店是市场主要参与者，双方竞争趋于白热化。为争夺应用市场流量重要入口，领先企业抢先布局矩阵，如阿里整合豌豆荚、PP 助手、UC 应用商店、神马搜索等，构建应用分发矩阵。同时，终端厂商与第三方应用商店服务商冲突不断，VIVO 与应用宝、OPPO 与腾讯手机管家、小米与 360 手机助手，2017 年应用商店就"不正当竞争"行为多次产生纠纷。

五 中国移动应用安全发展状况

（一）移动应用安全防护愈加重要，移动应用安全面临新挑战

1. 移动应用市场发展与威胁并存

现阶段，恶意程序滋生，移动应用遭受攻击成为常态，其中涉及恶意锁

屏勒索、强行捆绑推广其他应用软件、恶意扣费、传播色情内容、盗版仿冒其他应用、未经用户同意收集与使用用户个人信息等问题，严重威胁移动互联网市场健康发展。谷歌对外公布数据显示，2017年Google Play Store共计移除70万款恶意应用，下架应用数量较2016年增加70%。[①] 我国工信部数据显示，2017年第三季度接到不良手机应用有效举报共192049件次，下架处理966款问题应用。随着网络灰黑产业的发展，移动应用市场安全面临巨大威胁。

2. 当前安全环境对移动安全防护技术要求越来越高

随着应用服务创新升级，移动应用恶意攻击方式趋于多样化。现阶段移动应用本身存在多个漏洞，需要不断升级完善，而且由于安全开发意识不强，移动应用开发者开始成为攻击对象，即在应用开发阶段植入恶意代码等，从研发源头控制应用。在恶意攻击逐渐组织化、产业化的同时，人工智能等技术开始被用于网络犯罪，不法者不断提升恶意攻击能力，移动安全防护技术面临挑战。此外，小程序也成为恶意攻击对象，多种外挂程序迅速出现在市场中。

（二）隐私泄露问题亟须解决，移动应用信息安全引发各方重视

1. 用户隐私成为移动应用安全防护重点

数据与隐私安全是网络安全重要的组成部分，移动应用安全成为保护行为数据与个人隐私的重要战场。现阶段，移动应用获取用户隐私权限现象普遍存在，其中"核心隐私权限"包括获取位置信息、读取手机号、读取短信记录及通话记录等，"重要隐私权限"包括打开摄像头、使用话筒录音、发送短信、发送彩信、拨打电话等，"普通隐私权限"则包括打开WiFi开关、打开蓝牙开关、获取设备信息、打开数据网络等。相关数据显示（见图5），2017年第三季度98.5%的Android应用能够获取用户隐私权限，较2017年第一季度增长1.9个百分点。

---

① 《谷歌：对外公布数据》，http://tech.sina.com.cn/it/2018 - 01 - 31/doc - ifyrcsrv9245899.shtml，2018年1月30日。

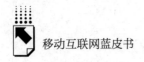

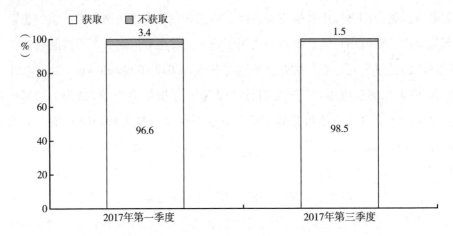

图5 2017年Android应用获取用户手机隐私权限比例

资料来源：DCCI互联网数据研究中心。

2. 政府、企业与个人共同维护移动应用市场安全

移动应用安全面临诸多挑战，市场参与者需时刻警惕。网络安全成为我国重要的发展战略，其中随着管理政策的完善，移动应用安全也成为重要的监管对象。现阶段政府部门对应用市场监管仍以治理恶意程序为主，对移动应用研发环节监管不足，应用开发安全标准不统一。企业缺少对应用安全的风控，尤其中小企业缺乏资金投入，同时，市场缺少专业的第三方安全监测技术平台。此外，用户个人防护意识有待增强，多数用户缺少对应用平台获取隐私权限的清晰认知，如何养成正确的使用习惯成为社会各界亟须解决的问题。

六 中国移动应用市场发展趋势

（一）技术：加深与5G、人工智能、NFC等创新技术的融合

随着5G、人工智能、NFC等创新技术的发展，移动应用服务更加智能化。加速到来的5G网络和NFC将提升移动通信和近场通信能力，推动物联

网等产业快速发展，提升移动智能终端服务能力，移动应用或将成为新兴服务市场的重要入口。同时，人工智能技术创新应用服务方式，提供智能搜索、人脸识别、疾病检测、拍照答题、语音交互等多种服务，推动应用服务更加智能化。未来在网络速度提升与物联网、人工智能等新兴市场崛起的背景下，移动应用市场空间将更大。

（二）服务：应用产品加速创新，服务范畴不断扩大

随着技术创新与产品迭代，我国移动应用服务体验将不断提升。主流应用平台将寻求个性化发展，做深服务，如微信2017年推出"搜一搜"，满足搜索应用平台内部内容的需求。同时，移动应用未来发展空间更多的是在垂直领域市场，或是共享经济、生物科技等新领域市场，或是抖音等差异化的产品，其中应用市场已开始延伸至商务办公等场景，企业级应用与微应用服务将不断提升用户体验。未来我国还将拓展移动应用安全服务，移动应用开发安全与平台运营安全解决方案会愈加重要。

（三）市场：市场资源整合，中国企业加速拓宽海外市场

互联网巨头在应用市场占据渠道和资源优势，将不断通过投融资的方式布局各垂直领域。同时各垂直领域企业将加强与传统企业或其他互联网企业的合作，构建产业生态，增强市场竞争力。此外，随着中国移动互联网市场的迅速发展，国内越来越多的创新应用走出国门，进入全球市场，2017年ofo、摩拜等共享单车应用进入欧美部分城市提供单车服务，便捷的支付宝等移动支付工具受到外国友人的广泛认可。

（四）安全：政府、企业及个人共同协作，维护健康市场环境

移动市场安全需要产业所有参与者的共同协作，其中政府将规范市场运作，加强应用分发渠道管理，完善移动应用犯罪立案与追踪机制，加大打击违法犯罪行为力度；企业在实践中不断探索安全管理方式，落实监督管理职责，加大应用安全防护投入，优化安全预警、防护及应用机制，并提升综合

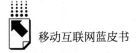
运用大数据与人工智能技术的能力；通过新闻媒体或线下传播渠道，加强移动应用安全防范教育，逐渐增强用户防范意识，增进用户对隐私权限的认知，谨慎对待隐私权限获取行为，自觉维护自身权益，同时移动开发者也将提升安全开发意识，规范开发行为。

参考文献

梁云杰：《移动互联网手机应用安全分析》，载于《网络安全技术与应用》，北京大学出版社，2017。

姚戈、史冠中、王淑华：《大数据时代科技期刊 APP 应用分析及媒体融合发展探讨》，载于《科技与出版》，清华大学出版社，2017。

B.12
进入存量竞争时代的智能手机产业

张睿 于力 魏然*

摘 要： 2017年第四季度全球智能手机市场出货量历史第一次出现下滑，品牌集中度持续升级。国产品牌在海外市场扩张成果显著。全面屏、人工智能技术等在智能手机上的应用成为卖点。虽然人工智能技术的应用未真正成熟，但已成为终端厂家研究和竞争的重要着力点。未来在5G超高速率支持下，人工智能技术与智能手机的深度融合、物联网应用等或将催生智能手机新的业务场景，带来新的增长点。

关键词： 智能手机 出货量 全面屏 人工智能

一 2017年中国智能手机市场发展情况

（一）2017年第四季度全球智能手机出货量首次下滑

智能手机作为移动互联网的载体，经过近十年爆发式增长和快速普及之后，市场逐渐饱和，2017年出货量结束了高速增长，几家著名的调研机构公布的智能手机增长数据在2017年第四季度都是负增长。

---

* 张睿，中国信息通信研究院泰尔终端实验室副总工程师，电子工程硕士，高级工程师，主要从事移动通信和无线电测试和计量研究、认证认可研究；于力，泰尔终端实验室市场营销部副主任，长期关注物联网测试领域；魏然，泰尔终端实验室副主任，长期关注智能终端测试领域。

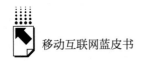
国际知名调研机构 Gartner 公布的 2017 年第四季度全球手机销量数据显示，全球智能手机总销量为 4.08 亿部，相比 2016 年同期下降 5.6%①——这是自 2004 年 Gartner 开始监控全球手机销量至今十余年里，手机销量首次出现下滑。

从出货量来看，国际数据公司（IDC）发布的手机季度跟踪报告显示，2017 年第四季度，手机出货量同比下降约为 6.3%，2017 年全年，全球智能手机出货量 14.72 亿台，比 2016 年下降不到 1%②。

在国内市场方面，来自中国信息通信研究院的数据显示，2017 年国内手机市场出货量 4.91 亿部，同比下降 12.3%，尤其是 2017 年第四季度，出货量同比下降 22.5%③。

在负增长来临之前，中国智能手机市场已呈放缓之势，4G 手机升级浪潮退去、性能提升带来的刚性换机需求走弱以及革命性创新缺乏，使得消费者换机的动能不足，这是国内市场出货结束两年来增长趋势的原因。这样的势头在 2018 年可能仍将延续，受库存积压以及农历新年等因素影响，第一季度中国智能手机市场需求同样疲软，据中国信息通信研究院的数据，2018 年 1 月，国内智能手机出货量为 3628.2 万部，同比下降 19.4%。2018 年对于智能手机市场仍将是"艰难的"一年。

但从价格趋势来看，2017 年国内市场上智能手机均价与 2016 年相比上涨近 20%。消费者关注重点逐步由硬件、配置向品牌、体验方向转移，国产品牌手机价格处于不断跃升之中，3000~4000 元的国产品牌智能手机出货量同比增长 74.9%，占比由 2016 年的 80.2% 升至 85.6%；4000 元以上的国产品牌智能手机出货量同比增长 170.8%，占比由 2016 年的 4.9% 升至 12.7%④。同

---

① 《2017 年第四季度全球手机销售额下降 5.6% 为近 10 年来首次下滑》，http://www.sohu.com/a/224548984_119916，2018 年 2 月 2 日。

② 《IDC：2017 年全球智能手机出货 14.72 亿台》，http://www.esmchina.com/news/article/201802021423，2018 年 2 月 2 日。

③ 《2017 年国内手机市场运行情况及发展趋势分析》，http://www.caict.ac.cn/kxyj/qwfb/qwsj/201803/P020180302390900546187.pdf，2018 年 3 月 23 日。

④ 数据来自中国信息通信研究院。

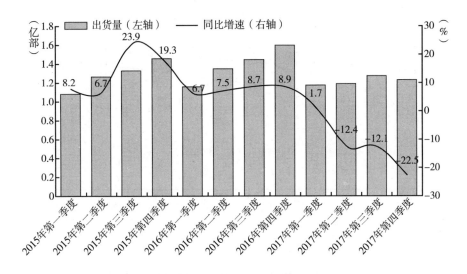

图1 2015～2017年国内手机市场出货量及同比增速

资料来源：中国信息通信研究院。

时，调研机构GfK预计，2018年中国手机市场全年零售量为4.49亿台，虽同比下降4%，但中国手机市场全年零售额为1.09万亿元，同比增长7.1%，2018年度智能手机均价将突破2500元，产品结构会继续迭代升级。

（二）手机品牌市场集中度持续升级

市场进入存量竞争时代，竞争日趋激烈，手机品牌市场集中度持续升级。根据2017年各手机厂商面向国内市场的出货量统计，TOP5合计份额达到71.3%，较2016年的56.2%提高了15.1个百分点[①]，进一步扩大与二、三线手机品牌的领先优势，中小企业面临更为严峻的竞争形势。

市场研究机构GfK更是用"T"形市场格局来形容品牌的进一步集中。TOP5品牌继续扩张产品线，高、中、低价位全线洗牌；TOP6～10品牌空间大幅压缩，规模受限；小品牌产品与消费者形成断层，渠道难以渗透，市场

---

① 《2017年国内手机市场运行情况及发展趋势分析》，http：//www.caict.ac.cn/kxyj/qwfb/qwsj/201803/P020180302390900546187.pdf，2018年3月2日。

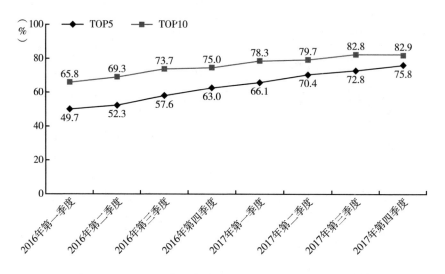

图2　2016～2017年国内市场 TOP5 和 TOP10 出货量份额

资料来源：中国信息通信研究院。

活力大幅减弱，全市场压力倍增。三星以22%的市场份额引领市场，苹果以15%的市场份额尾随其后。2017年智能手机市值近4600亿美元，其中苹果和三星共占60%（苹果36%，三星近24%）。这也体现了手机厂商的核心竞争优势，已经不仅仅在于技术创新，而是转向供应链、渠道、品牌传播等综合的资源整合能力和成本管理能力。

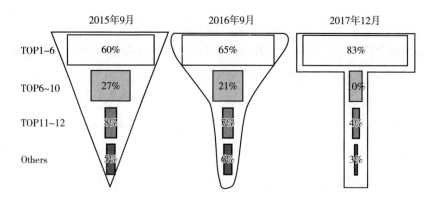

图3　GFK：品牌进入巨头竞争时代，由倒三角形变"T"形格局

资料来源：捷孚凯市场咨询。

（三）国内智能手机市场换机动能不足

从 2014 年开始，全智能球手机的使用寿命呈增加趋势，数据公司 BayStreet 称，美国用户换手机的周期从 2014 年的 23 个月延长到了现在的 31 个月，预计还会延长到 33 个月。根据 Counterpoint 的数据，中国手机用户的换机周期平均为 22 个月。国外知名分析机构 Asymco 的创始人 Horace Dediu 根据苹果每季度的销售设备量与活跃的 iOS 设备数量，对设备的平均使用寿命进行推算，统计出 2008～2017 年苹果设备各季度的平均使用寿命。数据显示，苹果设备的使用寿命持续增长，在 2017 年第四季度，超过了 4 年。

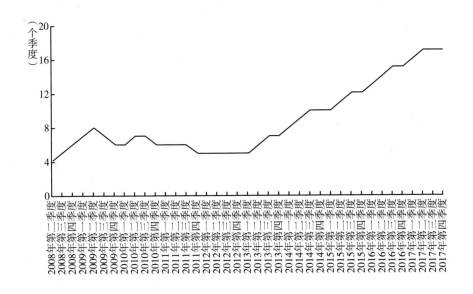

图 4　苹果手机的使用寿命

资料来源：Asymco。

从当前的市场情况看，全面屏、FaceID、无线充电、防水、屏下指纹等技术应用是吸引用户眼球的主要卖点，但这些功能难以对消费者换机形成真正的强驱动力。普遍寄予厚望的人工智能（AI）技术并未达到应用预期，

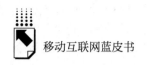
尚不能带来足够令人满意的用户体验，第一款 5G 终端预计 2019 年才会面世，① 目前国内市场正处于换机时代的疲劳期。

（四）2017年中国手机品牌厂商在全球市场增长显著

当前国内市场趋近饱和，海外成为国产品牌手机厂商极为重要的目标市场。随着中国智能手机市场的竞争日趋激烈，中国手机厂商早在几年前便开始走向海外新兴市场，新兴市场从功能机到智能机的换机需求弥补了国内手机市场出货量的下降，部分深耕海外市场的手机厂商如今已经开花摘果。从 Gartner 公布的数据来看，2017 年全球智能手机出货量 TOP5 中，中国厂商占据 3 席，分别是华为、OPPO 和 VIVO，出货量分别占 9.8%、7.3% 和 6.5%，与 2016 年相比均有所增长，三家厂商的合计出货量份额（23.6%）与 2016 年相比提高了 4.2 个百分点。

来自其他机构的统计数据和知名媒体的报道也显示中国品牌手机厂商在海外市场取得了丰硕成果。据印度《经济时报》报道，2017 年，OPPO、VIVO、一加、小米等中国智能手机品牌在印度的销售额均实现了数倍增长，合计销售额增长近 30 亿美元，中国的智能手机已经占据了印度市场的半壁江山。IDC 的报告称，2017 年第三季度中国传音以 30.1% 的市场份额成为非洲市场出货量排名第一② 的手机厂商，传音在 2017 年的手机出货量高达 1.2 亿部，其中主要是功能机，达 9000 万部，智能机则超过 3500 万部。

IDC 发布的 2017 年东南亚智能手机市场报告显示，中国手机品牌在东南亚市场（印尼、马来西亚、缅甸、菲律宾、泰国和越南）攫取了越来越多的市场份额，出货量前五名当中，中国品牌 OPPO、VIVO、华为占据三席。Counterpoint 的统计报告显示，在 2017 年的欧洲手机市场上，华为获得了 13% 的市场份额，中兴通讯和联想集团也分别获得了 4% 和 3% 的市场份额。

---

① 中国信息通信研究院院长刘多预计，到 2019 年下半年，真正的 5G 手机终端才能够相对成熟。

② 《2017 年国内手机市场运行情况及发展趋势分析》，http://www.caict.ac.cn/kxyj/qwfb/qwsj/201803/P020180302390900546187.pdf，2018 年 3 月 2 日。

中国品牌的集体出海也给 ODM（Original Design Manufacturer，即指厂商根据委托方的规格和要求，设计和生产产品）厂商带来了更多的机会。海外市场碎片化严重，全球各个国家和地区存在入网门槛、多种语言多版本适配、复杂的地域环境和差异化需求等问题，品牌厂商如果为每一个市场组建一个研发团队将极大地增加成本。ODM 可以帮助客户设计出针对不同市场的定制化产品，快速进入不同国家和地区。据知名市场调研机构 IHS 的数据，2017 年手机 ODM 产业智能机出货量在 5 亿部左右，位居第一的闻泰有望突破 7000 万部。

二 智能手机技术趋势展望

（一）人工智能技术将引领智能手机发展的未来方向

当前，新一轮科技革命和产业变革正在萌发，大数据的利用、算法（深度学习、增强学习等）的革新、计算能力的提升及网络设施的演进驱动人工智能发展进入新阶段，智能化成为技术和产业发展的重要方向。2017年以来，终端上的人工智能应用成为手机厂家的宣传卖点，苹果的 iPhone X 引入了人脸识别等人工智能技术。三星、LG、华为、中兴等品牌新发布的手机都在强调 AI 功能。谷歌 Pixel 可以通过 Google Assistant 中的 Lens 功能，识别所拍摄的物体，用户还可以通过这项功能来实现拍照翻译、拍照识别物体名称、拍摄建筑确定所在地点、纪录文档、储存名片等。

目前 AI 在智能手机上的应用主要集中在图像识别、语音交互、智能拍照等，但人工智能应用与真正成熟尚有距离，技术促生的智能手机突破性拐点尚未出现。目前智能手机整体硬件性能突破乏力，市场竞争激烈，利用人工智能技术提升智能手机的体验、建立新的业务场景和生态成为各大厂商的发力点，2018 年各大手机厂家在人工智能方面的研究与竞争将更为深入。据 Gartner 预测，到 2022 年，约有 80% 的智能手机将集成人工智能功能。Gartner 公司认为，AI 功能将成为智能手机厂商提升产品差异度、获得新客

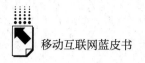

户、留住现有用户的一种手段。智能手机市场正在从"销售科技产品"向"提供引人注目的个性化体验"转化。

　　未来在相当一部分人工智能应用场景中，要求智能手机本身具备足够的推断计算能力，因此，智能手机中加入人工智能芯片将成为业界的一个新趋势。华为 Mate 10 搭载的麒麟 970 集成 NPU，号称世界首款智能手机 AI 芯片，为 Mate 10 带来较强的深度学习本地端推断能力，让各类基于深度神经网络的摄影/图像处理应用能够为用户提供更佳的体验，能智能识别十余种拍照场景，自动调整拍照参数，同时可以学习用户行为，做到资源合理调度，保证了流畅的体验，使续航更加持久。苹果为 iPhone X 配备了 AI 芯片"A11 生物神经网络引擎"，大大增加增强现实类游戏和 APP 的流畅度和真实感。三星为 Galaxy S8 配备了自主研发的人工智能平台"Bixby"，并提供"Bixby Voice"服务，可以了解用户的日常习惯，能在用户需要的时候呈现出恰当的内容；它还能记住用户需要做的事情，根据时间和地点设置提醒。高通于 2018 年 2 月宣布推出人工智能引擎（AI Engine），让人工智能在终端侧（如智能手机）上的应用更快速、高效。该 AI Engine 包括软硬件两部分，在高通骁龙核心硬件架构（CPU、GPU、VPS 向量处理器）上搭载了神经处理引擎（Neural Processing Engine，NPE）、Android NN API、Hexagon 神经网络库等软件。目前高通旗下芯片产品骁龙 845、骁龙 835、骁龙 820、骁龙 660 都将支持该人工智能引擎，其中骁龙 845 将支持终端侧人工智能处理。联发科 2018 年预计将再推出两款带有 AI 与人脸识别特性的 Helio P 系列芯片。据悉联发科的 AI 架构名为 Edge AI，号称是一种整合 CPU、GPU、VPU、DLA 多运算单元，实现云端和终端混合的 AI 架构。根据联发科 Helio P 系列芯片以往的定位与售价，可以期待 AI 有望从高端机专属，下移到千元机身上。

　　预期未来智能手机的重要 AI 功能包括：用户识别并预测用户的下一步行动，辅助完成计划任务；结合了机器学习、生物识别（指纹识别、虹膜识别、人脸识别等）和用户行为的用户安全认证；用户情感识别，检测、分析、处理和回应人们的情绪，进行辅助驾驶等功能；自然语言理解；AR

和机器视觉；设备管理（机器学习将改善设备性能和待机时间）；收集行为特征和个人模式数据进行个人分析，提升体验；个性拍摄、提升拍照体验；音频分析，智能手机的麦克风可以持续分辨声音，并为用户提供指引，或者是触发一些事件，举个例子，如果智能手机听到用户打鼾，就可以触发用户的腕带，引导用户改变睡眠姿势。在 5G 高速率的支持下，人工智能技术与智能手机的深度融合必将催生"杀手"级的应用，新的"智慧手机"将极大改变人们的生活。

（二）无线充电有望得到进一步应用，中国快充标准即将统一

虽然诺基亚早在 2012 年就发布了支持无线充电的手机，但在智能手机上无线充电一直未得到真正普及。随着使用无线充电技术的 iPhone X 发布，无线充电再一次引起了人们的关注。在 2017 年秋季的苹果发布会上，与 iPhone X 一同发布的还有一款无线充电板 AirPower，它可以实现包括 iPhone、Apple Watch 以及 AirPods 在内的多种支持无线充电的设备同时充电。

无线充电的好处显而易见，即使是给多个设备同时进行充电，只需要一块充电板即可，不再出现多根数据线交织在一起凌乱无章的样子。除此之外，普及无线充电可以让充电像如今的 WiFi 一样方便。商家或者公共设施将来有可能会提供普遍无线充电服务，用户可以随时随地方便快捷地为手机充电。在美国，星巴克等商家已经开始为顾客提供无线充电服务。

现阶段的无线充电功能还不完善。和有线充电相比，无线充电的充电效率依然不高，充电缓慢，发热严重。而且，无线充电对于手机的材质也有较苛刻的要求。由于目前主流的 Qi 和 AirFuel 标准都采用的是电磁感应技术，采用这两种标准的手机支持无线充电就不能采用金属外壳，2016 年发布的新 iPhone 即采用了玻璃机身。因为需要在背板处加入无线充电模块，和原来的设计相比，采用无线充电之后手机的厚度和重量都会有所增加。不久前，苹果收购无线充电技术公司 PowerByProxi 吸引了不少人的关注。这家公司所开发的松耦合谐振充电技术可以实现最远 15 英尺的无线电力传出，在 7 英尺之内，设备可以接收到的功率为 2W。尽管这个数据并不能完全满足

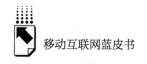
需求，但已经让我们看到了希望。

此外，无线充电标准仍未统一，三星 S8/Note 8 以及 iPhone 8 系列、iPhone X 均采用的是 Qi 标准，三星、华为等厂商除了加盟 WPC 之外，在 AirFuel Alliance 当中同样占据着重要地位，短期内这几个标准较难统一，有待市场的选择。虽然无线充电还存在诸多问题，但是它的便利性将促使厂家跟进，据说小米 7 将会采用无线充电功能，2018 年底，无线充电将会应用于更多的旗舰机型。

USB Type–C 正在进入发展快车道，根据专业市场调研机构 IHS 的数据，2016 年全球使用 USB Type–C 接口的消费电子设备仅约 1 亿部，预计 2019 年度将会超过 20 亿部，主要增长点来自 PC 市场和移动设备市场。到 2020 年，约一半的智能手机和 93% 的笔记本电脑将采用 USB Type–C 互联。其中协商供电（USB–PD）功能将成为最大亮点。USB PD 协议可以为快充技术带来更大的灵活性，支持的充电功率最高可达到 100w，被业界认为是最有希望统一目前标准各立的快充技术规范。

此外，2017 年底，由中国信息通信研究院泰尔终端实验室牵头制定的《移动通信终端用快速充电技术要求和测试办法》报批稿已完成，目前已经提交中国通信标准化协会。这一标准将明确定义"快速充电"，并统一充电方式及通信协议，规范安全性能、电器特性和可靠性等，有望彻底实现快充行业标准的大一统局面。

（三）"全面屏"、屏下指纹技术将继续普及

2017 年上半年以来，全面屏成为热点，实现了从旗舰市场到中端市场再到千元机市场的快速普及。根据液晶面板研究机构群智咨询的数据，2017 年，全球全面屏智能手机发货量约 1.3 亿部，其中中国大陆智能手机的发货量约 2200 万部，第四季度其渗透率达到 16%。屏幕的增大提升了用户的视觉体验。传统手机显示屏多为 16∶9 长宽比例，18∶9、19∶9 甚至更大屏比的手机显著增加了手机屏的可视面积。以 5.5 英寸 16∶9 产品为例，如果换用 18∶9 全面屏，则显示屏在保持整体宽度基本不变的前提下，可将尺寸增

加到 6 英寸，可视面积提升 10%；如果换用 18.7：9 全面异型屏，则显示屏尺寸可以增加到 6.2 英寸，可视面积提升 16%。

受限于目前的技术，业界宣称的全面屏只是拥有超高的屏占比，没有能做到手机正面屏占比 100% 的手机，而对于屏占比超过多少才能称为全面屏，业内也并没有统一的意见，目前 18：9 通常作为全面屏的衡量指标。常见的"刘海屏"、"挖空屏"等更准确地说应该称为异型屏。2017 年苹果发布了 iPhoneX"刘海屏"智能手机，国内手机品牌在 2018 年也将有更多异型屏手机面世。但全面屏的手机，前摄像头、传感器的摆放是较大的难题，异型屏面板开槽部位的设计难度较高并且对驱动 IC 的算法匹配提出了差异化的要求，同时，LCD 异型屏对背光改动较大，屏幕本身切割也需要增加相应切割设备，此外，异型屏也对手机硬件（包括摄像头、听筒等）、软件（操作系统等）的适配性提出更高要求，这些无疑会增加手机的硬件及软件成本。

预计 2018 年，全面屏将会继续普及到几乎所有价位的手机上，谷歌已在发布的 Android P 开发者预览版中加入了对刘海屏的原生适配。全面屏技术本身也会继续发展。苹果已经把下边框做到了 4mm，但其他公司还没能做到 6mm，但都会朝着这个方向努力。配合手机全面屏的快速发展，屏幕本身工艺会有所创新，如异型设计、异型切割等，同时屏下指纹等技术更新将会快速跟进。

屏下指纹技术主要分为光学式及超声波两种。以新思、汇顶等为代表的光学式屏下指纹方案已经逐步成熟。在 2018 年的全球 CES 展上，VIVO 率先发布了搭配 SynapticsClearIDFS9500 光学指纹传感器的 VIVO X20PlusUD 屏下指纹手机，预计 2018 年下半年会有更多搭载光学屏下指纹方案的智能手机上市。目前的光学指纹方案更多是基于硅片，采用玻璃基板的光学指纹识别方案，仍然需要待面板厂研发技术不断提升。超声波方案以高通、FPC 为主。目前仍然在预研阶段，由于超声波方案必须搭载柔性 OLED 屏幕，整机产品的上市会晚于光学指纹产品。预计 2018 年下半年超声波式的整机会逐步上市。相较光学式屏下方案，超声波式方案在量产成本、强穿透性方面颇具优势，随着中长期柔性 OLED 上量，从技术路线来看，超声波方案的屏下

指纹或许能迎来更好的发展。

　　柔性屏代表着未来屏幕的发展方向，各大公司不断加大 OLED 柔性屏投资力度。国内面板厂商加快布局，京东方已经有柔性 OLED 面板出货，已具备量产能力，预示着国产高端屏幕技术逐渐走向成熟，国外显示屏垄断高端市场的格局将会改观。随着产能的提高，AMOLED 屏幕将不仅仅是高端旗舰的专利，会向中低端机型渗透。一旦真正的柔性折叠屏可以融入产品之中并完成量产，必然会是手机行业工业设计上的又一大突破。

　　部分厂家推出的折叠屏产品，值得关注。2017 年，三星宣布将限量生产折叠屏手机 Galaxy X，可能只有 10 万部，专门面向中国市场推出；中兴也宣布推出全新折叠智能手机 Axon M，拥有四种组合操作模式。另外，苹果和 LG 也可能将这一设计作为旗下智能手机产品的突破口。但是，折叠屏能否在市场上取得成功，关键还要看其是否能给用户带来好的体验。

（四）3D 传感技术将成熟并得到更广泛应用

　　摄像头会继续改良式演进，围绕多摄像头、脸部识别等方向发展；双摄已经是千元机市场的标配。AI 对拍照体验的提升将由高端机型向更多机型普及。人脸识别越来越成为市场关注热点，2018 年 3 月发布的荣耀甚至推出了 899 元价位的手机荣耀畅玩 7C，搭载了人脸识别双摄美拍功能。但安卓的脸部识别，目前大部分还属于 2D 识别，即通过前置摄像头读取脸部图片，再利用软件进行对比，所以在光线较差等场景下，无法读取到脸部图片，进而进行识别解锁。

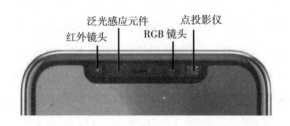

图 5　iPhone X "齐刘海" 中的 3D 传感系统

苹果 2017 年 9 月发布的 iPhone X，则是使用前置 3D 传感摄像头进行 Face ID 识别。3D 传感摄像头可实现 3D 人脸识别、AR 表情等多种功能，也被视为智能手机下一代摄像传感技术。iPhone X 通过前置点阵投影器（也就是结构光投影仪）将超过 30000 个肉眼不可见的光点（红外激光散斑点）投影到人脸，再根据红外镜头接收到的反射光点，计算得到人脸三维图。这种空间编码方式，是向空间投射了单幅随机的激光衍射斑点，但是这些点并不能覆盖空间上所有的区域，势必在某些位置无法获取到三维信息，导致其精度是有一定限制的，通常为毫米级精度，因此 iPhone X 只是获取了人脸的大致模型，在其 Face ID 应用中实际上只是采用了结构光方案判断解锁手机的对象是一个真实的人，而非平面照片或视频，是通过一种活体判断防止被攻击破解的手段。MEMS 微振镜尺寸小、功耗低，适合集成于智能手机、平板电脑等便携式设备中，为其增加三维人脸识别、三维扫描建模等功能，随着人工智能对视觉传感器的需求越来越高，MEMS 微振镜将来有可能会成为智能手机采用的方案。

跟随苹果脚步，3D 传感将是安卓阵营追赶的热点，高通携手奇景合作开发的 3D 传感技术正逐步缩小和苹果的差距。按照预期，高通 3D 传感芯片将在 2018 年第一季度出货交付给手机厂商，欧菲科技与华为也在自行研发 3D 光学和传感模组。深圳的奥比中光等厂家已研发出手机前置 3D 摄像头模组——Astra P。预计在 2018 年内，安卓阵营的 3D 传感摄像头模组将逐渐成熟，搭载有 3D 摄像头的安卓手机将更多地推向市场。

（五）国内安卓手机应用运行、消息推送的机制有望统一

以往国内安卓的推送服务较为混乱，谷歌的 GCM 推送服务目前在中国几乎不能使用，国内的手机厂商和 APP 开发者不得不借助第三方平台来进行 APP 服务内容传送与手机机型接收之间的交互。国内的第三方传输平台参差不齐。有的是手机厂商开发的，有的是应用方开发的，有的则是外包的。统一的规则缺乏，导致的后果就是：多个手机应用和消息接收同时在后台运行，导致安卓系统卡顿。

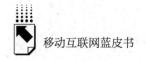
2017 年 10 月 16 日，统一推送联盟在北京成立，该联盟挂靠单位是电信终端产业协会（TAF），接受工业和信息化部业务指导。统一推送联盟的成立标志着移动互联网产业界将合力结束国内安卓生态的混乱状态。统一推送联盟成立后，将规范安卓应用运行、消息推送的统一机制，规范和限制应用开发者的推送权限。减少安卓手机用户面对的广告弹窗、内存过度占用和系统卡顿现象，有望获得更好的用户体验。未来，安卓手机接收推送消息无需频繁唤醒应用，从而大大减少对用户的骚扰，并节省手机内存、流量、电量，为用户提供更好的使用体验。联盟已经开展构建推送服务公有云，为手机厂商免费提供系统级的消息推送通道和相关服务。在此过程中，联盟将针对推送通道的能耗、流量等指标进行监控；对公有云上推送的消息内容进行管理；对推送消息的打扰行为进行管制，提升用户体验，规范行业服务。

（六）AR、5G、人工智能等将孕育智能手机新的增长机会

AR 将在智能手机上得到更多应用。2017 年，苹果发布内置了增强显示功能的 iOS11，开发者可以开发自己的 AR 应用。比如，宜家的 Place 应用，这款应用允许用户扫描家中的房间，并在房间内添加虚拟家具，看看家居在房间内的实际效果。此外，苹果还将 AR 滤镜的应用范围扩展到了 Instragram 应用里。Facebook 新推出的 AR Studio 允许开发者为 Facebook 和 Messenger 应用开发滤镜和镜头效果插件，比如在自拍时添加增强现实面具。根据德勤会计师事务所的研究，2018 年，全球将有超过 10 亿智能手机用户至少拥有一次创作增强现实（AR）内容的经历。其中，约 3 亿用户每月至少创作一次 AR 内容，上千万用户每周都会创作 AR 内容。

华为在 MWC 2018（Mobile World Congress，世界移动通信大会）上发布了全球首款 3GPP 标准的 5G 商用芯片 Balong 5G01，并基于此推出了 5G CPE（将 4G、5G 信号转换成 WiFi 的设备），即将发售给欧美地区的消费者；此前，据市场研究公司 Counterpoint Research 发布的 2017 年第三季度全球智能机 SoC 市场统计报告显示，按照收入来看，高通公司在智能机 SoC 市场的占有率高达 42%，领先优势进一步扩大。依赖其在 CDMA 和 LTE 方面专

利、授权方式和技术积累，高通在 3G、4G 中的地位一直无法被撼动，此次华为率先发布 5G 芯片是否能改变 5G 时代的手机芯片市场格局，值得期待。

虽然目前来看，智能手机的各项技术在 2018 年内很难有革命性的突破，人工智能技术的应用也需要时间才能真正成熟，但各项技术的积累正孕育着下一个转折点的到来。未来 5G 超高速率支持下人工智能技术与智能手机的深度融合、物联网应用等将催生新的业务场景，或将带来智能手机新的增长点。

三 智能手机2018年市场势态分析

总体上说，中国手机市场逐渐饱和，各大厂商不得不加入对存量用户的争夺战，不断用技术或是营销手段，吸引用户进行设备升级，但国内 4G 渗透率已接近 80%，4G 的换机红利基本消失，用户也在多年的市场教育中变得越来越挑剔。2018 年驱动用户换机的技术因素真正临界点很难来临，国内智能手机市场在 2018 年可能仍将面临一段较为困难的时期，竞争将更加激烈，行业整合将继续。中国手机市场将进入巨头竞争时代，顶部品牌凭借资源优势高成本扩张，发掘新细分市场增长点，新兴智能体验店爆发式增长，从客流迁徙、产品品类、销售体验、数据应用等方面加速颠覆传统零售模式，而高线城市将快速进入竞品店面肩并肩、面对面、背对背的竞争阶段。小品牌面临生存危机，聚焦"深"处求生。虽然中国智能手机市场增长陷入停滞，但由于庞大的保有量和刚需在，智能手机市场仍将保持稳定。

而在国际上，如印度、东南亚、中美、中东及非洲等新兴市场，还有不错的升级需求可期。2017 年虽然非洲主要市场的智能机比例达到 50% 以上，但非洲市场也还存在手机渗透率不足的区域，未来仍存在红利市场。中美、中东等手机新兴市场也存在比较充足的智能手机升级及 4G 手机需求动能。

中国厂商向海外市场的拓展，也给智能手机的相关产业链带来了机会。目前中国已经具备全球最完备的手机上下游供应链，例如全球最大的智能手机 ODM 厂商闻泰科技、全球安卓手机最大的指纹芯片厂商汇顶科技、全球

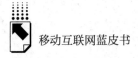
最大手机玻璃盖板厂商蓝思科技等，还有大量封装、模组、元器件厂商等。经过这一轮的深度国际化，中国智能手机有可能成为真正代表中国品牌、中国品质的产品，提升全球对"中国制造"的认可。

参考文献

中国信息通信研究院"国内手机产品特性与技术能力"跟踪研究团队：《国内手机产品特性与技术能力监测报告》，2017。

王伟华：《2017 年国内手机市场运行情况及发展趋势分析》，http：//www. caict. ac. cn/kxyj/qwfb/qwsj/201803/P020180302390900546187. pdf，2018 年 3 月 2 日。

中国半导体行业协会 MEMS 分会：《MEMS 市场周报》，2018 年 3 月 9 日。

B.13
处于产业爆发前夜的中国移动物联网

摘　要： 继互联网和移动互联网之后，物联网成为信息通信领域最为热门也最为重要的研究内容。中国物联网目前正处于产业爆发前期，其中，移动物联网集成了位置感知、移动管理、服务集成三大特点，是物联网发展的重要模式和途径，可穿戴设备成为目前移动物联网的代表性产业。顺应移动物联网发展趋势，我国应脚踏实地投入科研，发展实体产业，政府应更好地发挥引导作用。

关键词： 万物互联　移动物联网　物联网产业　物联网服务集成

一　中国物联网发展总体态势

（一）中国物联网处于产业爆发前期，各企业寻找战略机遇

物联网自诞生以来，在全社会受到了人们的极大关注。它是继互联网、移动通信网之后的再次信息产业浪潮。顾名思义，物联网就是物物相连的互联网，其英文名称是 Internet of Things（IoT）。有两层意思：其一，以互联网为核心，物联网是互联网的延伸和扩展；其二，物物相息，将智能感知、

---

* 康子路，中国电子科技集团公司信息科学研究院物联网技术研究所副所长，高级工程师，主要研究领域为物联网开放体系架构及新型智慧城市操作系统等相关技术。

普适计算等通信感知技术，广泛应用于物联网的融合中，也因此被称为信息产业的新浪潮。物联网的发展由各个行业和类型的应用来推动，将世界带入万物互联的新时代，数以百亿计的新设备将接入网络。

（二）物联网加速传统产业智能化与智慧化升级

从技术角度来看，物联网是一种智能网络。物联网将物体信息通过网络传输，送到信息中心进行处理，自动完成万物之间的信息交互。当前，全球物联网进入了由传统行业升级和规模化消费市场推动的新一轮发展浪潮。传统产业的智能化与智慧化升级成为推动物联网突破创新的重要契机，具有非常广阔的应用前景，是学术界、产业界竞相发展的焦点。为了应对增加的世界下行经济压力，目前，各国正积极应对新一轮科技革命和产业变革带来的挑战，美国"先进制造业伙伴计划"、德国"工业4.0"、中国"中国制造2025"等一系列国家战略的提出和实施，其根本出发点在于抢占新一轮国际制造业竞争制高点。

工业/制造业转型升级需依赖物联网技术，其转型升级将推动一系列的物联网感知技术的应用，增强网络数据传输，提升物联网平台的业务分析和数据处理能力，快速推动物联网的创新发展。具有入口级市场规模的物联网应用，包括智慧城市（社会公共事业、公共管理）、车联网、智能硬件、智能家居等，成为如今物联网发展的热点领域，主要原因如下：一是，规模效益显著，提供了广阔的市场空间；二是，业务分布范围广，有利于释放物联网广域连接的潜力；三是，面向消费市场具有比较清晰的商业模式，并具有高附加值。

二 物联网产业关键环节重大进展和产业生态构建情况

（一）物联网平台进入蓬勃发展期，竞争日益激烈

2017年6月，IoT Analytics对其物联网平台进行了第三次更新报告。

报告显示，目前全球物联网平台企业已经由 2015 年的 260 家、2016 年的 360 家增长到现在的 450 家，其涨幅接近 25%。物联网平台具有较强的行业特性，从大的方向来讲，主要集中在两个领域——toC（物联网面向消费者用户端）和 toB（物联网面向商业服务提供者端）。在 toC 侧，21% 的企业提供智能家庭服务，其他领域的应用则占比较低。在 toB 侧，目前大多数供应商聚焦于工业/制造领域，占比 32%，其次是智慧城市、智慧能源和移动通信领域，占比均达到 20% 以上，健康、物流、零售等领域也显现出不小的潜力。物联网平台是一个碎片化的市场，IoT Analytics 的执行董事长预言未来会有越来越多的企业进入物联网平台市场，许多初创企业也会纷纷踏入该领域，这将导致该市场呈现更加严重的碎片化。

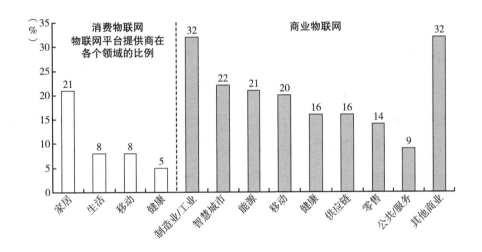

图 1　2017 年物联网平台领域分布

注：所占比例加总未超过 100% 是因为有些公司业务在多个领域。

资料来源：IoT Analytics。

与国外发展相比，国内物联网平台市场起步较晚，缺少成熟的应用案例，但是 2017 年国内物联网平台呈现了蓬勃发展的态势。表 1 总结了 48 个支持开发者模式的物联网平台，其中包含了大量的国内企业。2017 年，阿

里、腾讯、华为都提出了推动物联网平台发展的战略。据可靠预测，到
2020 年，我国物联网平台市场的规模将达到 5000 万亿元人民币。在这种经
济前景向好趋势的驱动下，越来越多的物联网平台会崛起，市场竞争将更加
激烈。在这个群雄逐鹿的市场，企业更需要找到自己的优势并保持自身的行
业特色。

表 1　48 个支持开发功能的物联网平台

项目	平台名称	所属公司
1	Watson	IBM
2	Azure Iot	微软
3	MindSphere	西门子
4	Leonardo	SAP
5	Jasper	思科
6	GLA(Global Lenovo API)	联想
7	ThingWorx	PTC
8	Predix	GE
9	海尔 U +	海尔
10	COSMOPlat	海尔
11	Xrea	徐工信息
12	树根互联	三一重工
13	EnOS™能源物联网平台	远景能源(江苏)有限公司
14	INDICS	航天云网
15	ONEnet	中国移动
16	IMPACT	诺基亚
17	WiseCloud	研华科技
18	Movilizer	霍尼韦尔
19	Ecostruxure	施耐德
20	Ability™	ABB
21	AWS IoT	亚马逊
22	QQ 物联	腾讯
23	京东智能云	京东
24	小米开放平台	小米
25	天工物联网平台	百度
26	飞凤平台	阿里云/无锡高新区政府
27	阿里云 IoT	阿里巴巴

项目	平台名称	所属公司
28	机智云	广州机智云物联网科技有限公司
29	志城云	济宁中科智城电子科技有限公司
30	Mixlinker	深圳市智物联网络有限公司
31	AbleCloud	北京智云起点科技有限公司
32	云智易	广州云湾信息技术有限公司
33	氪氪云	杭州第九区科技有限公司
34	立子云	基本立子(北京)科技发展有限公司
35	Ruff	上海南潮信息科技有限公司
36	C3 – IoT	C3 – IoT
37	TingPark	Actility
38	UpTake	UpTake
39	TLINK	深圳市模拟科技有限公司
40	CLA – DATA 开放工业物联网云平台	深圳云联讯数据科技有限公司
41	Kalay 云	物联智慧股份有限公司
42	普奥云	普奥云信息科技(北京)有限公司
43	乐物联	北京乐为物联科技有限责任公司
44	Mi – Platform	上海米尺网络技术有限公司
45	Cloudlinx 工业物联网平台	中能远景信息技术(北京)有限公司
46	库云物联	库德莱兹物联科技(苏州)有限公司
47	i – Preception 工业云平台	上海明牛科技有限公司
48	涂鸦智能	杭州涂鸦科技有限公司

资料来源：百度百家号·物联网调查，https：//baijiahao. baidu. com/s？id＝15873670620267 96929&wfr＝spider&for＝pc。

（二）物联网操作系统面向物联网新需求不断实现升级优化

物联网操作系统介于计算机、手机等复杂的操作系统与简单的嵌入式操作系统之间，除具备传统的设备资源管理功能外，物联网操作系统还需要考虑硬件设备多样化、物联网碎片化的特征，通过合理的架构设计，提供统一的编程接口。物联网操作系统具有模块化、内核可伸缩、云端适配、自组网等技术特征，作为一个公共的业务开发平台，可有效节省物联网应用的开发

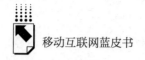

时间和开发成本，为物联网的统一管理和维护奠定基础，同时还可以打通物联网产业的上下游，加快物联网生态环境的培育进程。

（三）物联网产业生态构建进入高速发展期，各大企业加速物联网生态布局

目前，中国的物联网建设如火如荼，物联网产业生态构建进入高速发展期。一是技术更迭推动物联网发展。物联网部署成本在不断下降，相比十年前，处理器价格下降了98%，传感器价格下降54%，带宽价格下降97%；物联网技术不断突破，NB－IoT（窄带物联网）、LoRa、Sigfox等低功耗广域连接技术的提出为万物互联的实现奠定了基础；并行计算、分布式结算等大数据整体技术体系逐渐成熟，机器学习、人工智能、认知计算迅速发展；云计算产品的开源化增加了企业布局产品的成本。二是基于物联网的应用逐渐增加，企业的开发热情高涨，拓展了物联网发展空间。5G、大数据等应用技术，联合智能工业融合，创建物联网新的经济增长点；物联网还将增强基础设施的泛在服务能力，促进基础设施向着智能化方向发展；物联网还将带动移动设备、智能家居等的服务消费需求。三是标准化、开源模式和知识产权的推进为规模化的物联网生态发展和有序竞争提供基础共性环节。

在此背景下，中国各大企业纷纷布局物联网生态战略。2017年在全联接大会上，华为首次提出"平台＋连接＋生态"的物联网发展战略，并现场呈现了华为企业物联网解决方案的全貌。2017年阿里巴巴在其举办的云栖大会上表示物联网也是阿里巴巴的战略之一，并推出全新的物联网平台Link，以海纳百川、有容乃大的格局聚拢生态朋友圈。中国电信、中国移动也都在积极构建物联网产业生态，依托自身网络优势，进一步开拓新领域，运营新网络，拥抱万物互联新时代。中国电科提出了物联网开放体系架构，从物体描述、发现、交互和安全四个核心技术展开研究，构建全国物联网基础设施，激发更广泛的潜在应用，打造物联网生态。爱立信与中国联通联手打造语音物联网基础支撑平台、物联网加速器平台、工业物联网应用等多项

技术及解决方案，致力于打造全新的物联网生态圈，拉动物联网产业链的融合与发展。

三　我国移动物联网发展情况

（一）移动物联网是物联网发展的重要模式和途径

移动物联网就是一种让所有的东西都能产生联系，覆盖面极广，可实现物物交互的网络技术。移动计算与物联网融合，产生移动物联网，是物联网的重要发展趋势。

移动物联网在国际上还没有准确的定义。但从统计数据上看，可以看到移动设备正在快速增长，智能手机、平板电脑的普及和智能家居的涌现，移动物联网系统必然成为发展方向。

移动物联网已经与我们的生活密不可分，物联网已经从概念阶段发展到了应用阶段，成为全球范围政府和企业重要的战略规划。移动物联网将为客户、运营商与开发者的合作建立桥梁，为用户—需求—产品—用户的生态环构建提供强有力的支持。

智慧城市的概念和项目实施将进一步验证物联网的重要作用，全面提升人们生活品质。同时物联网还促进产业升级、未来将影响工业的发展，其作用和影响不可估量。

（二）可穿戴设备成为移动物联网的代表性产业

在创新技术的驱动下，以物联网为主要工具的商业模式，如智慧零售、穿戴设备、共享经济等，正成为物联网商业化的主流，并逐渐代替工业物联网，甚至是未来几年引领物联网快速发展的新生力军。随着成本的降低和科技的发展，物联网技术的应用能够更贴近用户的日常生活，从而使得以可穿戴设备、共享经济和新零售业等为代表的 ToC 经济体系在物联网技术的支持下异军突起。

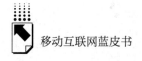

1. 行业持续增长，以设备为端口获取数据

可穿戴设备可获取用户日常行为数据，然后以多种形式为用户提供智能娱乐和监测服务。兴业证券研究所在《物联网行业研究报告（2017）》中指出，2015年是可穿戴智能设备的爆发年，全年增速超过470%，在2016年后涨幅趋于稳定，预计在2019年我国可穿戴智能设备的市场规模可达到487.1亿元。

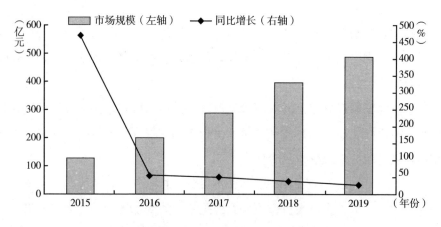

图2 可穿戴设备市场仍将保持稳定增长

资料来源：兴业证券研究所。

可穿戴智能设备以智能手环、手表为主流，蓝牙是数据主要传输方法。可穿戴设备促进了物联网的发展，物联网技术的发展促进可穿戴设备的技术创新。

2. 数据需求贯穿了用户和供应商的商业行为

可穿戴设备是物联网数据的源头，对数据的处理、挖掘提供个性化服务是产品吸引力的主要来源。AC统计结果显示，以健康数据管理为目的的可穿戴设备用户比例在70%以上。从可穿戴设备采集的数据中可以挖掘用户的日常运动和饮食信息，并给予指导建议。可穿戴设备还可与基于位置的计算技术相结合，通过GPS定位增强与周围环境的交互。

可穿戴设备将通过物联网形成终端到数据分析再到反馈用户的整合，

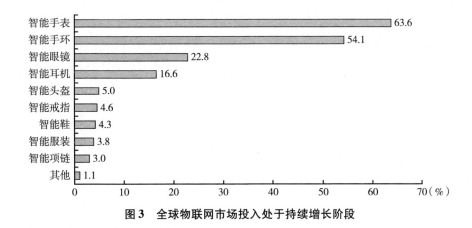

图3　全球物联网市场投入处于持续增长阶段

提升产业活力。物联网将有利于可穿戴智能设备形成综合的软件平台，促进以软件平台为枢纽形成多种多样的可穿戴设备交互应用，建立连接穿戴智能设备的开发商与数据分析企业的桥梁，利用数据挖掘形成新的产品和增值服务。

3. 低功耗技术有效解决可穿戴设备痛点

续航效果差是现有大多数可穿戴设备的缺点，其原因如下：一方面，在体积和重量的制约下电池储电能力有限；另一方面，可穿戴设备将采集数据发送到数据中心的能量消耗大。因此，电池技术突破和通信技术突破双管齐下是解决问题的必然方法。从通信技术改进方面来说，目前可穿戴设备主要是通过蓝牙技术来利用手机，将手机作为数据传输的中转站，如智能手环、智能手表。本质上看，产品的变革依赖于底层基础技术的突破，因此，以NB－IoT为代表的能耗低、覆盖广的通信技术一经提出，就引起可穿戴设备厂商的高度关注。

（三）移动物联网的主要特征

具备位置感知、移动管理、服务集成三大特点的移动物联网已成为物联网最重要的组成部分。

1. 移动物联网的移动管理

对移动终端位置信息、安全性以及业务连续性等方面的管理，使终端与移动物联网的联系状态达到最佳，进而为各种移动物联网应用提供服务。移动管理的六个关键元素为：移动设备管理、移动应用管理、移动内容管理、移动策略管理、移动费用管理和身份管理。移动管理涉及的关键技术主要有链路层接入策略、多接口与多连接、用户无关的漫游切换等。

2. 移动物联网的服务集成

互联网年度报告显示的趋势表明，2020年将是世界物联网发展的成熟期，也是中国与世界发展同步的时间点。可穿戴设备、智能家居将渗透到人们的衣食住行中，工业、城市、能源将全面向智能化的方向发展。因为面向物的移动物联网服务需要贯穿物体的全生命周期，物体归属关系的不断变化、物体智能配置差异，以及服务方式在开通、激活、休眠再激活等状态之间的切换，导致移动物联网的服务集成面临越来越严峻的挑战。打造物联网服务平台，即移动物联网连接平台和移动物联网业务使能①平台成为当务之急。其中移动物联网连接平台为客户提供包括感知连接、管理连接、诊断连接与安全连接在内的高体验、差异化的通道服务；移动物联网业务使能平台为移动物联网业务开发者提供开放接入、异构设备交互的服务，产品二次开发工具，降低厂商的开发成本，促进细分领域合作、数据流通共享，加快应用的发展。

（四）移动物联网发展趋势

1. 大型企业进入移动物联网市场，引领行业发展

华为海思、高通、Intel、Nodric、锐迪科、联发科、中兴微等均在积极研发 NB – IoT 芯片，并已在 2017 年投入商用。高通的 MDM 9206 目前可支持 Cat – M1（eMTC），后期可升级支持 NB – IOT。Intel 的 XMM7115、XMM7315 调制解调器可支持 NB – IoT。华为自主研发的 NB – IoT 的终端芯片已支持规模商用，并预计后续每月发货 100 万片。中兴的智能停车解决方

---

① 注：使能，即英文 enable。在电子设计中，对集成电路总功能开启或关闭的控制即是使能；现此词在多个领域引申使用，有引擎、触发、动力源等含义。

案也已经在深圳等地成功试商用。华为基于 NB – IoT 技术提出的水务行业项目在澳大利亚东南水务启动。

创新型移动物联网也有助于中小企业的发展，如共享单车。2017 年 2 月，ofo 就智能共享单车与华为和中国电信展开合作，三方共同研发基于新一代物联网 NB – loT 技术的共享单车智能解决方案，中国电信为 ofo 在无线网络通信资源方面提供资源，华为在智能锁方面为 ofo 提供 NB – IoT 芯片，并提供网络技术支持的解决方案。智能共享单车计划将帮助 ofo 共享单车提升对恶劣环境的适应性，解决在网络信号薄弱区，包括地下停车场、隧道以及建筑物密集地区的设备连接问题，同时提升智能锁续航能力，且减少开锁时间，使其远低于其他智能锁，预计减少 5 ~ 10 秒的水平。同时，解锁成功率也将大幅提升，从而增强用户体验。

2. 移动物联网消费市场将扩大规模提升价值

从产品的进化角度来看，物联网终端正向着低能耗、微型化方向发展；产品需求驱动通信网络技术迭代更新；机器学习、认知计算与位置计算能力的结合使得物联网产品的个性化服务不断推陈出新。

政府在不断推进"智慧城市"相关项目，"智慧城市"概念和周边拓展使得物联网实体化。随着移动物联网物理设备的不断完善，物联网数据增值服务将成为企业物联网的下一个经济增长点。《移动物联网产业发展研究报告（2017）》指出，随着定位服务的精度不断提高，未来所有场景下在物联网设备的时空坐标属性将发挥重要作用，随之而来的精准服务将使得物联网真正与物理世界融合，催生出"时空数据资产"的概念，并将物联网推入下一个发展纪元。

3. 5G 商用将为移动物联网产业带来爆炸式发展

"5G"指第五代移动通信网络，5G 的峰值理论传输速度将比 4G 网络的传输速度快数百倍。这意味着 5G 技术将在 1 秒之内完成一部 90 分钟高画质电影的下载。5G 的高速率、高吞吐、高稳定将引发物联网爆炸式的发展。

国际 5G 标准的首个版本将在 2018 年发布。标准版本发布后，各大运营商将立即部署 5G 网络。工信部通过的《信息通信行业发展规划（2016 ~

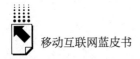

2020 年)》指出，中国将在 2020 年开启 5G 商用服务。实际上，国内三大运营商将提前布局，预计大规模试验组网将在 2018 年部署，启动 5G 网络建设将在 2019 年进行，2020 年将实现大规模商用服务。

5G 将涉及物联网设备的通信标准，因此物理网设备的通信问题将形成一个统一的商用解决框架，智能家居、智能城市、智能工业的互通互联将成为可能，并带动市场规模的大幅增长。因此各大企业都在密切关注 5G 的发展，以求在未来的产业竞争中占领先机。

四 推动我国物联网产业发展的对策建议

（一）物联网概念不应过度炒作，要脚踏实地投入科研，发展实体产业

近 5 年物联网产业热度呈指数级升温，与物联网有关的公司层出不穷。这些物联网产业的公司有很多来源途径，其中大部分是在"大众创业、万众创新"的战略下由初创的互联网软件开发商转型而来的。在这些企业眼中，物联网无非是互联网上面加了一点新概念，类似于同一个游戏在安卓商店和苹果商店里，只是平台不同而已，玩法都是一模一样的。这些初创企业本身就只有软件开发能力而没有硬件基础，并且没有真正理解物联网的价值，导致很多莫名其妙的东西被冠以物联网的名义，和物联网产业的核心理念"万物互联"并没有较强的相关性。与现在热炒的大数据和区块链概念一样，不是拥有了大量数据就是大数据，应该把重点放在对这些数据的挖掘和分析上，使其发挥价值；区块链也不是分布式账本那么简单，不只是拿来炒作价格如过山车一般的比特币。

另外一部分涉足物联网产业的公司是互联网与信息通信行业的巨头企业。这些巨头企业有足够的资金紧跟技术演进过程中的每一个热点，将物联网产业向其主营业务方向引导，利用其话语权将物联网产业的发展方向限制在了网络层面，导致物联网底层的传感技术没有得到与之地位相符的支持力

度，物联网产业变成互联网盛世的附庸。

针对这一问题，应该倡导各界理性看待物联网产业发展，对其科技发展曲线有一个清晰的认识，不能盲目追求短期利益，要关注长期的科技积累，脚踏实地做好科研工作，发展实体经济，避免物联网产业成为泡沫产业。

（二）政府应加大投入力度，让物联网技术融入城市基础设施建设，促进物联网与智慧城市深度融合

随着外国科技与金融界对新概念的炒作，关于下一代网络的概念不胜枚举。一些大型的咨询公司为了配合客户企业的营销战略，会周期性推出一些新的概念并加以夸大，用美好的愿景来吸引投资。

同时，国内外学术界为了创新而创新的意图也很明显，对于同一个事物分别按照不同的名称和一套说辞纳入自己的逻辑体系中，久而久之，对于下一代网络的描绘日趋混乱、复杂，人们对于屡次无法兑现的愿景产生了厌倦，进而影响了物联网产业的迅速发展。

物联网、移动物联网、智能制造、物理信息系统、工业4.0、工业互联网等这些名词让人眼花缭乱。就算请一个业内专家来仔细分辨，也很难让人信服地将其区分开来。这些概念和背后的科技与资本势力暗自较量，各自划定一个范围互相排斥，既浪费了资源又阻碍了科研进步。

在当前的局面下，政府应该出面将各自为政的物联网科技与产业统一整合，将物联网与智慧城市这两个最终极也最复杂的概念之间的关系理清，按照有利于国家前沿科技创新和行业健康发展的思路，使两者深度融合，互惠互利。

（三）政府主导的核心工业应积极寻求变革，与市场共同推动物联网产业发展

根据帕累托法则，工业占据着中国经济80%的份额，所以工业领域的变革带来的价值将远远大于消费领域，而核心的工业又掌握在政府手里，物联网与核心工业的结合需要政府在政策层面予以切实有效的支持。

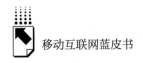

在过去的一年中，经常听到人们谈到 2017 年是物联网产业发展的元年。但是一年过去了，物联网产业，尤其是移动物联网产业只是雷声大雨点小，并没有实质性铺开。如果没有大力度的政策支持，核心工业以物联网为载体实现产业升级是一个十分艰难的命题。如果在 2018 年，政府可以出台一些新的政策，那么利用物联网实现工业去落后产能、高端制造业产业升级等等，就指日可待了。

（四）发展物联网产业帮助解决老龄化提前等严重社会问题

人口老龄化问题是我国未来要面对的一个严峻的问题。人口老龄化可能导致社会劳动力缺乏，社会福利体系负担过重，进入未富先老的窘迫境地，从而陷入"中等收入陷阱"。以物联网为引领的产业升级将帮助国民经济实现稳定增长，降低人口结构带来的社会经济风险。

比如，发展物联网产业，可以实现用机器替代部分劳动力。也就是说，尽管劳动力减少了，但过去低附加值的工作由机器完成，人力资本顺次向更高价值产出的岗位转移。那么劳动力仍然是足够的，也就能保证价值产出能力能够持续提升而不是被削弱。

物联网产业中最被看好的方向之一就是健康与医疗，这与老龄化社会的需求紧密相关。物联网可以使医疗从医院扩展到家中，在降低成本的同时，利用其时间上的优势，超越传统医疗模式对于老龄化疾病的治疗效果，使物联网成为老龄化社会必需的科技手段。

（五）在政策与技术层面消除安全问题对物联网产业发展的掣肘

物联网产业中的很多方面都与人们的生活息息相关，如摄像头、智能恒温器等设备。通过对它们的信息采集，可直接或间接地暴露用户的隐私信息。由于生产商缺乏安全意识或因成本问题而放弃了对安全模块的设计，很多设备缺乏加密、认证、访问控制管理等安全措施，使得物联网中的数据很容易被窃取或非法访问，引发数据泄露。近期频繁爆出的摄像头泄露隐私事件，直接使公众对物联网失去了安全方面的信任，使物联网产业中与日常生活方面的部分步履维艰。

物联网安全既是技术问题，也是意识问题。在物联网智能家居场景中，用户认为安全不是设备可感知价值的一部分。用户对其灯泡没有安全需求，于是他们不会为物联网灯泡的安全支付额外的费用，但是安全问题总是发生于最薄弱的环节，黑客完全可以利用连入物联网的灯泡破坏整个智能家居系统。在物联网消费品领域，商家与用户的安全意识是相互促进的，商家对于物联网安全的重视与宣传，可以让消费者关注安全的物联网产品，逐步使不安全的物联网产品失去市场。

在政府层面，应该加大监管力度，对于安全设计不完善、安全管理不严格的物联网产品与相应企业禁止入市。在初期只有通过严格的市场监管，才能形成良性循环，淘汰掉不安全的物联网产品。

参考文献

物联网产业技术创新战略联盟：《中国物联网产业发展概况》，人民邮电出版社，2016。

李晓妍：《万物互联：物联网创新创业启示录》，人民邮电出版社，2016。

陈国嘉：《移动物联网商业模式＋案例分析＋应用实战》，人民邮电出版社，2016。

〔美〕弗朗西斯·达科斯塔：《重构物联网的未来：探索智联万物新模式》，中国人民大学出版社，2016。

市 场 篇

Market Reports

B.14
2017年中国移动视频发展新生态

李黎丹 *

摘　要： 2017年短视频集中爆发，成为互联网流量的新入口，直播平
台则已经走过高速增长的时期，谋求不同方向的拓展，优质
化、垂直化是其发展的趋势。网络长视频平台积极进行集团
内部各平台端口的连接协作，打通全产业链，充分进行资源
整合和价值开发，其生态优势在2017年得到凸显。

关键词： 移动视频　短视频　直播　长视频

2017年，网络视频的用户规模继续上升。截至2017年12月，网络视
频用户规模达5.79亿，较2016年底增加3437万，增长率为6.3%，手机网

---

* 李黎丹，人民网研究院研究员，博士，高级编辑。

络视频用户规模达到5.49亿，较2016年底增加4870万，增长率为9.7%，占手机网民的72.9%。[①] 在相对集中的时间用户可以消费长视频产品，而在碎片化时间里则可以观看海量短视频产品。短视频更为契合手机用户的使用习惯，用户规模不断提升。

一 短视频与直播的相互介入

如果说在2016年直播是视频行业最为炙手可热的焦点，那么，在2017年，短视频则成为爆发式增长的领域。

（一）短视频：互联网流量的新入口

2017年是短视频迅猛发展的一年，QuestMobile发布的《2017年秋季移动互联网报告》显示，中国短视频行业月用户规模已从2016年9月的1.5595亿增长到2017年9月的3.0275亿，同比增长94.1%。[②] 短视频已成为仅次于社交的主流应用。

1. 短视频的竞争格局

关于短视频的标准，各家短视频公司给出了不同的界定：快手给出的标准是57秒，今日头条认为4分钟是市场主流，秒拍则给出了6秒到4分钟的说法。第三方机构艾媒给出的定义则是："视频长度不超过20分钟，通过移动智能终端实现播放、拍摄、编辑，可在社交媒体平台上实时分享和互动的新型视频形式"。[③] 视频形态包含记录短片、微电影、视频剪辑等。

Analysys易观数据显示，2017年第三季度根据用户渗透率移动短视频平台Top10可以分为三个梯队：第一梯队，秒拍、快手、西瓜视频、美拍；第二梯队，土豆视频、火山小视频、抖音、凤凰视频；第三梯队，小影、快视频。

---

① 《第41次中国互联网络发展状况统计报告》，新浪网，2018年1月31日。

② 《短视频市场的冰与火：重金补贴下近半创业者愁盈利》，新浪网，2018年1月19日。

③ 《2017上半年中国短视频市场研究报告》，http://dy.163.com/v2/article/detail/CU5KVINT0511A1Q1.html，2017。

依托微博平台强大的聚合力和流量，秒拍的渗透率高达56.26%，[①] 位居行业之首。抖音虽然处于第二梯队，却是中国最年轻和增长速度最快的平台之一。从用户年龄结构来看，抖音中年龄在24岁以下的年轻用户最多，占比高达73.8%，其次是快手，达66.8%；25~30岁的用户则在秒拍中占比最高，达到了20%，这个年龄段的用户相对来说更成熟，也具有更强的消费能力。[②]

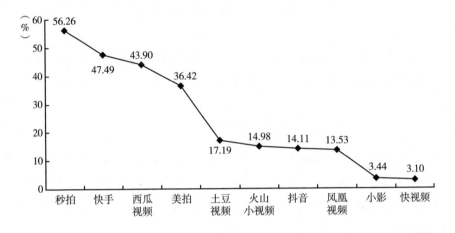

图1　2017年第三季度全网短视频平台用户渗透率

注：移动全网短视频平台用户渗透率是指通过目标短视频平台站内及站外分享链接播放所覆盖用户数占移动端全网短视频用户数的比例。

资料来源：以易观千帆数据为基础，依据易观自有数据研究模型进行各平台及全网覆盖用户数、渗透率测算。

在这些短视频背后，都能看到互联网企业的身影。新浪微博是秒拍能够稳居短视频平台第一阵营的重要支撑力量；快手在3月由腾讯领投新一轮3.5亿美元融资，使其在保持用户高增长的同时重金投入品牌推广；西瓜视频隶属于今日头条，2017年今日头条先后推出了四款定位不同的视频产品，分别是西瓜视频、火山小视频、抖音、内涵段子，还收购了海外短视频公司Musical.ly。

① 《短视频"绞杀战"，内容创作者们如何活下来？》，http：//news.163.com/shuangchuang/17/1214/13/D5KCT9E8000197V8.html，2017。

② 《上线酷燃，微博和头条的"视频+社交"混战，为啥都动用了集团军?》，http：//www.sohu.com/a/202844363_117891，2017。

阿里、百度、360 等互联网企业的身影也再次出现。2017 年 3 月阿里巴巴文化娱乐集团召开了短视频战略发布会，宣布土豆网全面转型为短视频平台，先后投入 20 亿元巨资扶持优质内容生产。百度则也不甘落后，一个月后启动了一期 5 亿元规模的 PGC 内容投资基金，同时宣布投资人人视频，引进海外优质短视频。后来入局的 360 在内部孵化了短视频产品"快视频"，在外部投资了音乐短视频产品"奶糖"。

2. 各大平台加大补贴 MCN

内容是移动视频用户最关心的要素，对于优质内容的争夺是各短视频平台竞争的重点。从 2016 年开始各平台就投入巨额资金来聚合优秀的内容制作者，不同的是进入 2017 年后各大平台在继续加大投入的同时，纷纷将补贴的重点从个人转向了 MCN。① 相对于单个的创作者，MCN 更能够实现稳定的商业变现。

2017 年 3 月阿里巴巴在宣布土豆全面转型为短视频平台的同时，推出了"大鱼合伙人"计划，针对 MCN 机构推出"大鱼 FUN 制造"等对赌激励模式；同年 9 月，美拍举行了"美拍 MCN 战略启动仪式"，正式与 papitube、洋葱视频、自娱自乐、抹茶美妆等 10 家 MCN 达成合作；两个月后，腾讯企鹅号也宣布了其 MCN 计划；时隔不久，今日头条旗下的西瓜视频也在 11 月底宣布将投入 20 亿元作为联合出品基金，鼓励高质量的短视频内容创作并共同招商。2017 年，秒拍作为首个专门为 MCN 设立榜单的平台，和 2000 多家 MCN 建立了深度合作，并拿出 1 亿美元扶持资金成立了"秒拍创作者平台"；微博则在 12 月宣布成立 30 亿元基金扶植 MCN。根据微博提供的数据，截至 2017 年 8 月，与微博合作的视频 MCN 已经超过 1000 家。②

---

① MCN（Multi-Channel Network）的概念来自 YouTube，意思是一种多频道网络的产品形态。MCN 是一个机构，类似于网红经纪公司，旗下有自己的签约内容生产者，为其提供营销推广、流量内容分发、招商引资等服务，MCN 从中收取费用或广告分成。

② 《短视频已经陷入"绞杀战"，长线经营才是核心》，http：//news. 7654. com/a/ 1984867806932550000_ 3，2017。

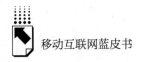
3. 短视频成为海外布局的重要领域

路透社新闻研究所分析了 8 家媒体的社交网络视频策略，研究发现短文本视频的效果更好，即短于 4 分钟、文本结合图片、没有旁白的视频。[①] 在世界范围内，对于短视频的关注也已成为趋势。Facebook 的全球市场解决方案副总裁 Carolyn Everson 认为，"今天，在线短视频已经消耗了 50% 的手机移动端流量，未来三年这个数字将达到 75%。作为市场从业人员，我们必须对这一用户行为的变化做出反应"。[②] 短视频也成为跨越国界进行布局或合作的重要领域。

2017 年 11 月 10 日，今日头条全资收购短视频平台 Musical. ly。交易完成后，今日头条将会对旗下的音乐短视频产品抖音和 Musical. ly 进行合并。抖音短视频是国内 24 岁以下年轻用户最多的短视频产品，2017 年 5 月抖音的日均视频播放量破亿人次，8 月其日均播放量连翻几番飙升至 10 多亿人次，[③] 抖音良好的发展势头使今日头条投入上亿美金帮助抖音走出国门，开始国际化的历程。可以说，正是今日头条的技术优势和抖音在国内良好的品牌形象，最终促成了这次并购的成功。从图 2 可以看出，短视频已成为今日头条海外布局的重要领域。

2017 年 8 月，梨视频和 Zoomin. TV 在上海签署战略合作协议，在内容版权、品牌、拍客等方面实现资源共享和优势互补，并宣布联手打造史上最大规模全球拍客联盟。Zoomin. TV 是全球顶尖短视频公司，也是全球第六大 MCN，其拍客遍布全球 110 个国家，超过 30000 名，其中包括 3500 名顶尖拍客在内。梨视频则在创立之初便着手搭建全球拍客网络，目前在全球拥有 18000 余名核心拍客，他们生产制作的《四百万寻房》《世界的孤儿》《特朗普家族移民简史》等短视频产品在全球引发广泛的关注和热议。梨视频

[①] 《如何在社交媒体制造爆款视频，知道这些套路你就赢了!》，http：//news. hexun. com/2017 – 09 –15/190876616. html，2017 年 9 月 15 日。

[②] 《Facebook：未来三年内在线短视频将占据 7 成手机流量》，http：//www. jiemian. com/article/1663837. html，2017。

[③] 《抖音：短视频万军丛中杀出的一匹黑马》，https：//www. sohu. com/a/205459450_ 114819，2017。

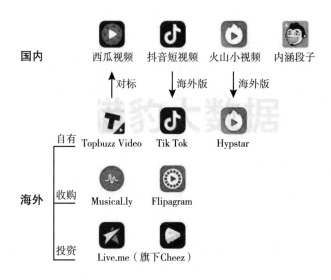

图2　今日头条的短视频全球布局

资料来源：猎豹全球智库整理。

拍客蓄水池有300多万人，遍布全世界525个城市。

4. 短视频内容构成与变现

在对用户喜爱的短视频内容类型进行调查后，iiMedia Research（艾媒咨询）数据显示，搞笑幽默的短视频是受访者最喜欢看的类型，占比为61.4%，居第二位的是生活技能类和新闻现场类，占比分别为44.7%和32.5%。娱乐明星类和时尚美妆类分别以31.5%和30.2%列第四、第五位。① 在CNNIC历次《中国互联网络发展状况统计报告》中，新闻资讯在用户使用占比中都名列前茅，对于新闻媒体来说，"新闻现场"短视频的需求市场潜力巨大，"视频优先"已成为不争的事实。

虽然在2017年短视频风头正劲，颇受资本青睐，但其同样存在网络视频一直以来的变现痛点。从今日头条公布的《2017年短视频创作者商业变现报告》来看，将近一半（47.9%）的短视频团队都不能盈利，略有盈余

---

① 艾媒报告：《2017上半年中国短视频市场研究报告》，http：//dy.163.com/v2/article/detail/CU5KVINT0511A1Q1.html，2017。

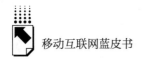

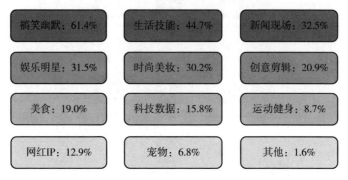

图3　短视频类型分布

资料来源：iiMedia Research。

的不到1/3（30.25%）。从收入的构成来看，平台贴补是最大的收入来源，占到了72.58%。最受看重的模式是广告。① 流量分成是短视频收入构成中比较重要的方式，平台方根据流量等因素和内容创作者分成，更新频率越高、内容质量越好，内容创作者获得的分成也就越多。虽然短视频的变现模式还有待探索，但其可观的商业前景是毋庸置疑的。

短视频在2017年的火爆兴起，最重要的原因之一是其符合媒介演进的规律，使人们对世界的感知方式在媒介中得到满足，并且更容易契合现代人的生活节奏，使内容的接收变得随时、随在、随性。当然，互联网技术的不断演进和发展，支持并造就了短视频成为流行的表达方式。短视频既代表了互联网发展的一个方向，也代表了用户需求的一种转变。

（二）直播行业大"洗牌"

直播平台已经走过了高速增长的爆发期。中国互联网络信息中心发布的报告显示，截至2017年6月，网络直播用户规模及其在网民中的占比都出现下降。曾经火爆一时的直播平台在2017年遭遇了行业的大洗牌。

---

① 《2017，"绞杀战"中的短视频》，http://tech.ifeng.com/a/20171213/44803078_0.shtml，2017年12月13日。

1. 直播行业的监管与自律力度加强

2017 年国家主管部门对直播行业加大了监管力度。2017 年初，国家相关部门严查"无证"及违规直播平台，关闭的直播间达 9 万多个，封禁账号超过 3 万个。为进一步治理网络直播乱象，国家网信办要求全国互联网直播服务企业自 7 月 15 日起，向属地互联网信息办公室进行登记备案。这次备案主体为从事互联网新闻信息转载服务、传播平台服务的互联网直播服务企业（包括开办直播栏目、频道的商业网站新闻客户端），以及其他类互联网直播服务的企业。

业界积极响应国家对直播平台监管的加强，2017 年 7 月 8 日，18 家在线直播平台联合成立"网络直播行业自律联盟"，完善社会举报和黑名单机制，推动建立行业自律标准。从自身的发展来讲，直播平台也需要顺势而为，更加规范自身的行为，推出更多正能量的内容。同时，积极谋求多元化发展，布局垂直频道，结合吸纳更多社交元素，努力走出各具特色的发展道路。

2. 直播领域的竞争格局

艾媒咨询数据显示，2017 年中国在线直播用户规模达到 3.92 亿，预计 2019 年用户规模将约为 5 亿。[①] 2017 年能够继续下一轮融资的直播平台基本上都属于头部：斗鱼直播 2017 年第三季度以 2.05% 的用户活跃占比居于游戏内容类直播 APP 之首，上半年成为国内首家完成 D 轮融资的直播平台；以 1.82% 的活跃用户占比位居娱乐内容类直播 APP 第一的花椒直播获得 10 亿元 B 轮融资；游戏内容类直播 APP 熊猫直播也获得 10 亿元 B 轮融资。[②] 而当红利不再，这些头部直播平台也纷纷进入转型探索期。在线直播平台用户体量与活跃平台用户占比联系紧密。在吸引更多的用户的同时，推出符合观众需求的内容以提高用户黏性，是平台长久发展的关键所在。各直播平台也纷纷开始了提升用户黏性的不同探索。

---

① 《腾讯领投斗鱼、虎牙，直播平台硝烟起》，http://www.jiemian.com/article/1980599.html，2017。

② 《虎牙赴美 IPO、斗鱼融 40 亿元　直播平台进入收割季?》，http://finance.eastmoney.com/news/1353，20180308841208591.html，2018 年 3 月 8 日。

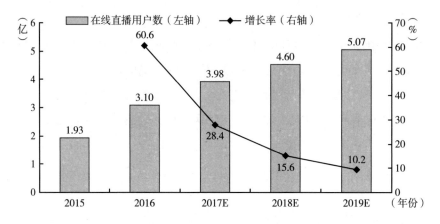

图4 在线直播用户数

资料来源：艾媒北极星，截至2017年9月底，北极星采用自主研发技术实现独立装机用户监测，系统已覆盖用户7.93亿。

增强直播平台的社交属性是不少直播平台的选择。直播平台的用户以年轻人居多，增强社交性更符合这个用户群体的使用特征，轻社交①内容的推出符合年轻人口味，是增加平台用户黏性的有效途径之一。花椒直播在用户规模和活跃度占比方面都在直播行业处于头部，它陆续推出"碰碰""聊聊""花椒开趴"来增强直播平台的互动社交属性，并将其作为增强原有用户留存率、吸引新用户的努力方向。YY、陌陌等也纷纷推出游戏产品来拓展平台的视频社交属性。YY推出了"欢乐吐篮球""隔空抓娃娃"等互动直播小游戏，陌陌则推出了"狼人杀"等在线推理游戏，这一系列在线实时游戏互动，都是为了帮助用户快速建立共同话题和有效的情感纽带，尽快建立起不同的社交关系链。

为了扭转直播平台低俗化的倾向，除更加注重内容质量外，不少直播平台也进行了"公益化""文化性"的尝试，使直播成为传统文化和公益理念的平台。2017年，花椒直播积极参与公益事业，先后发起和参与了"关爱留守

---

① 轻社交，是突破时间、空间限制，以利用碎片时间分享生活点滴、扩展人脉关系，极大限度简化传统繁杂的传统社交，让交友更加轻松愉悦，使用户全身心感受清新、纯净的社交环境，隔离现实、放缓快节奏的社交模式。

老人儿童""用爱助力精准扶贫""后备箱图书馆""徒步捡烟头"等活动，不仅推动直播行业塑造更为正面的形象，也为社会正能量的积聚做出了贡献。KK 直播则与媒体联合，共同打造公益和文化活动，2017 年曾两度与光明网联手，推出了"走进高校系列直播"和"最美地名故事之地名文化大直播"活动，以生动直观、互动性强的方式，与网民共同加深对大学校园和各城市文化底蕴的了解。KK 直播还与北青社区传媒在北京各大地铁站共同举办了"我们都一样"的艾滋病公益宣传活动。《匠人与匠心》是 KK 在"直播 + 传统文化"方面所做的尝试，对剪纸、泥塑、刺绣等非物质文化遗产进行系列直播，以灵活的、更具贴近性的方式为非物质文化遗产的传承注入了活力。

从野蛮生长发展到今天，用户的新鲜感早已褪色，加之内容审查趋严，优质内容和垂直领域的深耕是未来直播平台努力的方向，"直播 +"将会有更多方向的呈现。斗鱼创始人陈少杰强调，斗鱼已经不再是一个游戏直播平台，汽车、二次元、财经等垂直领域的内容在斗鱼的平台都有纵深的发展。斗鱼还成立了一个规模在 10 亿元左右的文创产业基金，用以扶持网红培训、电竞赛事以及大数据和直播电商的产业链集群。① 熊猫、龙珠等游戏直播平台也都在进行类似的拓展和尝试，陌陌直接将"培育垂直内容"作为三大发展方向之一。

3. 媒体在直播领域的集体试水

2017 年 2 月 19 日，《人民日报》与微博、一直播共同推出了全国移动直播平台，同日，主打移动直播的央视新闻移动网上线，标志着媒体直播已进入集体试水阶段。传统媒体凭借自身的专业团队和资源优势能够为直播平台提供优质内容，让积极、权威的内容更多地成为直播平台的主流。随着社交媒体和移动终端的迅猛发展，传播方式和传播效果发生了很大的改变，视频正在成为这个时代常规化的表达。而直播由于其时效性、现场感和便捷性强，能够带领用户快速触达事件，连续追踪热点，越来越受到瞩目，已成为新媒体传播的主要

---

① 《腾讯投资斗鱼　陈少杰表示斗鱼完全进入盈利状态》，https://item.btime.com/m_92c0ee66dc305194c，2017。

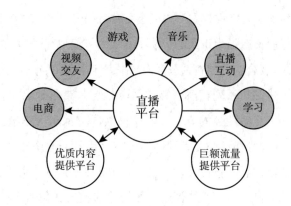

图5 直播平台的拓展

资料来源：艾媒咨询。

呈现方式之一，特别是对于重大事件的报道，媒体进行了很多的直播尝试。

如在2017年两会期间，人民网做了120小时的"两会进行时"视频直播报道，受到社会好评、业界认可。10月十九大召开期间，人民网推出的《直通十九大》视频栏目是除中央电视台等电视媒体之外，全网唯一自制直播流信号，以"人民网自制内容＋海内外连线＋转播央视信号"形式报道十九大。作为唯一的网络自制直播栏目，《直通十九大》不仅在宣传报道中强势融入人民网的权威声音，也为广大网友提供了看十九大的另一种视角。人民网记者在万米高空的东航飞机上采制的"空中看十九大"特别报道，更是创下空中网络直播纪录。

（三）短视频与直播的相互渗透

2017年短视频与直播的边界在模糊，开始互相介入对方的领地，直播平台纳入更多短视频，在没有直播的时候为用户提供碎片化的丰富的视频内容，而短视频平台也添加了直播功能。花椒宣布投入1亿元签约短视频达人，并斥巨资补贴优质PGC和UGC。[①] 陌陌新版本在首屏设置了短视频的集中入口，同时支持打赏。陌陌CEO唐岩明确表示，陌陌的核心工作转向了以短视频为

---

① 《2017，直播平台生死年》，http://www.sohu.com/a/200093376_697916，2017。

中心的内容运营，"陌陌日均短视频原创发布量较三个月前增长了49%，观看量增长57%，用户互动量增长60%，短视频的有效用户数已经覆盖了总活跃用户数的58%"。[①] 2017年下半年YY和斗鱼也都先后上线了短视频。

而短视频则纷纷加入了直播功能。快手和美拍2016年就上线了直播功能。值得关注的是，今日头条旗下的火山小视频，虽然在上线的时候就兼具直播功能，但它的前身就是火山直播，后来才定位为视频平台。其产品负责人对此做出的解释具有一定代表性："就现阶段的网络环境和使用习惯，我们可能更看好小视频一点。直播业务更像是短视频业务的延伸"。[②] 就今日头条总体视频产品而言，短视频也占据着绝大部分份额，74%的视频长度都在5分钟以内。[③]

短视频和直播的相互介入，是用户多元化需求的体现，为了更好地顺应、满足用户需求，今日头条、微博等对于视频都采取了矩阵战略。今日头条旗下有集中于搞笑的西瓜视频、聚焦于原创生活小视频社区的火山小视频和音乐创意短视频社交应用抖音，还收购了美国短视频社区Flipagram。微博在短视频泛直播领域则有六个产品：短视频秒拍、直播平台—直播、视频社交微博故事、30分钟内的IP类短节目视频酷燃、对嘴型表演的小咖秀，以及以普通用户为主的随手拍。

二　长视频的生态化演进

对于视频网站而言，2017年是突破性的一年，"视频行业进入下半场，由过去的单体竞争向生态性竞争转变，行业可能继续洗牌"。[④]

---

① 《移动营销何以成陌陌的第三增长极？》，http://news.ifeng.com/a/20170825/51759303_0.shtml，2017年8月25日。
② 《火山小视频宣布将进行10亿补贴，今日头条的短视频赛道到底是什么打法？》，http://www.tmtpost.com/2608961.html，2017。
③ 《短视频的风口究竟在哪儿》，https://www.huxiu.com/article/171824.html，2017。
④ 《优酷总裁杨伟东：三家主要视频平台有可能继续整合》，http://companies.caixin.com/2017-10-25/101161001.html，2017年10月25日。

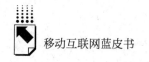

（一）长视频的全产业链化拓展

2017 年，视频网站不论在内容、营销等方面，还是在产业链整合层面，都有了重要突破。2017 年下半年，爱奇艺文学公布了"云腾计划"，"云腾"取自"云腾致雨，雾结为霜"，以此譬喻文学和影视内容的关系，希望借此使文学作品和影视作品相互促进，打通全产业生态链条，和下游的影视作品实现更为有机和充分的联动，使自家的 IP 进行全链条孵化，在网络影视崛起的时代，能够以原创优质内容在网络影视领域独领风骚。

11 月，腾讯视频自制青春校园剧《致我们单纯的小美好》借助庞大的社交平台，上线仅三天播放总量便已突破 2 亿人次。同时，在校园开展"不负青春好时光"主题故事征集活动，意图将每个希望将自己青春故事以影像留存的大学生，都纳入原创库，为将来影视剧创作储备丰富、鲜活的素材。腾讯视频也致力于以这种链接上下游的方式完成自身布局的闭环。此外，腾讯视频还逆向而动，与以前将视频爆款开发成手游不同，将游戏《王者荣耀》开发成综艺节目。

对于优酷来说，阿里大文娱板块已将包括书旗小说、虾米音乐、优酷、土豆、淘票票等在内的产业链条打通。背靠互联网巨头的视频网站，集团拥有丰富的资源，能充分挖掘、联动各平台和各端口资源，布局全产业链的新生态。集团整体协同能力对于视频网站的极大助力逐步凸显，特色化运营、提升资源利用率且进行充分的价值开发，是未来影响视频网站营收的重要因素。

（二）生态平台的整体协作能力增强

2017 年，优酷与集团内部各平台连接共建"生态"的努力越来越显现出优势。2017 年 8 月，优酷宣布会员体系从内容到服务全面升级，这不仅是一次用户体验的升级，而且是阿里打通、盘活文娱和电商领域大数据的关键一步。成为优酷的 VIP 会员，除了享受海量的影视资源外，还可以享受阿里旗下其他各平台的会员权益，如在虾米听音乐、在淘票票购买电影票、在飞猪出行旅行、在天猫超市购物等各种消费场景中，都可以获得相应的优惠。

在2017年的"双十一"，优酷会员天猫官方旗舰店超历史成交峰值41.41%，成功利用阿里最具人气和商业价值的时间节点大大扩充了自己的会员库。可以想见，不远的将来，优酷的会员资格将进一步成为阿里生态中遍享其大文娱资源的超级账号。"未来碎片化或孤立的内容生产会越来越吃力，谁具备生态化的思考和执行，谁就更具生命力"。① 2017年优酷频频推出"爆款"，从年初的《三生三世十里桃花》到被全球流媒体巨头奈飞（Netflix）买下海外发行权的《白夜追凶》，都不难看到阿里旗下其他平台的协作努力。无疑，"让内容整体的效率提高，同时将内容变现方式增多，这只有在生态里才能做到"。②

三 未来的发展

（一）长视频的类型化

2017年底，腾讯、优酷、爱奇艺分别发布了30部、58部、79部的剧集片单，从中可以看到2018年网剧的发展趋势。大IP、类型化、季播是内容的关键词。IP约定俗成的意思主要是指网络小说，由于其是网络的原生内容，能够拥有大量的读者群本身就说明了作品对于年轻网民兴趣的契合，因此对其进行视听化的改造有着天然的网络受众群体，并且其生发于网络，还带来了天然的数据优势，这些优势是其他作品所无法比拟的。

近些年来网络小说的发展趋于成熟，形成了不同的题材类型，如古装传奇、现代都市、悬疑冒险、女性言情、燃血青春等等，都受到了读者的喜

① 《一口气发50部剧综新品，优酷"集团化"拼操盘能力》，http://news.163.com/17/0422/01/CIJC3G48000187VI.html，2017年4月22日。
② 《回顾文娱生态一周年，视频网站如何在新一轮竞争赢得自己的砝码?》，http://tech.china.com/article/20171230/2017123093884.html，2017年12月30日。

爱，有着广泛的受众群体，而"类型化"对于影视剧的创作具有重要意义，能够形成类型，意味着受众可以对其构成元素、情节走向有着比较成熟的期待框架，能够聚集比较稳定的受众群体，在一定的范畴内推陈出新，将受众多元化和共鸣性的需求较好地结合。以往热播的《白夜追凶》《无证之罪》等都是在一定的类型中加以创新，在受到网民欢迎的范畴中最大限度地挖掘观众的兴奋点，以引起更多共鸣。

（二）短视频与直播内容生产的专业性要求不断提升

直播和短视频的应用场景十分广阔，能够应用于各类行业。随着垂直领域成为行业发展的大方向，未来直播和短视频领域对于优质内容和优质主播的需求越来越强烈。2018年，各平台也将会进一步加强对资源的孵化和汇聚，如在爱奇艺号 iPartner 合作者大会上，爱奇艺宣布启动北极星计划，2018年将对顶级原创视频制作团队进行孵化扶持。对于创作团队的大力扶持意味着对视频内容的质量提出更高要求，以往争夺眼球的低俗内容将被边缘化，碎片化时间观看的短视频对信息含量的要求也大大提升，甚至每一帧都要含有调动认知和情感的信息，这无疑会不断提高对内容生产团队的专业性的要求。"从草根里'涨'起来的流量，最终还是流到了承载优质内容的大池子里"。[1]

（三）视频营收模式更加丰富

作为视频营收最主要、最"传统"方式的广告，一直处在发展中，出现了创意中插、压屏条广告、易植贴、互动广告等多种形式。其中与内容相结合的智能原生广告占比从2016年的10.9%提升到23.2%，[2] 视频作为一种场景可以连接的商业价值不可估量，未来其商业潜力还有待充分开发。

---

[1] 《"视界"在下沉，短视频会是内容创业者的"高潮"吗？》，http://www.woshipm.com/it/521012.html，2017。

[2] 《智能植入广告成视频网站新盈利点》，http://tech.ifeng.com/a/20171010/44709906_0.shtml，2017年10月10日。

2017年11月8日，腾讯视频V视界大会上腾讯视频宣布付费会员已经超过4300万名，付费用户的市场份额居行业第一位。此外，在全球移动应用收入TOP30的榜单中，腾讯视频成为中国上榜8个APP中唯一的非游戏类应用。在中国，网络视频用户付费的习惯已经养成，会员费成为网络视频的重要收入。更重要的是，从受众、观众转变成用户，其中蕴藏着更丰富的可能性。"除了广告模式之外，可以看到未来更有发展前景的就是以用户数据模式、付费会员模式为代表的基于用户画像的内容营销。平台方和内容方已经有深度的互动。一种共生关系呼之欲出"。[①]

参考文献

王晓红：《论网络视频话语的日常化》，《现代传播》2013年第2期。

〔美〕仙托·艾英戈、唐纳德·金德著《至关重要的新闻电视与美国民意》，刘海龙译，新华出版社，2004。

程征、胡启林：《国外短视频新闻机构发展现状与启示》，《中国记者》2015年第2期。

张梓轩、汤嫣、王海：《动态社交语言对表意功能的革新——探析"移动短视频社交应用"赋予新闻传播的新空间》，《中国编辑》2015年第5期。

〔美〕约翰·W.迪米克：《媒介竞争与共存：生态位理论》，王春枝译，清华大学出版社，2013。

---

① 《把三大视频网站的片单看尽，网剧发展三大趋势呼之欲出》，https：//www.toutiao.com/i6486023238068470285/，2017。

B.15
内容竞争大潮下的移动社交

张春贵*

摘　要：　2017年移动社交产品整体格局稳定。在内容竞争日趋激烈、内容监管日益严格的大背景下，各家移动社交产品都不断调整产品功能，完善产品内容生态，赋能内容生产。未来，社交网络发展会出现社交产品内容平台化现象，内容质量决定平台活力，维护内容生态健康是社交发展的第一要务。

关键词：　移动社交　内容竞争　微信　微博

一　2017年移动社交产品格局

（一）主流移动社交产品：格局稳定，强者越强

本文所说的主流社交产品，指所属公司已经上市、用户基数较大（千万级以上）、有明确的发展策略且持续盈利的社交产品。以此标准，主要有微信、QQ、微博、陌陌、YY五种产品。2017年，主流移动社交产品格局稳定，呈现出"马太效应"。

1. 微信：继续拓展社会服务

微信用户及使用频率增长依旧强劲。2017年底，微信及WeChat合并月活跃账户达9.886亿，同比增长11.2%；2018年春节后，合并月活跃账户

---

* 张春贵，人民网研究院研究员，博士。

超过 10 亿①。据 2017 年腾讯全球合作伙伴大会公布的数据，截至 2017 年 9 月，月活跃公众号 350 万个，公众号月活跃关注用户数为 7.97 亿，同比分别增长 14% 和 19%②。

微信产品功能不断完善。2017 年 1 月推出的小程序是最重要的产品更新，经过一年的推广，小程序在三、四线及以下城市的覆盖数达到 50%，开发者超过 100 万；到 2018 年 1 月，已推出 58 万个小程序，日活跃账户超过 1.7 亿③。微信还推出了"微信指数""搜一搜""看一看""彻底销号""部分修改"等功能。

社会服务功能继续拓展。微信和支付宝是当前最重要的第三方城市服务平台，两者在各个领域展开竞争，不断寻找机会与政府、社会管理机构加深合作，以抢占市场，增加用户黏性。

2. QQ：低龄化趋势更加明显

单纯从数字上看，QQ 在 2017 年增长不力。QQ 月活跃账户数 7.83 亿，较上年同期下降 9.8%；QQ 空间月活跃账户数 5.63 亿，较上年同期下降 11.7%。QQ 智能终端月活跃账户数 6.83 亿，较上年同期上升 1.7%④。

但 QQ 在低龄用户中的影响增大。21 岁及以下的智能终端月活跃账户同比增长，而且其使用时间较长。另据 2018 年 1 月发布的《中国儿童参与状况报告（2017）》，75.9% 的中小学生拥有手机，85.5% 的有 QQ 号，70.9% 的有微信⑤。QQ 低龄化的一个重要原因是，很多小学生没有手机，无法注册微信，因而注册 QQ 是当然之选。

腾讯强化了 QQ 的功能以吸引年轻用户，如厘米秀、NOW 直播、兴趣部落、AR、高能舞室等"炫酷"功能。2017 年爆红的游戏《王者荣耀》，QQ 登录占据了绝大多数的比例，游戏成为低龄人群社交的一种载体。2018

---

① 《腾讯公布 2017 年度财报　全年总营收 2377.6 亿元》，腾讯网，2018 年 3 月 21 日。

② 《2017 微信数据报告》，搜狐网，2018 年 2 月 3 日。

③ 《张小龙的一天，小程序这一年》，大风号，http://wemedia.ifeng.com/45125819/wemedia.shtml。

④ 《腾讯公布 2017 年度财报　全年总营收 2377.6 亿元》，腾讯网，2018 年 3 月 21 日。

⑤ 《儿童蓝皮书：中国儿童参与状况报告（2017）》，中国皮书网，2017 年 5 月 14 日。

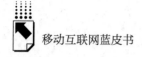

年春节期间，QQ针对年轻人群体推出了短视频红包、视频电话红包、语音口令红包、联名限量款红包等新玩法，结合AI、语音识别等技术，满足年轻人红包社交的新需求。

3. 微博：稳定推进"赋能"策略

微博用户规模稳步增长，2017年12月的月活跃用户数较上年同期净增约7900万，达到3.92亿，月活跃用户数中93%为移动端用户[①]。

微博的发展战略比较明确和稳定、持续。微博CEO王高飞在2017年12月举行的"2017微博V影响力峰会"上强调，"微博多年坚持的方向不会改变，即坚持做大微博的平台规模、坚持基于内容的社交赋能、坚持基于粉丝的变现赋能"。[②] 微博开启的垂直领域MCN[③] 合作计划效果显著，合作的MCN机构已超过1200家，较上年增长268%；覆盖1.6万个账号，较上年提升305%；月阅读量达1210亿，同比大幅提升410%；合作已经覆盖到53个垂直领域，几乎涵盖微博用户所关注的所有兴趣领域。

微博产品自身也在不断改进，以适应年轻用户的口味。2017年5月微博推出新产品"微博故事"，迎合年轻用户竖屏视频的使用偏好；11月7日，微博上线测试新短视频产品"酷燃"；12月5日，微博的内容导购平台开始公测；12月14日，微博正式上线编辑功能，可对已发布的微博内容进行编辑修改。

4. 陌陌：直播之外寻求转型

2017年12月，陌陌月活用户达到9910万，创下了历史新高；2017年全年净营收达到13.183亿美元，同比增长138%[④]。在用户活跃度方面，受益于平台社交场景和娱乐内容的不断丰富，每用户使用时长实现小幅

---

① 《微博发布2017年第四季度及全年财报》，新浪网，2018年2月13日。
② 《微博2017赋能自媒体收入207亿，CEO王高飞谈"坚持"》，ZAKER，https：//www.myzaker.com/article/5a2675fc1bc8e0fd77000002/，2017。
③ 注：MCN，即Multi-Channel Network，是一种多频道网络的产品形态，将PGC内容联合起来，在资本的有力支持下，保障内容的持续输出，从而最终实现商业的稳定变现。
④ 《陌陌股价大涨近9% 2017财年及第四财季财报超预期》，凤凰网，2018年3月8日。

增长。

直播仍然是陌陌增长的重要动力，但由于直播行业趋稳，陌陌在直播领域的市场空间正在缩小，开始向泛娱乐平台转型，先后推出了"快聊""狼人杀""快聊＋"等功能，在新场景中植入了付费点来尝试变现。8月中旬，陌陌推出了陌陌电台，通过语音体验为直播带来了新用户。

在短视频方面，陌陌进一步促进短视频与平台的各个社交场景持续融合，上线了短视频内容的实时质量评分系统和分层上升通道及相应的个性化推荐策略，结合 AR 元素对短视频制作工具包进行升级。

2018 年 2 月，陌陌以发行股票及现金的方式收购探探 100% 股权。探探于 2014 年上线，其核心产品机制是"左滑右滑、互相喜欢才能聊天"。截至 2017 年 6 月，探探的手机注册用户达到 9000 万，有效用户（去除垃圾账号和封禁账号）6000 万，其中"90 后"用户占比在 75% 以上，日活量突破700 万，次日留存率高达 75%[①]。陌陌以男性用户为主，探探则侧重于女性用户，双方的合并或许能实现产品功能互补。

5. 欢聚时代（YY 语音）：巩固移动流媒体直播社交平台

2017 年，欢聚时代移动视频直播月度活跃用户人数（MAU）同比增长36.6%，至 7650 万人；总视频直播付费用户人数同比增长 25.0%，至 650万人[②]。在运营策略上，YY 采用了更多新办法来吸引年轻一代用户和提高现有用户在流媒体直播社交媒体平台上的参与度和消费水平，如"陪我""欢乐篮球"和"欢乐抓娃娃"等社交功能，还推出了多种新的短格式视频产品来探索更加细分的视频领域，满足用户多样化的需求。

（二）转型社交产品：基因落差，难以弥补

PC 互联网时代的老牌社交产品，在 2017 年的转型总体来说不太理想。2017 年 8 月，腾讯旗下曾被视为"中国的 Facebook"、主打校内熟人社交

---

① 《陌陌宣布收购探探 100% 的股权　股价大涨逾 17%》，腾讯网，2018 年 2 月 24 日。
② 《欢聚时代 2017 年净利润近 25 亿元　旗下虎牙将赴美上市》，腾讯网，2018 年 3 月 7 日。

的朋友网正式关闭，被视为"一个时代的终结"，也更加深化了转型产品的忧虑。

1. 知乎：发力知识型短视频

知乎目前注册用户已达 1.2 亿，日活跃用户超过 3000 万，月浏览量180 亿①。2017 年初，知乎获得最新一轮 1 亿美元融资，成为一个新的独角兽企业。

2017 年，知乎不断改进"知乎 Live"，推出了新版本客户端，在知识付费内容和机制上做出了诸多创新。2017 年 8 月，知乎实现全站支持视频上传和内嵌播放；9 月 20 日，知乎开放机构号注册，并将其原名"机构账号"改为"机构号"。2018 年 2 月，知乎移动端正式上线新功能"视频创作工具"，是基于视频这一内容形态的又一尝试。目前市场上娱乐类、生活类短视频占据主流，知识型短视频处于发展初期；而用户对于知识型短视频的需求正在不断增长，这或许是知乎的一个机会。

2. 百度贴吧：二次元用户或带来生机

近年来，百度贴吧的推广盈利模式广受批评，其不得不谋求转型发展，但至今没有找到合适的方向。2017 年，百度贴吧没有大动作。但百度贴吧也没有像其他多数社区那样直线走向衰落，庞大的存量用户仍然使其具有重要地位。根据百度官方公布的数据，贴吧累计注册用户总数达到 15 亿，月活跃用户超过 3 亿，日均发帖量超过 2000 万；百度贴吧里 24 岁以下用户占比一直保持在 65%～70%②。

百度贴吧成为年轻群体的重要舆论策源地，发展出了独特的"爆吧文化"，多次制造舆情热点。它还是年轻人"二次元文化"的一个重要集结地。随着"二次元文化"的影响越来越大，其或许能为百度贴吧带来机遇。

---

① 《知乎做出版，"捧着金饭碗要饭"还是"扮猪吃老虎"?》，一点资讯，http://www.yidianzixun.com/article/OI8qZpBc，2017。

② 吴怼怼：《BAT二次元争夺战，百度贴吧拿出了什么弹药》，界面，http://column.iresearch.cn/b/201712/819277.shtml，2017 年 12 月。

3. 豆瓣：商业转型，长路漫漫

截至 2016 年底，豆瓣拥有注册用户 1.5 亿，月度独立访客 3 亿，但一直没有找到合适的盈利模式。2017 年 3 月 7 日，"豆瓣时间"上线，第一档节目名为《醒来》，由北岛领军坐镇讲诗歌。7 月底，豆瓣 APP 的 iOS 5.0 版推出四款新产品——豆瓣时间、市集、书店和视频，体现了豆瓣对当下付费阅读、短视频、自营电商等时代潮流的追随。

2018 年 1 月 23 日，豆瓣阅读宣布从豆瓣集团分拆，并完成 6000 万元人民币 A 轮融资。豆瓣阅读平台上积累有 2 万部作品、4 万多名作者，累计用户数在 1700 万。分拆目标是瞄准文学及下游产业，由网络文学转型 IP 运营。这能否为豆瓣转型带来生机，尚需时日验证。

4. 人人网：追赶风口，"不务正业"

2016 年，人人网搭上直播风口，经营一度有所上升。但 2017 年人人网的直播业务下降，二手车业务成为人人网业绩中最耀眼的部分。2018 年初，人人网宣布进军区块链，并带动股价短暂上升。随即其因区块链项目被监管部门约谈，并且区块链业务已经整体受到管理部门的严格监管。二手车业务更像是人人网的"救命稻草"，其与社交越来越远。

此外，BBS 时代的代表产品天涯、凯迪、猫扑等社区产品的颓势更加明显和不可挽回。如天涯社区，截至 2017 年 6 月底资产总计为 1.95 亿元，在资产增长率和经营活动产生的现金流量方面都出现了负增长[①]。这些社区的活跃度，主要是靠一些早期用户在维持。

（三）新兴社交产品：独辟蹊径，潜力巨大

随着相关网络技术的成熟和社会需求的增加，一些独辟蹊径的新兴社交产品在 2017 年崭露头角，显示出巨大的潜力。

1. 写作社交产品

在内容创业热潮中，以写作为主要载体的社交产品迎来强劲增长，如成

---

① 刘旷：《天涯社区已远去，互联网企业生存又需要怎样的土壤?》，艾瑞网，http://column. iresearch. cn/b/201711/815370. shtml，2017 年 11 月。

立于2013年4月、主打创作的内容社区简书，2017年3月日活跃用户达230万，累计产生作品数超过1000万篇，日均新增作品4万篇①，2017年4月完成了4200万元人民币B轮融资。简书的定位是写作，其在发掘、培养写作人才的过程中，也带动了社交和社群运营。除了点赞、关注、分享等机制外，简书和签约作者举办线上训练营辅导新人写作蔚然成风，增强了平台的社交属性和用户黏性。

网络对IP的需求带来了故事写作平台的繁荣。类似产品比较知名的还有"真实故事计划""全民故事计划""正午故事"等写作平台（"真实故事计划"曾推出过APP，但目前主要靠微信公众号运营）。"正午故事"是界面的一个栏目，2017年4月推出爆文《我是范雨素》，由育儿嫂范雨素以其个人经历为蓝本撰写，阅读量迅速突破百万人次，全民写作的热度可见一斑。

2. 视频社交产品

2017年是短视频爆发之年，除了快手、抖音、美拍、火山小视频、西瓜视频等短视频平台加强了视频的社交属性外，专为社交设计的短视频平台开始发力。杭州趣维科技有限公司在2013年推出的视频社交产品小影（Vlog），经过多年探索和海外布局后，2018年1月正式开启"V光计划"，提出要做"中国Vlog的发动机"。所谓Vlog，就是用短视频形式作为博客日更。2017年7月成立的秀蛋公司推出的"秀蛋"，是一款多人实时视频社交APP，2018年1月完成千万元级人民币天使融资。秀蛋的发展目标是优化视频匹配算法，提高陌生人社交效率；丰富多人视频游戏，打造全新面对面娱乐社交等②。

3. 知识社交产品

2017年，知识付费问答项目保持了2016年的发展势头，问答已经成为各大平台"标配"。艾媒资讯的《2017年中国知识付费市场研究报告》显示，2017年知识付费用户规模达1.88亿。

---

① 《简书CEO林立：简书，生于热爱长于平等》，搜狐网，http://www.sohu.com/a/164573915_355043，2017。

② 《多人视频社交APP"秀蛋"获千万级人民币融资》，36氪，http://36kr.com/p/5117959.html，2017。

付费问答产生了一些新的知识社交产品，如 2017 年上线的知识星球。知识星球以凯文·凯利提出的"一千位铁杆粉丝"观点为依据，目标是"内容创作者连接铁杆粉丝，运营高品质社群，实现知识变现的工具"。用户可建立自己的"知识星球"，进行付费问答，"球主"的收益与平台分成。

问答天生带有社交基因，因此在直播行业趋于平缓、面临用户流失困境时，问答成为各大直播平台的"救命稻草"，"直播答题"在 2017 年底一度爆红。直播答题通过邀请传播，可以调用"熟人关系"网络打破陌生人社交困境。在一个月时间内，除早期玩家外，腾讯视频、爱奇艺、UC 浏览器、网易、知乎等巨头纷纷加入。据中国电子商务研究中心粗略统计，直播问答投放金额达亿元级别。

4. 职场类社交产品

职场类社交方面最引人关注的依然是钉钉和企业微信的竞争。2017 年钉钉进展明显。9 月 30 日，钉钉的企业组织数量突破 500 万家，12 月 27 日，钉钉宣布注册用户数量超过 1 亿，成为全球最大的企业服务平台，标志着阿里涉足社交领域取得了阶段性的成功。[1]

腾讯推出的企业微信在 2017 年也做了较大改进。6 月 29 日企业微信 2.0 上线，将微信企业号与企业微信合二为一，作为腾讯系在企业端集力打造的唯一产品，目前已经拥有 150 万家注册企业、3000 万活跃用户[2]。

此外，实名制职场社交平台脉脉在 2017 年 11 月完成 C 轮 7500 万美元融资，跻身"独角兽企业"行列[3]。

二 内容竞争压力下移动社交发展特点

在今天移动互联网语境中，"内容"一词内涵较为丰富，文字、图片、

---

[1] 《钉钉用户数突破 1 亿 阿里凭此能在企业级社交弯道超车吗?》，新京报网，2017 年 12 月 27 日。

[2] 《企业微信活跃用户突破 3000 万》，广东新快网，http://epaper.xkb.com.cn/view/1096676，2017。

[3] 《脉脉完成 C 轮 7500 万美元融资计划 2019 年 IPO》，新浪科技，2017 年 11 月 15 日。

音频、视频和直播等形式，一切能够吸引用户注意力的材料，都是内容。网络经济本质是注意力经济，用户时间是网络公司争夺的主要资源。如何吸引民众投更多时间给自己的产品？唯有以内容吸引用户注意力。对用户时间的竞争，直接体现为内容的竞争。

随着内容竞争升级，各大平台间版权纠纷官司不断。平台已不满足于对优质内容产品的竞争，而是直接投入到内容生产的环节，表现为对内容创作团队的直接投入。由于商业网站对内容的过度追求，违规内容不断出现，管理部门的监管力度也不断加大。这成为 2017 年移动社交产品发展的背景。

（一）内容为王，各平台持续加大"赋能"力度

在内容竞争的压力下，各大社交平台继续加大补贴作者的力度，扶持内容生产。2017 年 2 月，腾讯宣布"芒种计划 2.0"，继 2016 年送出 2 亿元补贴后，2017 年继续投入 12 亿元供给内容创作者。11 月腾讯在成都举办的全球合作伙伴大会上公布了大内容生态赋能的"百亿计划"，即拿出 100 亿元流量、100 亿元产业资源、100 亿元现金扶持内容创业[①]。微博一直坚持赋能自媒体，据称在 2017 年通过赋能而获得的收入超过 207 亿元，电商收入达到了 187 亿元[②]。

2017 年短视频爆发，短视频 MCN 成为各大平台扶持重点，各大平台都发布了专项扶持计划。阿里发布针对短视频 MCN 的"大鱼计划"；腾讯企鹅号宣布"百亿计划"扶持 MCN；微博启动多个垂直领域 MCN 机构合作等；美拍也宣布了"MCN 战略"，成为首个开展 MCN 战略的短视频平台。

（二）内容竞争升级，各大平台版权纠纷不断

内容竞争导致平台之间的版权纠纷不断。2017 年 1 月，北京知识产权

---

① 《腾讯公布内容开放平台战略，三个 100 亿扶持内容创业者》，IT 之家，https：//www.ithome.com/html/it/333608.htm，2017。
② 《微博 2017 赋能自媒体收入 207 亿，CEO 王高飞谈"坚持"》，ZAKER，https：//www.myzaker.com/article/5a2675fc1bc8e0fd77000002/，2017。

法院终审宣判了"脉脉非法抓取使用新浪微博用户信息"案件，判定脉脉的经营公司构成不正当竞争，立即停止涉案不正当竞争行为。

以今日头条为代表的内容自动抓取分发平台，对社交平台的内容影响更大。2017年4月，腾讯状告今日头条侵犯其著作权，今日头条被判侵权，赔腾讯网27万元。随即今日头条又对腾讯、搜狐两家提起反诉。2017年微博与今日头条的"内容大战"是内容竞争版权纠纷的代表性事件。8月10日，微博宣称今日头条在微博毫不知情且未授权的情况下直接从微博抓取自媒体账号内容，微博先行暂停今日头条接口；9月10日，今日头条宣布关闭新浪微博的账号登录服务作为报复；9月15日，微博出台内容新规，规定用户在微博发布内容之后，不得自行或授权任何第三方以任何形式直接或间接使用微博内容；作为反制，今日头条宣布自2018年1月24日起，禁止推广微信、微博等第三方平台账户，触犯规则或对账户进行扣分和禁言处罚。此次"内容大战"之激烈，令人联想到2010年爆发的"3Q大战"。

（三）内容监管趋严，社交平台更加注重内容生态健康

2017年以来，网络管理立法更加细化，《关于开展互联网应用商店备案工作的通知》《关于促进移动互联网健康有序发展的意见》《互联网跟帖评论服务管理规定》《互联网用户公众账号信息服务管理规定》《微博客信息服务管理规定》等一批管理法规出台，对移动社交平台的内容管理实现了全覆盖。

监管部门对网络平台内容执法更加严格。2017年5～6月，微博和微信平台的一批知名娱乐大V被封；6月，国家新闻出版广电总局发布通知，责成属地管理部门采取有效措施关停微博等网站的视听节目，进行全面整改；8月，国家网信办对腾讯微信、新浪微博、百度贴吧立案，因其对用户发布有害信息管理不力进行了处罚。一大批直播平台因涉黄被整改。2018年1月"PGone事件"发生后，部分粉丝买微博热搜话题"紫光阁地沟油"，弄巧成拙，微博热搜下架整改，娱乐八卦的内容明显收敛了。

在此形势下，社交平台更加注重维护内容生态的清朗。进入2017年后，

微信颁布多项规则，严管个人账号，加强原创保护，强化打击营销，封号率空前提高。6月，"严肃八卦""毒舌电影""芭莎娱乐"等25个知名娱乐八卦号的微信公众号被封停；10月，微信官方开通辟谣公众号；12月6日，微信公众平台全面开放"原创声明"与"留言"功能，加大对违规使用"原创"标签公众号的惩处力度。2017年微信团队发布谣言榜单40余篇、累计详细解读超500条谣言，辟谣信息全平台累计传播超过4500万条①。

6月7日，微博发布《关于关闭炒作低俗追星账号的公告》，对包括@卓伟、@全明星探、@名侦探赵五儿等在内的19个低俗追星账号予以关闭。其他各大社交平台也都加大了对不良信息发布者的管理、封杀力度。

（四）移动社交平台舆论生态整体趋好

2017年，主流媒体在内容生产上发力更猛，利用移动社交平台传播正能量内容的手法更加娴熟，对移动社交舆论场的引导力进一步提高。在商业网站加强监管，集中打击低俗信息、负能量信息的同时，主流媒体提供了大量的积极向上、符合移动社交传播特点的内容产品，有力地推动了社交平台舆论生态整体趋好。

2017年，人民日报客户端在建军90周年的时间节点上，策划开发了H5产品《穿越时光，这是我保家卫国的样子》②，上线不到10天，浏览量突破10亿人次，超过1.55亿网友参与，刷新了单个H5产品的访问量纪录。

2017年中国共产党召开第十九次全国代表大会期间，各家主流媒体纷纷创新报道形式，制作生产出了许多优质内容，并通过移动社交渠道传播。新华社推出的"点赞十九大，中国强起来"系列公益互动活动，在两周时间内创造了首个"30亿级"国民互动产品，收获1.2亿个点赞

---

① 《微信发布谣言治理报告：辟谣中心全年科普4.9亿次》，腾讯网，2018年3月2日。
② 《〈人民日报〉推进深度融合发展纪实：这样聚起6.35亿粉丝》，人民网传媒频道，2017年8月19日。

量，2 亿人次扫码，5 亿人次接力，并将 H5 轻应用传播极值刷新为 30 亿人次浏览量的规模①。

理论传播探索也取得新进展。2017 年人民网与中共湖南省委宣传部、湖南教育电视台合作推出的大型理论视频节目《社会主义"有点潮"》，充分利用移动社交平台进行传播，引起了强烈反响。

三 移动社交发展存在的问题

互联网的经营模式由"流量为王"转向"内容为王"，以内容为载体的信息流广告成为社交平台主要的盈利模式。信息流广告自然融入用户接收的内容信息中，用户触达率高，反过来推动内容生产更加繁荣。在内容和流量两大需求的刺激下，社交产品的发展也出现了一些问题。

（一）谣言及有害信息传播问题依然存在

移动社交产品已成为最重要的信息传播平台之一。尽管对内容的监管力度不断增大，谣言传播依然是移动社交平台的突出问题。如在 2017 年 11 月发生的"红黄蓝虐童案"事件中，微博、微信等社交平台上的谣言导致事态迅速扩大，引发舆情事件。境外社交平台一些反华账号特意从境内谣言中挑选与解放军有关的内容大肆进行传播，配上图片再倒灌境内影响舆论。

短视频的发展也催生了影响力和传播力更大的虚假视频，如"发明隐身衣""南大校园惊现野猪""蜜桃打防腐剂"等虚假视频，都是通过社交平台产生了广泛影响。

各类有害信息的传播屡禁不止。2017 年，微博、百度、腾讯三家公司因用户在其社交产品发布、传播"淫秽色情信息、宣扬民族仇恨信息及相

---

① 《聚焦盛会 创新手段——十九大报道"爆款"一览》，人民网传媒频道，2017 年 10 月 27 日。

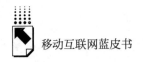

关评论信息""淫秽色情信息、暴力恐怖信息帖文及相关评论信息""法律法规禁止发布的信息"而未尽到管理义务，受到属地网信办的行政处罚，说明杜绝有害信息传播依旧任重道远。

（二）公众号营销"带偏"舆论场

近年来，网络空间信息传播进入到一个新的阶段——"后真相时代"①。后真相时代最大的特点是，由于信息过于泛滥，远远超过人们所能辨析的程度，人们反而不太关注信息的真伪，而是更关注信息是否符合自己的理念与情感。

绝大多数自媒体都没有发布新闻的资质，更没有采访调查的能力，不可能靠发布最新的新闻信息取得用户的关注。后真相时代给自媒体提供了一个"蹭热点"的机会，通过评论、解读等形式来参与社会时政热点。

熟练的自媒体运营者会准确把握网民关注的"痛点"，在热点事件发展的早期，在权威部门和主流媒体来不及查清真相的时候，迎合民众的刻板认知，先行站队，明确立场，进行观点传播，吸引用户、提升流量。2017年发生的"江歌案""红黄蓝事件""PGone事件"等，都存在公众号剑走偏锋、带偏了舆论的问题。

（三）洗稿、做号、养号等乱象频发

内容生产是信息流广告的基础，内容生产者不仅给平台带来巨大流量，也给自媒体作者带来丰厚的收入。但也有不少人原创力不足，采用"洗稿"的方式进行生产。现行《著作权法》对网络产品保护不力，不少自媒体人只能通过个人手段进行解决。如2017年微信大号"六神磊磊读金庸"利用自己的公号与另一个知名公号"周冲的影像声色"进行舆论战，指责其"洗稿"。

---

① 2016年11月22日，牛津词典确定并宣布"后真相（post-truth）"为"年度单词"，将其定义为"诉诸情感及个人信念，较客观事实更能影响民意"。

平台为鼓励内容生产，推出广告收入补贴机制、原创补贴等政策，补贴的高低与阅读量等指标的高低挂钩，于是出现了以"做号"为业的一批人。"做号"者有的单打独斗，有的团队作业，通过抄袭、拼凑事实、巧立标题甚至夸大造谣等手段，炮制出大量内容低下的"爆文"，获取高阅读量带来的高收益。还有个人和机构提供培训服务，为做号者传授打造爆款文章的秘籍，更有人出售"一键伪原创"的洗稿软件，形成"流量"的产业链。"做号"者同时也"养号"，他们的自媒体账号发展到一定程度，就会被买卖，将粉丝进行迁移。

此外，手机、平台等实名制的深入实施，也带来了用户信息过度搜集、用户信息泄露等问题。

四　移动社交的发展趋势

（一）移动社交产品的内容平台化

各大平台在加剧内容竞争的同时，在内容生产形式上也互相借鉴。

内容分发平台普遍强化了社交因素，如今日头条针对微博推出了"微头条"，仿效知乎推出"悟空问答"，还通过孵化、收购和投资等各种手段拥有了抖音、火山小视频、Musical. ly、Face U 激萌、Live. me 等 6 款社交或具有社交属性的产品矩阵；快手等视频内容生产分发平台，也强化了社交因素。

在内容分发平台社交化的同时，网络社交平台也不断增加内容分发平台的产品因素，如微博改版推出的"热门"频道，微信推出了"看一看"，是对今日头条机器算法推荐分发内容路线的一种仿效。

（二）内容生产由量到质的提升转化

2017 年内容生产持续繁荣的同时，也发生了一些认知变化。公众对"算法推送"和"流量为王"思维在内容领域中产生的负面效应愈加担忧，

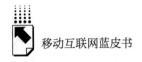
以内容自动分发为主的今日头条等纷纷加大人工审核的力度；管理部门对各个平台的内容监管持续加码；用户对内容的要求越来越高，对劣质推送的抵触情绪也越来越浓。

这意味着内容生产已经走过了以数量吸引流量的红利期。这对于正在加大内容要素的社交平台的启示就是，接下来要提升内容质量、优化内容生态，实现内容生产由量到质的转化。

（三）视频社交、游戏社交等新型社交取得较大发展

流量持续降费，短视频和直播等视频交互技术成熟，为视频社交的发展准备了技术基础条件；"00后""10后"的成长，为视频社交提供了目标用户群体。2017年视频社交产品已经开始正式登上社交舞台，除了上文所述的Vlog、秀蛋等视频社交平台，年轻用户群体较为集中的腾讯QQ在2018年1月底也上线了视频社交应用DOV。

游戏《王者荣耀》也为年轻人带来了社交的新玩法。以往的游戏只是把社交视为增加游戏黏性的手段，而《王者荣耀》使社交成为游戏方式的核心要素；社交元素和关系链的加入赋予了《王者荣耀》更广泛的传播力，也成为年轻人的"第三款社交软件"，预示着游戏社交在未来年轻人群体中的影响力会越来越大。

（四）保持内容生态健康成为社交产品发展第一要务

能力越大，责任就越大。作为重要的信息传播途径和舆论场，社交网络对社会发展的影响也越来越全面、深入。从政府监管部门来讲，对移动社交平台的监管，只会越来越增强而不会减弱。因此，社交网络平台方要不断提高履行主体责任的意识，加强核心技术研发，加大舆情监控、技术监管力度，同时要摒弃完全依赖智能算法推送和"流量为王"思维，在内容生产和信息传播领域，要讲导向、讲质量，只有不断推动内容生态形成健康良性循环，才能有利于社交平台的长久发展。

参考文献

中国儿童中心：《中国儿童参与状况报告（2017）》，社会科学文献出版社，2018。

艾媒资讯：《2017年中国知识付费市场研究报告》，艾媒网，http：//www.iimedia.cn/59925.html，2017。

《〈人民日报〉推进深度融合发展纪实：这样聚起6.35亿粉丝》，人民网传媒频道，2017年8月19日。

《聚焦盛会 创新手段——十九大报道"爆款"一览》，人民网传媒频道，2017年10月27日。

B.16
移动游戏：向存量迭代市场发展

李振博　倪娟*

摘　要： 2017 年移动游戏收入较为抢眼，增长超过 300 亿元。市场上虽有大厂围剿，但仍有不少新兴产品在游戏研发、营销、盈利方式等多个维度不断突破。移动游戏用户市场也发生巨大转变，向存量迭代市场发展，出现流量转化困难。展望 2018年，年轻化、海外拓展、区块链与移动游戏相融合都是趋势，同时市场监管加强也将促进移动游戏市场健康发展。

关键词： 移动游戏　存量迭代　游戏监管

一　2017 年中国移动游戏市场发展状况

（一）移动游戏市场收入成绩抢眼

2017 年移动游戏市场销售收入继续保持增长趋势。根据伽马数据报告，中国移动游戏市场实际销售收入达到 1161.2 亿元，同比增长 41.7%。与2016 年类似，2017 年中国移动游戏市场收入依然保持着超 300 亿元的增长幅度。这在一定程度上说明，中国移动游戏仍然处在持续发展阶段。

---

* 李振博，360 企业安全集团基础平台中心技术副总监，360 技术委员会委员，主要从事移动安全、分布式系统和大数据分析相关方向的研发；倪娟，龙腾简合数据分析专家，曾服务于360、TalkingData、网龙等公司，接触并分析过多款移动网络游戏运营数据，拥有丰富且完整的移动游戏分析经验。

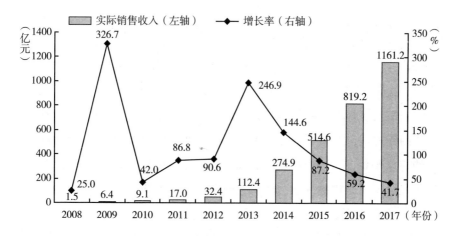

图 1　2008～2017 年中国移动游戏市场实际销售收入

资料来源：伽马数据。

（二）策略类游戏崛起，移动网游出现新的"三足鼎立"

细分类游戏成为 2017 年移动游戏的一大突破口。策略类游戏崛起，形成移动网游新的"三足鼎立"格局。2017 年初，角色扮演、卡牌①和 MOBA②类游戏几乎瓜分了移动游戏市场的全部份额。拥有高数值③要求、慢热以及回收周期较长等"不温不火"特性的策略类游戏在 2017 年中后期全面爆发，取代了 MOBA 的地位，成为移动游戏市场新"三足鼎立"中的一员。这与大厂（通常指网易等规模较大的游戏厂商）参与、策略类游戏扎堆发力密不可分。它们或借力强大 IP，或依靠新颖的高自由度玩法，或依靠大手笔的营销推广，纷纷脱颖而出，推动该游戏类型成为 2017 年移动游戏市场的主流下载游戏类型。

---

① 卡牌游戏，简称 CCG（Collectible Card Game）或 TCG（Trading Card Game）。此类游戏是以收集卡牌为基础的，在游戏时遵循自己的规则，依靠玩家的策略与智慧来赢得胜利。
② MOBA 是 Multiplayer Online Battle Arena Games 的缩写，为多人在线战术竞技游戏。
③ 在 SLG 游戏中，需要通过数值调节来做游戏平衡，高数值要求，可以理解为高游戏平衡性。

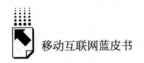
（三）大厂下的突围：有创意的独立游戏风生水起

移动游戏市场，大厂的围剿加大了中小游戏团队的生存压力，而有创意的独立游戏却在这一年风生水起，成为国内移动游戏市场的新的增长点。

独立游戏（Independent Game）是相对于商业游戏而言的，是一种不同的游戏制作方式，其特点是能够突破商业制作的束缚，开发者可创作出极具个性的游戏作品，让用户更为直观地体会到游戏本身的魅力，让移动游戏的高级玩家寻找到纯粹的乐趣。随着移动游戏行业逐渐成熟，那些对游戏投入更多、对游戏品质要求更高的"硬核"玩家和较为成熟的玩家，对移动游戏的需求开始多元化、小众化。逐资本而生的商业游戏，同质化和缺新意的问题日渐突出，独立游戏在这种背景下，依靠自己独特的艺术创意，反而从竞争激烈的市场中杀出一条活路，销量随着小众群体的扩张和发展有了爆炸式的增长。

（四）暑期档影游联动①的性价比没有出现提升

手游行业的增量市场在资本加速催化下，也由量变引发质变，愈发精品化。在此背景下，也吸引来了巨头公司的跨界加盟。影游联动顺势爆发，而作为其中的重头——暑期档影游联动的性价比却没有提升。

进入 2017 年，在泛娱乐大潮的背景下，跨界影游联动的产品越来越多，形式也更加多样，融合也更为深入，"影游联动"已成为游戏行业发展的主流趋势之一。暑期档作为泛娱乐的旺季，均有大型动作。回顾最近三年的暑期档，2015 年有开创了影游联动成功模式的《花千骨》，2016 年有通过影游联动大获成功的《诛仙》与《倩女幽魂》，而在 2017 年的暑期档，影游联动市场烽烟再起，陆续有一大批打着影游联动旗号的产品上线。但从实际市场的表现来看，与往年相比并没有涌现出特别出彩的现象级产品吸引市场

---

① 影游联动是根据影视剧（电影或电视剧）开发同款内容的游戏。可以同步开发（比如在电影或电视剧档期，同步推广游戏），也可以是异步开发（电影或电视剧播完了，再推游戏）。

的目光。在 2017 年 7 月（暑期）360 游戏的网游畅销榜 Top10 里，仅有一款影游联动新品《射雕英雄传手游》上榜，而且其排名只是第七，与往年相比，其性价比甚至有倒退的现象。

"影游联动"本质上也属于 IP 合作的一种。放眼与游戏相关的整个泛娱乐行业，目前影视、动漫、小说等各种不同领域的 IP 产业均在整合发酵，在移动游戏市场中 IP 新游已然百花齐放。游戏成功的关键仍取决于其是否好玩。好的 IP 加上好的制作品质，是一款产品火爆的重要因素，即发挥出 IP 的价值，整合不同领域的优势，起到叠加、事半功倍的效果。

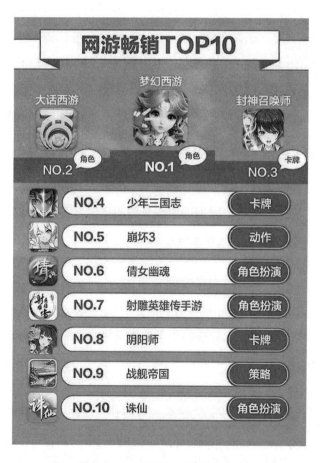

图 2　2017 年 7 月 360 游戏网游畅销 TOP10

资料来源：搜狐游戏。

（五）游戏直播带动移动游戏新玩法

在 2017 年移动游戏市场，一种新的宣传方式——游戏直播兴起。随着 MOBA 类移动游戏的增多，游戏直播受众越来越广。这些收看游戏直播的观众，无论出于何种立场，或是主播的粉丝，或是想提高自身游戏技能，或是作为一种社交手段，对游戏直播的接受度都越来越高。同时，他们也会带动身边越来越多的人加入到游戏直播中，或成为主播，或成为观众。由于受众的普及，且可直达目标群体的游戏直播已经成为宣传移动游戏的新兴营销方式——厂商利用游戏直播对游戏进行宣传，玩家对游戏直播能生成大量新鲜内容。游戏直播一旦正向运转起来，如"病毒"传播一般，能让游戏公司省下大笔用于收买玩家和维持曝光率的公关费用。国内某游戏厂商在市场推广时，就一次性包揽了国内的头部主播为游戏造势，B 站的一些顶级 UP[①] 也都受到了邀请为该游戏宣传、造势，收到市场和玩家的反馈也让该游戏厂商非常满意。

（六）"吃鸡"游戏更新移动游戏市场盈利方式

说到游戏直播，就不得不提"吃鸡"游戏[②]。这个游戏在 2017 年初进入中国时并未快速火起来，但借助游戏直播的宣传，逐渐成为现象级游戏产品，直播热度已经超过《王者荣耀》，成为 2017 年的现象级游戏，类似元素的移动游戏也随之上线。

"吃鸡"游戏对移动游戏市场产生重大影响。"吃鸡"游戏不仅在玩法上有创新，也颠覆了移动游戏市场的盈利模式。"吃鸡"游戏具有沙盘类生存竞技的特点，这类移动游戏对游戏的公平性要求极高，同时，在游戏中打扮得过于引人注目的玩家，反而会死得更快。这使得在"吃鸡"游戏内进行"氪

---

① UP 是 upload（上传）的简称，是日本传入的网络词语，在国内 ACGN 视频网经常用来指在视频网站、论坛、FTP 站点上传视频音频文件的人。

② "吃鸡"游戏是指以韩国蓝洞公司开发的《绝地求生大逃杀》（Player unknown's Battlegrounds）为代表的一类游戏。在《绝地求生大逃杀》中，当玩家获得第一名的时候，就会有一段台词出现："大吉大利，晚上吃鸡！"（英文原版为"Winner winner, chicken dinner!"）故名"吃鸡"游戏。

金"的项目（指支付费用，特指在网络游戏中的充值游戏项目），或是传统移动游戏的皮肤售卖手法都受到了限制，很难通过游戏内付费达到赢取游戏的目的。所以，这类游戏的主要收入来源开始从用户收费向从合作方收费（广告）的转变，在游戏叫好又叫座的同时，原先 F2P[①] 的移动游戏收费模式也被淘汰。"吃鸡"游戏推动了异业合作新模式玩法，在游戏中出现的最直接的营销方式是贴片广告。在产品和游戏双方存量用户的活跃度被带动的同时，双方的品牌影响力都在扩展，用户交集之外的新用户也得到了很好的转化。

二 2017年中国移动游戏进入存量迭代市场

根据伽马数据，2017 年移动游戏市场用户的增长率，不及前一年的1/3，中国移动游戏用户规模变化逐渐减小并趋于稳定。2017 年，中国移动游戏用户规模达到 5.54 亿，同比增长 4.9%。中国的移动游戏市场已经开始沿着"增量市场—存量市场—存量迭代市场"的轨迹进行转变，由此也出现了一些问题。

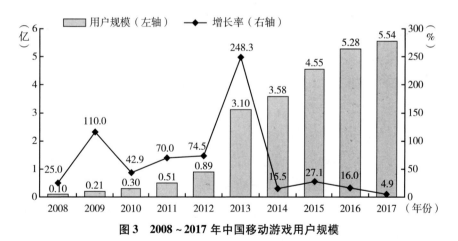

图3　2008～2017 年中国移动游戏用户规模

资料来源：伽马数据。

---

① Free to Play，指下载免费，但含有游戏内付费的游戏。

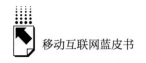

（一）流量转化困难，成本越来越高

随着用户性质的变化，移动游戏市场向存量迭代市场转变，流量转化难是全行业面临的问题。2017 年的整体买量市场，因没有出现颠覆性大作，存在题材固化、氪金游戏持续洗用户①的情况，综合下来体量和 2016 年相比差不多。但由于流量性质变化，转化难度提升，流量会越来越向头部聚焦，并且在资本加速催化下，移动游戏市场买量竞争愈发激烈，用户成本不可能下降，所有的流量价格将会一路往上。

市场在广告投放上有利好，即在信息方面已经越来越透明，但广告投放方式也将进一步白热化，买量上不再单一，更加复杂。谁把价格抬高了就可以把其他厂商耗死的简单做法已经成为过去式，现在主要是在综合能力层面进行 PK。买量中的物料（即投放的广告，如视频、banner 图等）也需要提升展现的品质，在美术、创意、IP 等要求上都要涉猎并制作精良；同时移动端流量载体形式在不断变化——从新闻客户端的信息流到短视频等，接下来还将向碎片化演变。

（二）移动游戏行业被含 IP 游戏主导，机会来自细分类型

流量转化的困难，让很多游戏因此都套上了 IP 的嫁衣。观察 2017 年各大主流移动游戏榜单，移动游戏行业 IP 产品处于主导地位，含 IP 类移动游戏占比基本过半。但也可以观察到，这些上榜游戏，除了含有 IP，自身也有比较突出的特色。IP 在这些游戏中所起到的只是锦上添花的作用，而不是雪中送炭。这些游戏突出 IP 的目的是更有效地获取用户，但移动游戏自身的品质才是决定游戏受欢迎程度的核心要素。

买量市场存在题材固化、氪金游戏持续洗用户的问题，让用户出现疲劳，不愿意转化。只有多元化、细分类型的题材才能更好地激活移动游戏市场，吸引更多用户。

---

① 洗用户是指用一个产品，把一个渠道或者一个区域的用户的价值获取一遍。

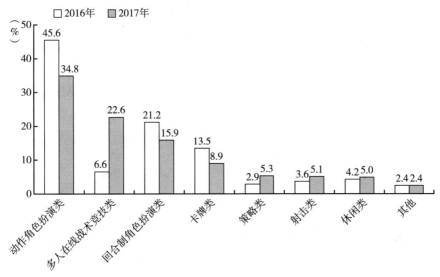

图4　中国移动游戏市场各类型移动游戏市场实际销售收入占比

资料来源：伽马数据。

虽然移动游戏行业进入了游戏巨头垄断市场的时代，但其终归是文化创意产业，不可能真正阻止创意产品的成长。无论是游戏巨头的精品 IP 大作，还是中小团队"小而美"的创意佳作，都会拥有各自的用户和市场，共同构成了品类题材更加多元的市场形态。通过"细分、再细分"精准定位用户群体并挖掘垂直细分用户，将是移动游戏厂商实现差异化竞争的重要方向。市场上，一方面优质产品收入持续大幅增长，另一方面大量中游甚至中上游的游戏市场实际销售收入锐减。部分游戏公司为避免与优质产品直接展开竞争，将研发和运营重心转向细分市场，2017 年发布的新品已经明显具备细分市场的特点，加上虽然每个细分类游戏市场的份额有大小的区别，但都拥有属于自己的忠实玩家受众，游戏厂商只要在自己擅长的领域做到极致，成为该领域的头部产品，那么不管是哪一种类型的细分游戏都有机会与其他领域的顶尖产品一较高下，在榜单中占据一隅。

（三）移动游戏带来社会问题，引发监管部门政策规范

移动用户增长变缓，说明移动游戏的普及达至高点，但在高度普及的同

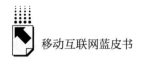

时也引发了一些社会问题。据极光数据统计，2017年现象级游戏产品《王者荣耀》，注册用户数已经超过2亿，19岁以下的玩家比例高达25.7%，对青少年学习、成长产生很大影响。针对这个问题，自2017年7月初，《人民日报》、人民网、新华社等主流媒体频频发声关注，围绕着身心健康、娱乐监管、尊重历史、家庭教育等话题展开，在11天内连发至少8篇文章进行评论。密集的舆论攻势引起大规模的讨论，促使腾讯推出史上最严的防沉迷系统。

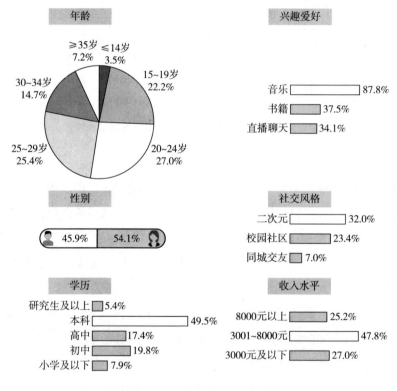

图5 《王者荣耀》用户画像

注：取数周期为2017年5月。
资料来源：极光大数据。

2017年12月底，中共中央宣传部、国家网信办、工业和信息化部、教育部、公安部、文化部、国家工商总局、国家新闻出版广电总局等八部门联合印发《关于严格规范网络游戏市场管理的意见》，部署对网络游戏违法违规行为和不良内容进行集中整治，表示将对社会影响大的多用户数据的网络游戏展开重点排查，对价值导向不正确的内容，坚决制止并进行相应的处理。这为2018年的移动游戏市场定了基调。

三　2018年中国移动游戏市场展望

（一）改变市场的力量来自年轻一代用户的需求

随着身份的转换及年龄的变化，用户的需求也会随之发生变化。当前游戏市场很多开发者认为，"80后"群体已经老了，游戏内消费冲动降低，对品质愈发追求，游戏该赚"90后"的钱。进入2018年，最后一批"80后"用户步入30岁年龄段，"90后"开始大规模进入移动游戏用户市场。不同的年龄层对于游戏的需求有着极大的差异，如果开发者不随着年轻一代用户的变化而变化，将会被市场所淘汰。

从极光大数据报告中可以发现，"95后"年轻用户占比近四成，这些用户关注的二次元文化具有强烈的区隔性和独特性，在开放性上有不小的壁垒。在这年轻的用户群中，有一个大变量——女性玩家，开始在移动游戏市场中占比加大，超过了四成。她们对游戏的偏好也在发生变化，过去一直被认为是女性玩家最爱的游戏类型逐渐"失宠"，一些入门简单的对抗型游戏有越来越多的女性玩家在参与。当然，在选择游戏时，女性特征的影响依然表现得很明显，值得进行有针对性的发掘。

（二）游戏品质不再是游戏成功的唯一标准

随着移动游戏市场向存量迭代市场变化，游戏用户获取越来越困难，所以对游戏成功的衡量已不再具有单一标准。

在游戏产品中，游戏品质主要由游戏玩法、美术交互、技术等因素组成。随着移动游戏存量市场的逐渐形成，移动游戏也顺其自然走上了精品化的道路。到了游戏用户获取困难的阶段，除了对游戏品质，对游戏运营也提

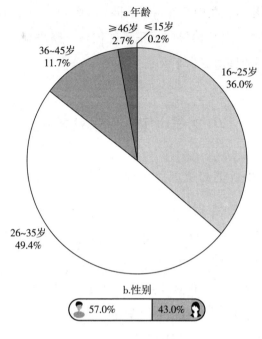

图6 移动游戏用户画像

注：取数周期为2017年12月。
资料来源：极光大数据。

出了更高的要求。吸引到目标用户，让用户参与到游戏中来，在游戏中互动，让用户沉淀，认同游戏品牌，使游戏用户对游戏产生忠诚度，可以跟随游戏生命周期，导量到游戏品牌下的新游戏中。

在移动游戏市场一波又一波的新品竞争下，除了拥有优秀的品质，能否以人为本，运营好玩家，让玩家成为品牌的"粉丝"，提高忠诚度，成为最新的成功标准。

（三）游戏全球化，大有可为

国内市场流量转化困难，竞争白热化。中国的移动游戏公司也将放眼全球，踏上出海的征程。目前出海的游戏公司越来越多，竞争日益激烈，但相对于国内市场，海外市场仍然是移动游戏公司的一大"蓝海"。不仅可以避开大厂的碾压，寻求多元化的海外机会，可以让自身游戏有接触更多文化的机会，而且海外市场发行商分成比例也会更高。移动游戏海外产业链中发行商分成及渠道分成比例在40%左右，而中国渠道分成比例在50%左右，同样一款游戏，在海外发行将有更多的获利。不同国家，也处在不同的智能手机人口红利时期，移动游戏行业仍处在不同的发展时期，只要游戏品质精良、符合本土文化，把握时机，都大有可为。

（四）游戏与区块链结合

移动游戏不仅关注市场，在游戏技术上也将不断寻求创新。区块链与游戏相结合，也将是未来吸引玩家目光的手段。

区块链实质上就是一个记账的过程。它的分布式记账原理与移动游戏领域结合，将会产生非常奇妙的变化。它的去中心化特点，将数据知情权和经济支配权从集中的组织者手中还给玩家，满足了玩家去中心化、追求更公平机制的需求，会吸引到更多更深入的玩家加入。

在游戏中，区块链将会让游戏经济系统稳定，减少游戏开发商对游戏经济系统的影响，因为溢价是由市场自动调配的。区块链技术同时也会减少游戏纠纷和作弊行为，让游戏交易的安全受到保护，交易信息也完全无法被篡改。它与游戏的结合，将为游戏行业带来新的希望。效仿海外市场推出虚拟社区宠物可能只是短时间内的入局方式，区块链技术的特性或许可以应用到更多的游戏中。

（五）加强移动游戏监管，实现市场效益和社会效益的双赢

随着移动游戏的普及，对游戏的监管不断加强。移动游戏是数字经济时代的移动网络文化业态，是移动互联网上消费娱乐的文化产品。但对于青少年而言，移动游戏消费是一把双刃剑，尤其是对于缺乏自制力的青少年，一旦沉迷，其负面影响是巨大的。

针对网络游戏的管理，可以探索分级制度。如2018年"两会"期间，全国政协委员于欣伟提出实行"网络游戏分级制度"，建议按照年龄段（6

岁以上、12 岁以上、18 岁以上和全年龄段）和内容性质（价值导向、健康程度、时间限制、对抗程度等）进行细分，详细定义内容标准，确定不同游戏的适用人群。同时，明确负责游戏分级的统筹牵头政府部门，推动有关部门的分权与放权，更直接也更权威地对游戏市场展开监管，同时促成游戏行业自律。

严格监管对于整个移动游戏行业是一件正向的事，以前一些中小游戏公司由于做黄暴内容的游戏或者不办游戏版号，游戏产品的成本比较低，这对那些守规矩办版号不做黄暴的公司就是不公平竞争，对于整个行业市场冲击很大。现在国家关停了很多不规范的小游戏公司，释放出来的市场空间不小，这对于整顿游戏行业、维护公平竞争是好事。

参考文献

《神奇的区块链将怎样影响游戏行业》，搜狐网，http：//www.sohu.com/a/214452381_ 483399，2017。

360 游戏：《7 月移动游戏报告》，http：//www.sohu.com/a/163430771_ 483399，2017。

《王者荣耀研究报告》，极光网，https：//www.jiguang.cn/reports/72，2017。

《2017 年手机游戏市场研究报告》，极光网，https：//www.jiguang.cn/reports/219，2017。

中国音数协游戏工委（GPC）、伽马数据（CNG）、国际数据公司（IDC）：《2017 年中国游戏产业报告》，http：//www.joynews.cn/bglb/201712/1932080.html，2017 年 12 月。

《2017 年移动游戏业买量大盘 300 亿、投放公司 200 家》，http：//www.sohu.com/a/220126895_ 204728，2017。

B.17
K12移动教育黄金时代再临
建构产业综合体精细运营

张　毅　王清霖*

摘　要： 移动教育产业随着科教兴国战略的实施、移动网络的高度普及以及消费升级的不断突破而不断壮大。2017 年，K12 细分领域的增长速度最快且最受资本方青睐；东南沿海地区 26～35 岁的女性家长是占比最大的 K12 教育用户群体；K12 移动教育形成了内容收费、服务收费、软件收费、平台佣金和广告收费五类商业模式。在资本理性回归之后，K12 移动教育也逐渐回归教育本质——内容方面向专业化、精细化方向发展，技术方面向大数据、AI 优化、融合发展，产业生态不断完善。

关键词： K12　移动教育　大数据　商业模式

自 1994 年中国加入互联网开始，国家教委就提出"远程教育"的概念，但限于网络基础条件较差，这一时期的在线教育以文本形式为主。在此后近 20 年的时间中，在线教育主要在高等教育领域发力，通过开办网校继续推动在线教育发展。2014 年"互联网＋"战略的提出，再次推动在线教育的高速发展。这一时期市场规模和企业数量呈爆发式增长，职业教育、语

---

* 张毅，艾媒咨询创始人，广东省互联网协会副会长，中山大学和暨南大学创业学院导师，广东财经大学客座教授；王清霖，艾媒咨询高级分析师，澳门大学传播与新媒体专业研究生，主要研究方向为新媒体传播、互联网产业。

言教育等细分市场的优势突出，但企业同质性高、存活率低，在线教育进入短期低谷。2017年初国务院印发的《国家教育事业发展"十三五"规划》、教育部印发的《教育部2018年工作要点》均提出，应该鼓励"利用互联网、大数据、人工智能等技术提供更加优质、泛在、个性化的教育服务"，依托网络平台实现在线教育向更高质量、更加公平的方向迈进。政策释放的利好令资本方纷纷入局，在线教育市场开始步入成熟期，向移动化迈进的趋势明显，"随时随地"学习成为在线教育的新特点。科教兴国战略的坚定实施，"互联网+"新形态的多元渗透，以及消费升级的不断突破，共同推动了"互联网+"教育的创新发展模式。

一 2017年移动教育市场兴起，K12成为最受关注的细分市场

（一）技术与资本交互作用推动移动教育兴起

iiMedia Research（艾媒咨询）最新公布的在线教育行业数据显示，2017年中国在线教育市场规模达2810亿元，预计2018年市场规模将突破3000亿元关口，达到3480亿元。从发展历程看，经过2013～2015年的野蛮生长，以及2015～2017年的市场检验，企业和行业变得更加谨慎，用户需求也更加明确，在线教育市场开始回归理性。

适逢移动互联网快速发展，在线教育从形式、内容、传播方式和盈利模式等方面向移动网络渗透，在线教育在一定程度上演变为移动教育产业。CNNIC《第41次中国互联网络发展状况统计报告》显示，截至2017年12月我国手机网民规模达7.53亿，占总体网民的比例为97.5%。从移动网民的在线教育使用行为看，2017年移动网民中15.8%的会使用手机学习在线课程，同比增长21.3%。[1]

---

[1] CNNIC：《第41次中国互联网络发展状况统计报告》，http://www.cnnic.net.cn/hlwfzyj/hlwxzbg/hlwtjbg/201801/P020180131509544165973.pdf，2018年1月31日。

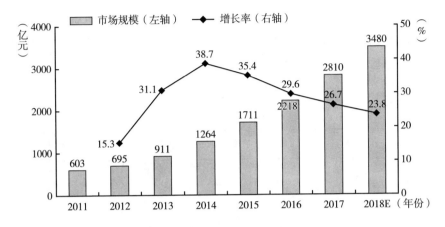

图1　2011～2018年中国在线教育市场规模及预测

资料来源：艾媒咨询。

（二）K12成为移动教育产业中最受关注的细分领域

为进一步扩大市场规模，形成更具差异化的核心竞争力，移动教育进一步向着全民化和专业化两个方向发展。一方面，移动教育向全民化发展。艾媒大数据监测系统数据显示，截至2017年12月，在线教育市场用户规模达1.5亿，网民使用率为20.1%，年增长率为12.7%，其中，移动教育市场用户覆盖近九成，规模约1.2亿。另一方面，在线教育向专业化拓展。大量资本涌入，推动在线教育企业在一段时期内过量增长，竞争异常激烈。从移动应用程序看，2017年学习办公类应用排第4位，占所有程序的8.0%，达到31.4万款。[①] 为形成核心竞争优势，企业确定了更精准的目标用户和更成熟的商业模式，移动教育开始从粗浅的入门类课程向专业化精品化方向拓展。

借鉴美国学者Wendell Smith提出的市场细分（Market Segmentation）概念，移动教育也通过更精准的目标用户和更成熟的商业模式，基本形成了

---

① CNNIC：《第41次中国互联网络发展状况统计报告》，http://www.cnnic.net.cn/hlwfzyj/hlwxzbg/hlwtjbg/201801/P020180131509544165973.pdf，2018年1月31日。

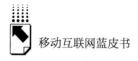

"3+5"的产业格局。其中,"3"是指上游产业链的内容服务供应商,主要包括教育培训机构、学校和音像图书出版社;"5"是指具体的细分领域,主要分为早教、K12、职业培训、高等教育与兴趣教育、教育信息化。

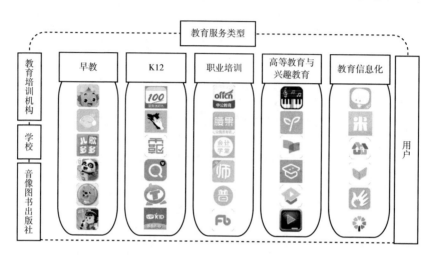

图2 2017年教育服务类型分析

资料来源:艾媒咨询。

移动教育市场中,最被投资机构看好并且增长最稳健的是 K12 细分领域。K12 原本是美国基础教育的年级分类方式,其中 K 是幼儿园(Kindergarten),而 12 则指美国的 12 年级,即从幼儿园开始到 12 年级的相关教育。这一概念引入中国则主要指从小学一年级到高中三年级的教育系统,这一群体年龄通常介于 6~18 岁。艾媒咨询数据显示,截至 2017 年 10 月移动教育融资或并购事件中,K12 仍然延续了上年的热度且保持领先,投融资数量占比 16.2%。

二 K12移动教育市场分析

(一)K12移动教育市场规模及行业概况

由于计划生育政策的影响,以及二孩政策可能带来的人口红利尚未形

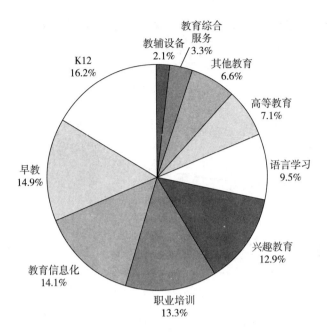

图3　2017年K12移动教育获投企业类型数量分布

资料来源：iiMedia Research（艾媒咨询）。

成，近几年中国的出生人口仍然呈现下降趋势。国家统计局发布的最新数据显示，2017年我国的全年出生人口1723万人，人口出生率为12.43‰，相较2016年有小幅下降。[①] 尽管面对人口减少的压力，K12在线教育用户规模和渗透率却保持稳步增长。艾媒大数据监测系统数据显示，2017年K12在线教育用户约1750万人，预计2018年这一规模将接近2000万人，行业渗透率达11.6%。

青少年群体及其家长都是K12移动教育的潜在用户，这一群体大多是伴随网络兴起而成长的新一代，约占中国网民的九成（89.6%）。[②] 他们习惯于进行网络社交、网络支付等行为。调查显示，K12教育的用户使用率占

---

① 李可愚：《2017我国出生人口和出生率双降　二孩数量首超一孩》，http://www.nbd.com.cn/articles/2018-01-21/1185500.html，2018年1月21日。

② CNNIC《第41次中国互联网络发展状况统计报告》中的网民年龄结构显示，2017年，青少年网民（29岁以下）的比例为52.9%，青少年网民家长（30~49岁）的比例为36.7%。

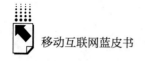

整个移动教育市场使用率的三成（31.2%），并且用户具有更强烈的付费意愿。①

图 4 2013～2018 年 K12 移动教育用户规模及预测

资料来源：艾媒咨询。

这些因素共同提高了资本方的信心，加大资本市场对这一细分领域的投入。艾媒咨询的大数据监测显示，2017 年 K12 移动教育已形成 629 亿元的巨大市场，预计 2018 年的市场规模仍将保持 20% 以上增速，达到 781 亿元。

（二）K12 移动教育用户以东南沿海的中年女性最多

艾媒咨询的大数据监测显示，移动教育用户中女性占比稍高，约为 60%。从年龄分布看，16～35 岁为用户主要年龄层分布区间。其中，26～35 岁用户的比例为 35.2%，16～25 岁用户的比例为 26.4%。

从地域分布看，K12 移动教育用户在全国各省市均有分布，但以东南沿海城市为主，尤其以华东、华南地区为主，两地用户所占比例分别为

---

① 艾媒咨询：《2017 年中国在线教育行业白皮书》，http：//www.iimedia.cn/59782.html，2017。

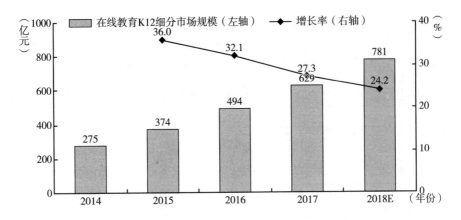

图5　2014～2018年K12移动教育细分市场及预测

资料来源：艾媒咨询。

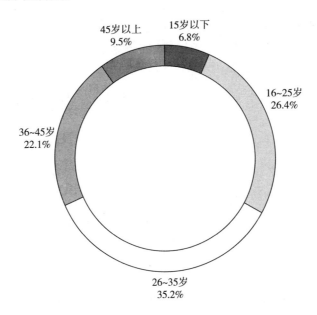

图6　2017年K12移动教育用户年龄分布

资料来源：艾媒咨询。

34.7%和23.1%。具体到用户所属城市，K12教育用户地域分布从超一线城市向三、四线城市纵深推进，其中，尤其以一线城市分布最多，占比31.13%。

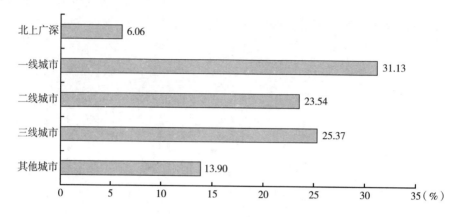

图7　2017年K12移动教育用户地域分布

资料来源：艾媒咨询、易观万象。

根据易观万象发布的《2017中国互联网K12教育市场年度分析》来看，儿童教育领域和中小学类教育领域的用户活跃度高于K12教育类的平均水平。截至2016年底，儿童教育领域APP活跃用户1.22亿，中小学类教育领域APP活跃用户达0.7亿，并且两类K12细分领域的活跃用户规模仍呈上升趋势。[①]

在对500名接受K12移动教育的用户进行调查发现，相较于现实生活中的培训机构，K12移动教育的多样性和价格优势最为吸引用户，而能否吸引用户持续使用移动教育产品的最关键因素是课程质量。

通过调研发现，关于K12教育用户使用移动教育产品最突出的三大问题是"学习兴趣低"、"过于依赖产品"和"无法按时完成课程计划"。其主要原因是，尽管我国的教育事业总体发展水平已经步入世界中上行列，K12教育已经全面普及，[②] 但高质量的K12教育仍处于供不应求的状态。为了能够在各个阶段都接受更好的教育，我国当前的小、初、高中教育体制依

---

① 易观万象：《2017中国互联网K12教育市场年度分析》，https：//www.analysys.cn/analysis/8/detail/1000845/，2017。

② 《教育规划纲要中期评估义务教育专题评估报告显示——九年义务教育实现全面普及》，http：//www.moe.gov.cn/jyb_ xwfb/s5147/201511/t20151127_ 221340.html，2015年11月27日。

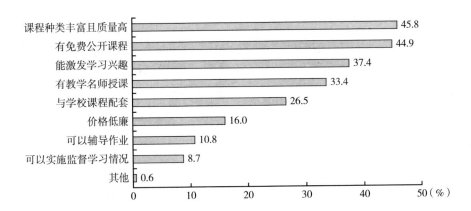

图8 2017年K12移动教育用户选择应用的考虑因素

资料来源：艾媒咨询。

然以分数论成败，这一群体一方面，过于追求分数而忽略兴趣培养，过于依赖产品寻找答案而非学习更多知识；另一方面，可自由支配的课余时间较少，课余时间大多用于纯粹的休闲、放松。

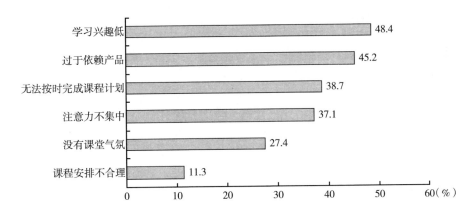

图9 2017年K12移动教育用户使用过程中遇到的主要问题调研

资料来源：艾媒咨询。

（三）K12移动教育的盈利模式及发展可能

从2016年开始，移动教育行业市场进入资本冷静期，但K12仍是最

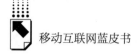

受资本青睐的在线教育领域之一，资本对这一行业未来发展抱有乐观期待。据艾媒咨询不完全统计，2015～2017年K12移动教育领域的融资数量均为教育细分行业之冠军，2017年K12移动教育领域融资数量共81笔，有披露的融资金额为62.71亿元。K12移动教育行业企业融资轮次较早，A轮及此前轮次（包括种子轮、天使轮、Pre-A轮及A轮）融资数量占总量的75%。

激烈的市场竞争要求移动教育企业通过提高盈利能力以展现其发展潜力，并具体体现为商业模式的竞争。K12移动教育形成了内容收费、服务收费、软件收费、平台佣金和广告收费五类商业模式。

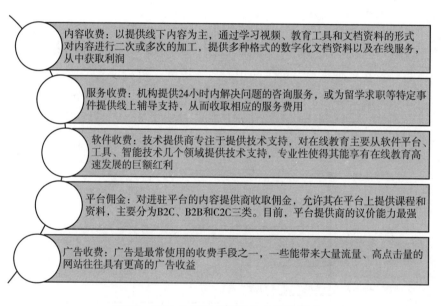

图10 2017年K12移动教育的商业模式

资料来源：艾媒咨询。

摒弃以往通过免费、高额补贴等优惠方式吸引用户的互联网商业模式，K12移动教育市场开始通过联合公办教育、建构互动平台和发展VR等高技术特色教育等模式争夺细分领域，其中教育信息化是现阶段投融资最多的细分方向。根据对各公司自行公布的数据统计，2017年K12教育类新三板企业中净利润增长率超过100%的企业共6家，其中，绿网天下、分豆教育和博冠科技三家企业在2016～2017年的净利润增长率均超过100%，体现出整个行业的高成长性。

表1　K12移动教育类新三板企业统计

单位：%

公司	地域	主营业务	2017年净利润增长率	2016年净利润增长率
绿网天下	福建	绿网安全服务+智慧校园,研发教育机器人、VR课堂	313.68	308.96
分豆教育	北京	慧学云智能教学平台,云智能辅导	233.44	122.12
顺治科技	浙江	慧校园,远程作业布置、错题管理、学情跟踪分析、精准化辅导	211.44	4.78
威科姆	河南	互动多媒体教室等设备,学生互动课堂等嵌入软件建构	164.27	46.06
壹零壹	北京	一对一线上线下辅导,智慧教育生态圈	113.41	19.01
博冠科技	陕西	家教互动平台	100.58	139.89

资料来源：根据各公司公开数据整理。

三　K12移动教育行业发展趋势

（一）K12移动教育向更细分、更专业化方向发展

作为目前中国增长最快、最具潜力的领域，K12移动教育进一步成熟。由于用户群体不断扩大，用户需求也在不断细化，相应的资本也将K12移动教育推向更细分的赛道，现已形成在线辅导、题库、作业答疑三大主要方向。

在线辅导类细分方向，形成以知识讲授为主要目的的教育教学产品，例如网络课程、在线家教等。这种细分应用以内容为核心竞争力，以师资为宣传资源，以直播、微课等形式提高用户使用黏性，有一定基础的老牌K12教育企业具有更大优势。

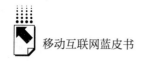
　　题库类细分方向，通过数据搜集、分析技术，向用户提供在线做题、反馈解答的习题类产品。这类应用大多以刷题形式切入，但由于小中高学生本身课业负担已较为繁重，这一切入点无法直接吸引用户购买。因此，题库类细分应用，一方面寻找学校、教育机构合作，形成闭合社区；另一方面，引入社交功能，以此吸引用户。

　　作业答疑类细分方向，以信息识别技术为关键，可通过文字、图像、语音等多种方式进行题目搜索，基于平台的智能聚合功能提供相似或相同题目解答。这类平台最初以"黑科技"噱头吸引巨大流量的用户，然而存在产品同质化严重、变现困难等问题。

（二）人工智能技术为K12移动教育提供新动力

　　目前很多 K12 移动教育产品仅仅是将传统教育迁移至线上，具体操作中仍遵循着线下教育的思维模式。在对 K12 移动教育用户调研时也发现，43.2%的用户在使用产品时认为，课程模式新鲜度不足，无法吸引个人投入整个课程。[①] 因此，部分企业开始拓展 AI、AR、VR 等新技术的开发应用，试图提高用户的使用体验。例如，将 K12 移动教育与 AI 结合实现教育的千人千面，满足不同学生的个性化需求；将 K12 移动教育与 AR、VR 智能技术结合，创造新的教学场景，营造制约性课堂氛围。

　　目前在线教育涉及的人工智能技术主要包括图像识别、声音识别、自适应学习等方面。

　　（1）图像识别。如把学生拍的照片转换为题目再进行答案检索；制作 AR 图书，帮助儿童提升阅读兴趣等。

　　（2）声音识别。主要应用于外语类 K12 教育。例如，通过机器可以为口语打分，帮助用户提高口语水平。

　　（3）自适应学习。大数据技术的发展，已经能够通过收集用户使用习惯和学习数据，经平台分析并提供适用于用户的个性化学习方案。在国外，

---

　　① 艾媒咨询：《2017 年中国在线教育行业白皮书》，http：//www.iimedia.cn/59782.html，2017。

Knewton 已率先投入自适应学习的平台开发与建设；在国内，很多 APP 也开始在自适应学习方向努力，但目前还处于相对初级的阶段。从长远来看，自适应学习将会是在线学习产生质变的关键点。

（三）K12移动教育形成更成熟的产业综合体

面对行业的激烈竞争，以及资本方的压力，K12 移动教育市场尝试打造全生态产业布局，以盈利驱动自身发展。具体是指，以教学教研与优质内容为基石，依托科技研发与应用，实现大范围的个性化教育，由此逐步带动在线教育生态的形成与完善，向更加稳定而成熟的产业闭环靠拢。

政策方面，国家倡导教育产业向信息化转型，以"互联网＋"新形态进一步优化资源配置。《教育信息化十年发展规划（2011～2020 年）》（征求意见稿第三版）中提到，"各级政府在教育经费中按不低于 8% 的比例列支教育信息化经费，保障教育信息化拥有持续、稳定的政府财政投入"。以此推算，2017 年国家对小、中、高等投入的教育信息化经费已接近 3000 亿元。政策利好令公立学校成为 K12 移动教育争夺的新市场，如学校云、智慧云、校园平台等工具成为各企业的重要发力点。

市场方面，新东方、好未来、沪江教育等 K12 移动教育巨头，开始全方位布局。2017 年，三大教育公司共进行投资 26 笔，重点布局素质教育（如书法、音乐、围棋）、教育信息化（如智慧教育系统、校园教育平台）和语言教育三大细分方向。

商业模式方面，B2B、B2C、C2C 三类商业模式全面发力。B2B 模式，主要面对公立学校和线上线下 K12 培训机构，为其提供运营、教学、教研、服务、外教师资乃至相关软硬件开发等方面的解决方案，短时间内可获取大量用户，但用户分散、忠诚度低。B2C 模式主要向 K12 用户群体提供课程、内容和配套服务。此种模式的市场进入门槛较低，但高昂的获客成本和激烈的市场竞争是难点。C2C 模式是综合类 K12 教育第三方平台的主要模式，教师利用平台提供的软硬件设备向用户提供直播或录播课程，此种模式的运营成本极低但用户黏性难以维系。

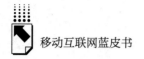

参考文献

陈池、王宇鹏、李超等：《面向在线教育领域的大数据研究及应用》，《计算机研究与发展》2014 年第 1 期。

管佳、李奇涛：《中国在线教育发展现状、趋势及经验借鉴》，《中国电化教育》2014 年第 8 期。

张满才、丁新：《在线教育：从机遇增长，到融入主流、稳步发展——美国在线高等教育系列调查评估对我国网络教育发展的启示》，《开放教育研究》2006 年第 12 期。

B.18
移动金融智能技术的应用与挑战

鲍忠铁*

摘　要： 2017 年以来，中国移动互联网进入存量经营阶段，移动金融智能技术得到广泛应用。生物识别、智能客服、智能投顾、智能推荐、智能数据平台等智能技术正在帮助金融行业提升客户体验，简化交易流程，丰富金融产品，降低运营成本，提供更加便捷的金融服务。移动金融智能技术发展还面临着复合型人才缺失和数据科学应用能力较弱等挑战。

关键词： 移动金融　智能客服　智能投顾　人脸识别　推荐引擎

移动金融是指使用移动智能终端及无线互联技术处理金融企业内部管理及对外产品服务的解决方案。移动金融技术是支撑移动金融发展的基础技术平台和应用技术，包含移动金融开发框架和架构，以及完成金融服务所需的应用技术。其中移动安全技术和智能应用技术成为移动金融技术发展趋势。

移动金融智能技术主要关注人工智能等技术在移动金融服务过程中提升客户体验、提高服务效率、降低服务成本、提供专业服务等方面的应用，包含生物识别、智能客服、智能投顾、智能推荐、智能数据平台等智能应用技术。

---

* 鲍忠铁，北京腾云天下科技有限公司首席布道师、高级总监，主要研究方向为大数据和人工智能技术在金融和零售领域应用，致力于利用智能数据技术推动传统企业进行数字化和智能化转型。

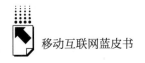

一 金融行业智能技术应用和案例分析

相对于互联网行业，金融行业在移动互联网智能技术应用方面较为滞后，主要原因是其线下网点的收入占其业务收入的比重较大，更多的技术资源和投入都放在了线下网点的智能设备，如 ATM、VTM、智能机器人等。但是随着客户逐步转到线上，到线下网点办理业务的人员越来越少，年龄越来越大，金融行业开始重视移动金融的智能技术应用，包括人脸识别、智能客服、智能推荐引擎和智能数据平台。

（一）招商银行手机银行摩羯智投顾

招商银行管理的个人客户金融总资产达 5.4 万亿元，理财资产管理规模达 2.3 万亿元，金融资产托管规模为 9.4 万亿元。2016 年 12 月，摩羯智投诞生，是中国银行业首个智能投顾系统，也是目前国内最大的智能投顾。

在摩羯智投的创收中，大类资产配置的贡献度是非常高的，同时，基于多象限风险预警矩阵的模型计算，对市场进行风险预警，帮助客户进行一键优化，对收益的贡献也起到了很好的效果。摩羯智投的智能投顾由两部分产品构成——智能的投资组合和智能的交互服务。目前推出的是第一阶段，这和国内外所有的智能投顾处在同一起跑线上，下一阶段摩羯智投会重点进行智能交互的应用。

招商银行首次公布了摩羯智投的最新进展。截至 2017 年 10 月底，摩羯智投规模突破 80 亿元，获得了 7.85% 的平均回报率，收益最高的组合回报率超过 10%，组合波动率和最大回撤控制良好。

（二）国泰君安的灵犀智能机器人

中国证券行业投资者总体 1 亿多人，全行业具有投资顾问资质的人仅有 3000 多人，平均每个投顾要服务的客户多达 3000 多个，大量投资者无法获得专业的投顾服务。为了服务大部分投资者，证券公司需要利用智能投顾来服务这些大众投资者，其他的投顾人员主要服务一些高价值客户或者优化智能投顾的投资策略。

券商中在移动金融智能化应用比较领先的企业是国泰君安。其在 2017 年 11 月推出了证券智能化服务机器人君弘灵犀。据国泰君安网络金融部副总经理毕志刚介绍，国泰君安的君弘灵犀智能机器人主打"全程伴随，场景化、智能化的线上服务"。从科技角度来分析，其背后的技术支撑是大数据、机器学习、标签体系、智能匹配、量化策略、语义分析等金融科技。在行业内首次提出并实现智能客服、智能投资和智能理财三位一体的智能服务框架，为国泰君安客户提供全方位的智能化投资服务，既提高了客户体验，也提升了服务效率、降低了运营成本。

君弘灵犀智能机器人包含 30＋核心功能，包含原来传统券商的线上服务功能和部分由人工提供的线下服务功能。其中很多功能都是由大数据技术和人工智能技术来支撑的，包括智能选股、数据解盘、智能诊股、相似 K 线、账户分析、异动雷达、智能优选、策略定投等。君弘灵犀的每一项功能都基于对用户和数据的深入分析，根据用户投资偏好为客户定制投资策略。

智能服务框架的核心特点是强化对用户的精准洞察力，提供符合用户需求的投资服务，强化"全程伴随用户的投资决策辅助平台"的概念，贯穿用户投资的全生命周期，例如如何选股、如何分析股票、何时选择买卖时机、如何配置资产和规避风险等。

（三）平安保险的智能保险云服务

中国平安在大数据和人工应用上走在行业前沿，其在集团层面建立的大数据应用部门，数据科学家超过 500 人，首席科学家是国家千人计划专家肖京博士。平安集团整体科技研发人员超过两万名，年投入研发资金超过 70 亿元。在人脸识别技术、预测和决策 AI 技术、自然语言处理技术、声纹识别技术等领域取得了较多成果，其中人脸识别技术处于世界领先水平。平安保险将人工智能和大数据技术成功应用于移动金融智能服务，通过图像识别技术来帮助保险公司及时定损和反商业欺诈。

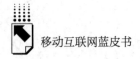

平安保险于2017年推出的"智能保险云"采用了平安科技的AI技术，利用移动APP为载体，为客户和服务人员提供灵活接入、快速升级、全程响应的智能化服务，并将这些能力通过云服务的形式开放给合作伙伴。智能认证技术利用大数据和远程图像识别技术对保险公司的投保、理赔、客服、保全等传统模式进行智能化创新，同时也对保险行业未来的远程线上移动服务提供技术支撑。

智能保险云开放的移动金融智能服务主要是利用人脸识别、声纹识别等人工智能技术为客户完成认证，建立起生物档案。该技术使保险行业实现"实人、实证、保单"三合一的"实人认证"，将保险行业长期不安全、不便捷、不省心的痛点通过人工智能技术进行解决。

智能闪赔是另一核心技术。借助于高精度图片识别、秒级定损、精准定价、智能风险拦截等技术来帮助车险企业实现实时发现风险、实时车险理赔定价、实时车险赔付。这是目前国内车险市场上唯一已投入真实生产环境运用的人工智能定损与风控产品。基于"智能闪赔"技术，2017年上半年平安产险处理车险理赔案件超过499万件，客户净推荐值高达82%，智能拦截风险渗漏达30亿元。

二 互联网金融行业智能技术应用案例分析

（一）支付宝人脸识别技术应用

支付宝最初的人脸识别技术是同Face＋＋①合作一起开发的，经过几年的发展之后，支付宝建立了自己的人脸识别团队，并逐步开始掌握人脸识别的核心技术。支付宝人脸识别技术低调上线，主要是担心社会舆论反应比较大，没有进行大规模宣传，在利用人脸识别进行认证和支付时，需要加上活

---

① Face＋＋是北京旷视科技有限公司旗下的新型视觉服务平台，Face＋＋平台通过提供云端API、离线SDK，以及面向用户的自主研发产品形式，将人脸识别技术广泛应用到互联网及移动应用场景中。

体检测技术，降低欺诈的概率。

通过数十亿张人脸图像数据的训练后，支付宝人脸识别系统的准确率已居于国内外领先水平，机器对人脸的识别已超过肉眼。人脸识别技术是建立在蚂蚁金服多层次、闭环的安全技术体系之上的，具体包括终端与系统攻防保护、身份认证、风险识别与评估、风险决策与管控、核查与深度分析五个环节。

（二）京东金融智能风险识别

京东金融在移动金融智能风险识别方面探索较早，主要原因是在互联网金融早期发展过程中，欺诈用户比例较高。据业内人士介绍，互联网金融坏账中，在早期70%的用户是欺诈用户，逾期贷款根本无法追回。

京东金融在移动金融APP中嵌入了SDK数据采集代码，进行移动端行为数据采集，在大数据和人工智能技术平台，通过设备识别、人机识别、生物识别等技术建立了包括异常登录模型和账户等级模型在内的全方位账户安全体系，识别出高风险的欺诈用户，保障正常用户的账户安全。从多个维度来对实际登录行为进行判定，比如在手机端，通过手摁在屏幕上的力度和申请时间长度来判定是不是本人操作；在PC端，则是通过评估鼠标的轨迹来判断是否是恶意攻击。

京东金融风控建立路径轨迹学习模型和基于大规模图计算的涉黑群体挖掘模型。路径轨迹学习模型就是通过判断正常用户和异常行为用户浏览点击的不同轨迹来区分用户的好坏，进而做出风险预警。基于大规模图计算的涉黑群体挖掘模型，通过RNN的时间序列算法，对于风险用户识别的准确率可以超过常规机器学习算法的3倍，京东金融这项研究成果已经被欧洲机器学习会议的PKDD2017收录，得到了国际上的权威认可。

（三）宜信智能投顾投米RA

波士顿咨询公司（BCG）2017年4月发布报告称，中国高净值家庭数量已超过210万个，到2021年，中国将形成一个规模达110万亿元的高净值财富管理市场①。中产阶级也有巨大的财富管理需求，其可用于财富管理投资的资金超过 50 万亿元人民币，中产阶级的主要理财方式还是以购买银行理财产品为主，缺少专业的理财规划服务。

宜信财富针对中产阶级和潜在高净值客户，在 2017 年推出智能投顾产品投米 RA。其主要的目的是通过智能化手段为寻求财富管理方式的升级的目标客群提供专业服务。银行的投资顾问一般仅仅服务高净值客户，但随着中产阶级的壮大和财富积累的增加，中产阶级理财也是一块巨大的市场，投米 RA 的定位就是服务于这部分人群。智能投顾在中国的本土化发展仍处于转变和探索之中，面临来自客户理念、市场和监管的多重挑战，需要市场参与者审慎面对。

投米 RA 是根据马柯维茨投资组合理论和现代资产组合理论，分析个人投资者的主观风险偏好、客观风险承受能力、理财目标，通过后台量化分析算法给用户提供符合其需求的最优资产配置组合。客户注册完成之后，系统会根据年龄、收入、净资产、投资经验、投资目标等 6 个问题进行风险测评，计算出风险等级。投米 RA 根据模型和算法，提供适合客户的产品组合。产品团队持续跟踪市场变化，在投资者的资产偏离目标配置时进行智能调节，提高资产风险回报率。

海外投资是一项高门槛、高收费、专业性极强的事情，导致中国客户投资海外受到限制。智能投顾可以解决这个认知不对称的问题，借助于投米 RA，投资者只需 3 步就可一键轻松配置全球资产。2017 年宜信财富投米 RA 凭借着出色的全球资产配置策略，为投资者带来了累计 5.45% ~ 13.81% 的实际收益，折合年化收益 9.52% ~ 24.83%②。

三 移动金融智能技术发展趋势和挑战

移动金融伴随着移动互联网的发展而出现，技术发展路径最初与移动互

---

① 《中国个人可投资金融资产达 126 万亿元规模世界第二》，光明网，http：//politics. gmw. cn/2017－04/28/content_ 24336703. htm，2017 年 4 月 28 日。
② 《宜信财富投米 RA——中国唯一入选 Fund Selector Asia 案例的智能投顾平台》，搜狐网，http：//www. sohu. com/a/166709758_ 475913，2017。

联网相同，但是随着金融产品的丰富和智能技术的成熟，移动金融技术开始出现具有自身特点的发展趋势。移动金融技术的发展主要由三方面因素来驱动，即客户体验、金融产品、效率提升。

移动金融智能技术是移动金融技术发展的主流，当移动用户达到一定规模之后，金融企业原有的服务方式和技术无法更好地为金融客户提供服务。金融企业面临的主要问题是服务成本高、效率低、实时性服务差等。移动金融智能技术发展就是为解决这些实际的业务困难。

（一）移动金融智能技术的发展趋势

移动金融智能技术的发展经历了以下三个阶段。

第一个阶段是智能客服，解决金融企业服务客户效率低、成本高的问题。金融行业的智能客服应用始于 2012 年，小 i 机器人为招商银行信用卡开发的"微信客服机器人"上线，成为国内首款可以互动的微信商业应用。

智能客服不仅可以降低人工客服的成本，还可以提高服务效率、提升客户满意度。智能客服还可以记录客户对话内容，从而使金融行业可以分析这些对话，通过 NLP（自然语言处理技术）来发现客户金融需求，为金融产品营销找到另外一个入口。

智能客服最初的技术集中在丰富的问答库，随着技术的成熟，人工智能技术特别是深度学习技术将会应用到智能客服领域。具有记忆功能和学习功能的智能客服机器人将会根据对话内容和客户反馈自我优化问答库，未来智能客户技术还会增加情感识别技术，通过分析客户对话内容，将有情绪波动的客户转给人工客服，并在客户心情愉悦之时，为客户推荐其需要的金融产品，提升金融产品的销售成功率。具有自我学习和进化功能的智能客服，经过大量对话和学习之后，会提升其理解客户需求的能力，有可能会发展为客户的一个亲密金融助手，帮助金融行业更加了解客户需求，为客户提供更好的金融服务。

第二个阶段为智能投顾。智能投顾发展源于国内巨大的财富管理需求和金融企业过高的财富管理门槛之间的矛盾。这种矛盾也给了互联网金融企业

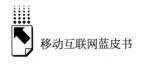

和海外回国的金融专业人才大量的机会。

国内的智能投顾商业模式主要分为三种：第一种是为财富管理客户提供金融产品购买建议，但是本身不进行金融产品销售；第二种是发行金融理财产品，背后是国内基金的组合；第三种是海外资产配置，通过海外资产的配置来提升整体收益率。

智能投顾涉及投资咨询、产品销售、资产管理等业务领域，而国内这些领域分工较细，并有牌照限制。证券公司只能提供投资资讯和建议，但是不能帮客户实施投资操作。基金公司主要帮助客户进行资产管理，但不能为客户设计金融产品。第三方基金销售公司只能在销售阶段做产品推荐，但无法进行资产配置或跟踪调整，这都对智能投顾的业务开展形成很大的制约。

国内智能投顾的挑战还源于传统金融的资本和客户优势，如果传统金融行业开始发力智能投顾，投入巨资购买具有投顾服务技术的金融科技公司，新型的智能投顾公司将面临较大的挑战。2017年美国智能投顾公司发展速度下降，其中很大的原因是美国传统金融企业，如高盛和美国银行开始进入这个领域。

第三个阶段为智能推荐。智能客服解决了金融服务成本过高、效率低的问题。智能投顾解决了财富管理服务门槛过高和白领理财需求的问题。智能推荐主要解决金融服务实时性和金融服务高效转化的问题。

智能推荐源于电商的推荐引擎技术，但是会平衡客户体验和推荐商品的频次。智能推荐需要全面的数据，分析客户的金融需求，并根据推荐的反馈结果来实现推荐优化。智能推荐会选择推荐的时间、渠道和目标客户，控制单个客户被推荐的次数，在获得较高的转化率和不影响客户体验的前提下来获得较好的转化效果。

智能推荐引擎发展的挑战是如何洞察客户金融需求和为此金融需求提供较恰当的营销方案。洞察客户的金融需求源于多维度的数据采集和分析，还有外部社交和交互行为数据的引入，可以利用一些数学模型来预测客户的金融产品需求。恰当的营销方案也需要外部数据的补充和一些营销方案的实验，通过外部数据分析和营销实验，金融企业可以积累适合其客户需要的营销方案。

（二）移动金融智能应用面对的挑战和应对方式

移动金融智能技术在发展过程中面临了很多挑战，其中最大的挑战来自数据治理。智能技术应用的前提是数据，包含金融企业客户的人口属性、交易、资产、风控等数据，也包括客户同金融企业之间的交互数据，另外在不同的业务场景之下，还需要客户的外部兴趣、社交、消费等数据。移动金融智能技术发展还面临着复合型人才缺失和数据科学应用能力较弱的挑战。

1. 智能数据平台

移动金融的智能技术的应用基础是数据，主要是经过标注的数据，也可以认为是标签数据。这些标签数据不是简单对一些数据的标注，而是包含了专业人员对数据的业务理解。例如智能客户应用中，客户对话的一些关键词，有的时候可能代表客户对某些金融产品具有潜在需求，借助于数据标注，可以帮助智能客服的一些业务规则判断出客户的需求，寻找营销机会，为客户提供其需要的金融产品。

客户同智能客服之间的对话反映了客户的心理需求和金融需求，借助于智能数据平台将客户对话中的关键词进行标注，将具有标注的数据输送给智能客服。通过对业务规则的理解和数据挖掘技术，发现客户营销机会，并及时对客户进行精准营销，大大提升营销的转化率。

智能投顾和智能推荐引擎的数据也可以通过智能数据平台来解决，智能投顾所需的数据不仅包含客户的历史交易数据和资产数据，也包含客户在APP上的交互数据，客户对金融产品的点击和关注，都可以作为行为标签进行标注，为智能投顾提供数据支撑。智能推荐引擎也需要客户全方面的数据支撑，包含客户外部数据、交互数据、交易数据，以及推荐之后的反馈数据。通过这些数据分析可以不断优化推荐规则和引擎，在不影响客户体验的前提下，获得较好的营销效果。

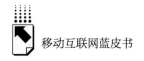

2. 复合型人才的培养

移动金融发展到一定阶段，技术的主导作用越来越明显。技术的核心目标并不只是技术，而是如何为客户提供更好的服务、如何支撑业务的发展。金融行业在应用智能技术的过程中，发展技术并不是一个障碍。移动金融智能技术在实现过程中，缺少懂技术的业务人才，而这些人将会思考如何利用技术来解决业务问题。移动金融智能技术的复合人才负责将业务语言转化为机器语言，其将成为移动金融智能技术的关键。

复合型人才源于两种发展方式，一种是业务人员学习掌握技术，另一种是技术型人才学习业务知识。第二种方式现在是主流，其原因是技术门槛相对于业务门槛更高。复合型人才主要从事的工作是产品经理，利用技术手段协助业务部门来解决业务问题，并为最终客户提供智能金融服务。

金融智能技术发展的表象是技术实现手段，但其本质是金融专业能力和技术的结合，二者缺一不可。金融智能技术背后的业务规则和产品设计，还是来源于金融业务知识的总结和积累。复合型金融人才对移动金融智能技术的发展非常重要，也是现在传统金融企业发展智能技术的一个难点。解决这个问题可以分为两个阶段，第一个阶段是从国外特别是美国华尔街引入具有技术背景的金融人才，第二个阶段是在这些外来金融人才的带领下，培养本土金融工程人才，特别是培养和锻炼年轻骨干。

3. 数据科学应用能力

移动金融智能技术背后的技术基础是数据科学的应用。例如智能客户需要利用 NLP 自然语言处理技术 RNN、LTSM，人脸识别需要利用 CNN 等。当金融企业服务海量客户时，其原来基于业务规则的分析方式和引擎无法实时服务海量数据和客户，需要利用数据科学处理海量数据，挖掘出客户深度需求。

金融企业数据科学应用能力积累不足，既缺少大量的数据专家，也缺少数据科学应用平台。金融企业内部的数据非常丰富，业务场景也多，在反欺诈、信用评估、精准营销、智能运维、风险决策等方面都是数据科学应用的主要方向。金融企业所利用的技术比较封闭，对于开源的数据平台技术和数据科学技术积累不多，导致了在数据科学应用功能方面特别是开源算法方面，滞后于行业的发展。

金融企业可以通过引入数据科学领先创业公司的智能数据科学平台、同互联网巨头在具体业务场景的合作、招募国外数据科学家组建数据科学应用团队等方式来提升数据科学能力。国内大型的银行和金融集团倾向于招募国内外数据科学人才来组建自己的数据科学团队，典型的有平安集团和建行。一些大型和股份制商业银行、证券公司、信用卡和保险公司更倾向于同互联网巨头合作，引入深度学习平台，开展数据科学应用，典型的有工行、广发证券、浦发信用卡、阳光保险等。

B.19
移动医疗：期待模式突破

刘克元*

摘　要： 受移动互联网、人工智能和医疗新科技快速发展，以及国家对互联网创业创新的鼓励，中国移动医疗已经涵盖了诊前、诊中、诊后以及医疗支持等各个环节，出现了轻问诊、远程医疗、网络医院、互联网医院①、纯线上诊断等多种模式。但由于移动医疗政策尚不明朗，以及移动医疗自身发展规律的影响，中国的移动医疗仍在探寻合适的盈利模式和发展方向，亟须突破。

关键词： 移动医疗　远程医疗　医疗产业

随着4G、大数据、云计算、人工智能等技术的快速发展，以及"互联网+"对医疗行业的渗透，移动医疗在中国发展迅速，并在一定程度上推动了中国医改和医疗事业。

一　移动医疗面临历史机遇

（一）移动互联网推动移动医疗产业快速发展

随着4G和智能手机的快速普及，我国移动互联网发展迅猛，为移动医

---

* 刘克元，北京网医联盟科技有限公司董事长，从事移动医疗产业研发。

① 目前，"网络医院"和"互联网医院"两个名称都有机构采用，两者提供的服务在实践中也很难区分。笔者经实地调研发现，自称"网络医院"的，通常是从实体医院开始向线上发展，是早期发展的模式；自称"互联网医院"的，通常是从线上医院向实体发展的结果（因为现行管理规定要求，线上医疗机构必须有实体医疗机构为依托）。这些医院在实践中也都一直分别采用这两个不同的叫法以示区别。

疗的发展提供了便捷的方式和手段，移动医疗发展迎来历史性机遇。

2017 年底，中国的手机网民规模达 7.53 亿，网民中使用手机上网人群的占比由 2016 年的 95.1% 提升至 97.5%[①]。庞大的用户基数为移动医疗发展提供了充足的用户源。2016 年 12 月，我国互联网医疗用户规模为 1.95亿，占网民总数的 26.6%；到 2017 年底，中国互联网医疗用户规模达到2.53 亿，网民使用率达到 32.7%[②]。

互联网医疗产业市场规模不断扩大。前瞻产业研究院数据显示，从 2009年至 2017 年我国互联网医疗市场规模从 2 亿元激增至 325.3 亿元，预计到2020 年我国互联网医疗市场规模有望达到 900 亿元。

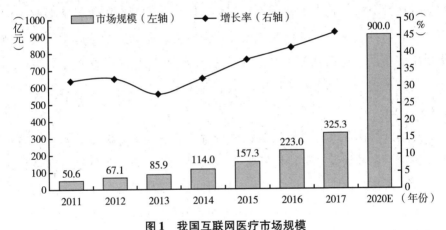

图1　我国互联网医疗市场规模

资料来源：前瞻网。

互联网医院数量增多，2016 年互联网医院的建设数量为 36 家，2017 年底这一数字为 87 家，截至 2018 年 3 月全国互联网医院数量已达到 95 家，其中上线运营的有 82 家、在建的有 13 家[③]。

① 中国互联网络信息中心：《第 39 次中国互联网络发展状况统计报告》，http://www.cac.gov.cn/cnnic39/index.htm。
② 《两会再提"互联网+医疗"十张图带你了解 2018 年互联网医疗行业趋势走向》，前瞻网，https://www.qianzhan.com/analyst/detail/220/180313-f4f19f38.html，2018 年 3 月 13 日。
③ 《两会再提"互联网+医疗"十张图带你了解 2018 年互联网医疗行业趋势走向》，前瞻网，https://www.qianzhan.com/analyst/detail/220/180313-f4f19f38.html，2018 年 3 月 13 日。

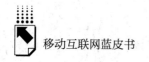

（二）科技进步推动和医改攻坚需要，移动医疗前景广阔

技术创新正在改变人们的生活，即使是最保守、最严谨的医疗行业也不例外。科技沿着两个维度影响医疗：一方面，技术创新正在改变医疗诊断和治疗方法。AI 技术、基因技术、纳米技术、可穿戴设备以及医疗机器人等新技术和高科技产品将颠覆人们对医疗的认知。比如，纳米机器人在人体的血管里巡视，及时发展任何细小的变化和癌细胞；AI 机器人依据大数据做出的诊断比医生更准确。另一方面，互联网促使医疗流程重造，引导医疗资源重新配置。未来，除了实体医院、诊所，人们还将拥有更多的医疗方式，包括远程医疗、网络医院、互联网医院等，从而改善就医体验，百姓就医将更加便捷高效、舒适贴心。移动医疗可以为医疗领域提供很多帮助，包括网络问诊、网上挂号、网上支付、网上查询检查结果、健康教育与管理、医患交流、病后随访、数据采集、慢病管理、远程监控等。

移动医疗将在改善就医体验、改造就医流程、重配医疗资源上助力医改。过去，患者到大医院看病经常会遇到"三长一短"的问题，即挂号排队长、缴费排队长、取药排队长及看病时间短，就医体验差。而有了移动医疗，患者挂号、缴费、查看检查报告等医疗流程均可以通过移动端进行，就医流程得到优化，患者看病更加省心、省时间。

在患者健康管理上，移动医疗同样发挥着很重要的作用。由于疾病负担、交通成本等多种原因，医院对许多出院后的患者未能做到持续地随访，这会影响患者愈后效果。通过移动医疗技术，医生可以对患者个人的健康危险因素进行监测、评估，改进患者依从性，提高治疗效果。移动医疗这种实时反馈信息的特点，是很多传统的医疗模式不具备的，这也是移动医疗的优势之一。移动医疗以手机为平台，很容易获得声音、图片甚至扫描数据，其证据源也比传统的临床实验要多得多。

在我国，医疗领域最大的特征之一是医疗资源配置严重不均衡。不仅是城市与乡村、发达地区与不发达地区，就是在同一城市的大医院与小医院之间，医疗资源配置也很不均衡。这种不均衡不仅在中国催生了世界上规模最大的医院，而且导致人们越来越往大医院集中，就医成本越来越高。移动医疗将会使远在数千里之外的人们通过手机终端就可以享受到大城市的优质医疗资源，人们对移动医疗充满了期待。

（三）国家对移动互联网医疗的肯定与支持

我国目前还没有针对互联网医疗的专门法律文件，但已经出台很多与互联网医疗相关的规章、条例、意见、通知等，或者以章节的形式出现在一些国家发展规划文件当中。总体趋势是逐步放开互联网医疗，深入医疗的各个领域。

2017 年，国务院《关于第三批取消 39 项中央指定地方实施的行政许可事项的决定》取消互联网药品交易服务企业（第三方平台除外）B 证和 C 证的行政审批。除此之外，未见出台新的互联网医药行业性法规。但对"互联网＋"的发展与创新，国务院常务会议有关决定中一再强调对新型健康服务机构、跨界融合服务等探索实行包容、审慎、有效监管，营造公平公正的发展环境。

李克强总理在第十三届全国人民代表大会第一次会议上做《政府工作报告》时指出，2018 年政府要深入推进供给侧结构性改革，"做大做强新兴产业集群，实施大数据发展行动，加强新一代人工智能研发应用，在医疗、养老、教育、文化、体育等多领域推进'互联网＋'"。在宁夏代表团参加审议时，他要求"积极发展'互联网＋'医疗、教育等，使各族群众的生活一年更比一年好"。这些方向性的信息将对互联网医疗的发展起到很好的促进作用。

二　中国移动医疗发展现状

当前，中国移动医疗还在探索之中，还没有形成盈利模式，但也表现出了一系列自身发展的特点。

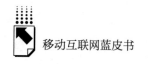
（一）移动医疗服务端的使用范围不断扩展

互联网医疗的两个重要渠道是 PC 端和移动端。互联网医疗平台中保留 PC 端的有中国数字医疗网、网医联盟、挂号网、丁香园、好大夫在线、春雨医生、糖尿病网等。互联网医疗完全采用移动端的越来越多，如平安好医生、医护到家、叮当快药等。但对于大多数互联网医疗平台来讲，则是兼顾 PC 端和移动端，如网医联盟、好大夫在线、春雨医生、微医等。

医生群体是移动医疗最早和最广泛的使用者。数据显示，2017 年移动问诊医生端的使用黏性正在逐渐增加，说明医生已经习惯通过抓取碎片时间将其转化为医疗服务价值。易观千帆监测显示，2017 年移动问诊医生端主要 APP 人均单日启动次数较 2016 年上升，平均启动 8.35 次。根据艾瑞咨询的《2016 年中国互联网医疗医生需求洞察报告》，近九成的医生参与过互联网医疗，且多数安装两款及以上医疗类 APP。

医生端的 APP 主要涉及医生交流社区类、专业工具学习类、医患沟通管理类。医生交流社区类 APP 基于优质医学专业资源，致力于满足医生间的交流与科研需求，如医脉通和诊疗助手等，是利用 PC 端用户的积累，促进较多优质内容的生产和用户的转移，实现医生间移动端社交功能；丁香园等医生社区，围绕病例讨论、教学内容讨论等，为医生技能提升和相互沟通交流提供平台。专业工具学习类 APP 主要提供医学咨询，成为医生的助手及医学教育学习平台，如医口袋等。医患沟通管理类 APP 成为医患沟通的平台，维护管理医患关系，如好大夫、春雨医生等，其中有的 APP 尝试进行诊疗服务，如网医联盟。

移动医疗在医院也被广泛使用。传统医院的服务范围与服务方式受到很大局限，在互联网医疗快速发展的带动及国家"互联网＋"的号召下，各大医院都在尝试引入移动端为患者服务，主要是预约挂号、线上咨询、报告查询、诊后随访等，这其中最有代表性的是协和医院。协和医院的 APP 实现了在全国范围内线上挂号、门诊报到就诊，取消了使用上百年的挂号大厅；除了现场诊疗外，医院其他流程包括医生排班信息，以及患者建档、挂号、候诊、取报告单、缴费、咨询等都可以在线上完成。

患者使用互联网医疗移动端的人数不断增加，而且从一线城市向二、三线城市、从城市到乡村不断扩展。工信部公布的《2017 年通信业统计公报》显示，2017 年末，全国农村宽带用户达到 9377 万，全年净增用户 1923 万，比上年增长 25.8%，增速较上年提高 9.3 个百分点；在固定宽带接入用户中占 26.9%，占比较上年提高 1.8 个百分点。基础设施水平的提升，为移动医疗的发展提供了有利的条件。行业数据显示，在线问诊服务已经在一、二线城市实现一定规模的用户教育和服务普及，并正在向三、四线城市及农村扩展。但在线诊疗的教育与普及工作还有相当漫长的路要走。

（二）用户付费意愿增强

移动问诊经过近 7 年的发展，已成为移动医疗的首选服务。无论是患者用户还是医生用户，平台黏性均保持上升，使用习惯逐步养成，患者付费意愿明显增强，正在成为释放医生生产力、推动落实分级诊疗的助力。

前瞻产业研究院发布的《2016～2021 年中国移动医疗产业市场前瞻与投资战略规划报告》指出，消费者渴望获取充分的知识，使自己能够参与到医疗决策之中。目前有很多平台确实提供疾病、疗法和药品等方面的知识，但很少会站在消费者的角度进行设计。消费者期望的知识平台是权威、公正且容易掌握的。调查显示，17% 的受访消费者通过移动医疗的平台了解信息，46% 的受访者希望将来使用移动医疗来获取新知识。同时，这些消费者也表示愿意为移动医疗平台提供的知识付费①。

（三）移动医疗逐渐向核心医疗服务渗透，并贯穿诊疗全程

移动医疗受政策影响，也遵循先易后难的思路发展。随着移动医疗 APP 流量变得充足，数量也迅速增长，移动医疗逐渐向医疗全程渗透。医疗分为

---

① 前瞻产业研究院：《2016～2021 年中国移动医疗产业市场前瞻与投资战略规划报告》，https://bg.qianzhan.com/report/detail/7f1eb623f9f94db9.html。

诊前、诊中与诊后，诊前如挂号、建档、咨询、导诊，这方面的应用有挂号网、各个医院的 APP、智能导诊、掌上医生等；诊后服务主要是诊后随访、评价、患者社区、电子病历等，这方面的移动医疗多从慢病管理、健康管理入手；诊中包括诊断与治疗，其中，诊断包括门诊诊断与医技诊断，治疗包括药物治疗、手术治疗、化疗、康复治疗等，现在有很多 APP 都可以进行医技诊断，也有很多这方面的新技术开发与应用，从发展趋势来看，医疗离不开诊断，诊断是医疗的核心，这是共识。因此，互联网医疗最终必然切入这个核心医疗服务。现在，这方面的模式有远程医疗、网络医院、互联网医院和纯线上诊断模式，这些新的医疗模式都在尝试提供核心医疗服务。还有很多支持性的应用，如健康档案、缴费与支付、电子病历、电子处方、电子签名、大数据等。总之，移动医疗基本涵盖了实体医疗的所有方面，用互联网将线下手术、检查、化验这些必须在线下完成的医疗环节串联起来，形成了完整的互联网医疗流程，并对传统的互联网医疗流程进行了再造。通过流程再造实现对资源的重新配置，从而提高医疗效率，改善就医体验。

（四）移动医疗创新不断，与新技术特别是智能技术的结合是大的趋势

根据 Gartner 公司 2015 年发布的研究报告，云计算与大数据、人工智能、虚拟私人助理等新技术均能运用于医疗健康产业。移动医疗领域的创新主要体现在以下三个方面。

一是互联网与医疗结合，创造了很多新的医疗模式与商业模式，如网医联盟（纯线上诊断模式）、医护到家等。

二是云计算与大数据。互联网医疗使全民健康档案与医疗数据的集中、分析、运用成为可能，大数据的产生与云计算，这是健康管理、治未病、未来医院的前提条件。现在国家卫计委正在大力打造健康与大数据国家基地，力图尽快完成医疗数据的互联互通。这是互联网医疗发展的必然结果，反过来又将促进互联网医疗的更快发展和质的飞跃。

三是人工智能的运用，各种智能硬件与互联网的结合是大趋势。这方面面临的主要问题是小型化及精度。一部手机可以容纳 2 万个以上智能感应装置，我们未来可以通过移动端进行很多现在要到医院才能完成的检查，如肺功能检查、心电图等。

三 当前移动医疗的主要类型及典型模式

（一）移动互联网医疗的类型

1. 据服务针对的诊疗流程分类

移动医疗根据服务侧重的医疗环节分为三种类型。第一种是服务诊前的咨询、导医、建档、挂号等，如 114 挂号网、就医 160、就医宝、翼健康等；第二种是服务于诊中环节的，包括远程医疗、网络医院、互联网医院及纯线上诊断模式，如广东网络医院、微医、网医联盟等；第三种是服务于诊后环节的，包括诊后随访、医生社区以及互联网药品销售等，如糖医生、杏仁医生、叮当快药等。

2. 据创办主体的不同进行分类

根据创办主体的不同类型，移动医疗呈现出另一种分布态势。一是由医院主导的，如网络医院、医联体、医院自主推出的 APP、远程医疗 B2B2C 产品。二是由政府主导的区域性互联网医疗平台，如健康深圳、宁波云医院、健康四川等。由政府主导的医改，涉及医药、医疗、医保三医联动，牵涉到方方面面，推进过程注定不能够一帆风顺。三是由企业主导的移动医疗模式，如挂号网、春雨医生、好大夫在线、网医联盟等。

（二）典型模式分析

围绕诊疗来分析移动医疗的典型模式，主要有以下几种。

1. 轻问诊模式

从我国在线医疗的市场发展脉络来看，轻问诊也就是医疗咨询可能是最

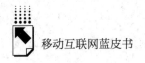

早和最成熟的一种模式。这种模式主要是解决患者自诊和咨询的问题，是患者向医生咨询相关健康问题的医患交流方式。轻问诊的代表是春雨医生、好大夫在线。

这类 APP 应用是目前我国互联网医疗的主流，数量最多。咨询的提供者是全国各地的医生，患者可以按医院、科室、疾病找到相应的医生进行咨询。咨询的主要方式有线上咨询、语音咨询（电话咨询）、图文咨询、视频咨询。咨询完成后可以对医生进行评价。好大夫还提供在线分诊服务。咨询分为免费和收费两种方式，收费的标准由医生决定。这类轻问诊平台都提供预约挂号服务，但都未与医院的挂号池打通，而是一种预约取号服务。网站上还积累了大量的医学资讯，可供患者自诊参考。但这种模式不能满足患者看病诊断的需求。因为不能做诊断，也就使收费显得很难被接受。这种模式的业务流程已经发展得很成熟了，但是盈利模式尚待探索。

2. 远程医疗模式

我们的远程医疗起步于 20 世纪末，与中国互联网发展同步，但最早远程医疗与互联网没有关系，而是有自己的技术标准、设备、专线。随着互联网的发展，远程医院与互联网结合起来，焕发出新的生机。

目前，远程医疗的发展出现了两个大方向。一个是传统的 B2B 方向，包括远程会诊、远程教育等；另一个是 B2C 方向，包括远程医疗、在线咨询、远程监护、养老机构远程医疗、健康可穿戴设备、跨国的远程医疗等。远程医疗服务项目包括远程病理诊断、远程医学影像（含影像、超声、核医学、心电图、肌电图、脑电图等）诊断、远程监护、远程会诊、远程门诊、远程病例讨论及省级以上卫生计生行政部门规定的其他项目。目前国内远程医疗探索方面比较成功的包括中日友好医院、北医三院以及一些医联体等。

远程医疗模式经过多年的发展，是目前最成熟的互联网医疗，互联网技术的发展使其重新焕发出生机与活力。其局限性在于，开展方式必须是两个机构之间，主要是 B2B 业务，有关各方的积极性都不够，使用效率普遍不高，为此，一些医院采用变通的办法就是委托第三方运营，效果会好一些。

3. 网络医院与互联网医院

我国最早的网络医院是广东第二人民医院创办的广东网络医院，后来全国迅速出现了数十家网络医院，但 2016 年以来鲜有自称网络医院的。网络医院是一个迅速蹿红又迅速冷却的互联网医疗概念，也难以归入移动互联网医疗。

互联网医院是在网络医院之后出现的一种模式，最早的互联网医院是乌镇互联网医院，后来发展成现在的微医。另外还有银川互联网医院、好大夫互联网医院等。2017 年，互联网医院抱团发展，得到银川市政府的大力支持。为了支持落地互联网医院，银川市政府相继发布了《互联网医疗机构监督管理制度》《银川互联网医院管理工作制度》《银川互联网医院管理办法》，又出台了若干扶持互联网医院的政策，将互联网医院列入医保定点医院、电子处方与医保系统下药店全面接入、可用医保个人账户支付网上诊费、授予互联网医院进行职称评定权利、限区域限额度选择互联网医院进行统筹账户支付网上诊费试点。这是国内首个关于互联网医院的较为完整的系统监管体系。

不论是网络医院还是互联网医院都可以提供远程诊疗、检查检验、电子处方等服务，也就是可以提供核心医疗服务。其共同的特点是均绑定了实体医疗机构。网络医院是实体医疗机构面对互联网冲击后向线上发展的一种尝试；而互联网医院则是互联网企业线上发展受阻后向线下发展的一种尝试。二者殊途同归。这种模式是在打政策的擦边球。目前来看，其在业界名气很大，但是并没有在医疗领域形成真正的影响力，雷声大雨点小，仍需探索。

4. 纯线上诊断模式

随着各项条件的日渐成熟，移动医疗逐步切入了医疗的核心领域，纯线上诊断模式应运而生。这种模式的特点如下：一是纯线上，即不绑定任何实体医疗机构，而是将整个医疗流程全部搬到了线上。整个模式是按照医疗流程设计的，包括两个实名——医生实名出诊、患者实名就诊。医生网上诊断、写病历、开处方、开检验检查单，医生开出的处方须经过审方中心药师审核通过后才到达患者手中，每张处方上除了有医师和药师的电子签名外，还有可供查询真伪的二维码等。二是从事诊断业务。诊断是医疗核心服务，离开了诊断，纯线上业务就无法完整地连接起来。移动互联网医疗只有切入核心医疗服务，才能对缓解就医难的问题起到实质性帮助作用。医师和在实体医疗机构一样，利用碎片化时间，在网上排班、出诊。患者在网上挂号、支付、候诊、就诊。针对网上诊断的特点，设计了免费复诊权等，方便患者就诊，也将线下的检验、检查、手术、药房有机连接起来，改善患者就医体验。三是移动，不仅患者使用的是移动端，医生使用的也是移动端，将医生工作站"云化"了，从而做到了两个"随时随地"，即患者随时随地可以就诊、医生随时随地可以出诊，这样，医生的碎片化时间得以利用，其工作方式发生了变革，从而提高了工作效率。

纯线上诊断模式发端于美国，在我国的代表是网医联盟。这个模式在国外已很成熟，但在我国刚刚起步，是移动互联网医疗发展的方向之一。

5. 其他模式探索

2017 年，移动医疗领域还有一些创新，如全国首家"共享医院"在杭州试点，主要做法是将医院各个科室交由不同的独立法人主体经营，共同使用药房、化验检查等，在医院审批与监管上有一些突破。全国首家共享医疗平台"大医汇"在广州正式启动建设，在医师多点执业诊室的设计上有创新。腾讯企鹅医院也正式开业，科室包括内科、外科、口腔科、康复医学科、心理咨询科、皮肤科、体检等，与传统医院相比，企鹅医院的"共享"意味更浓，将线上、线下医生结合，甚至如有需要，企鹅医生可通过在线注册的专科医院医生提供转诊服务。但是这些创新尚不具备商业模式上的意义。

四 移动医疗发展过程中存在的问题

（一）政策不明朗限制了移动医疗的发展

移动医疗的特点，实际上和国家医改总体长远目标一致，政策决策者对其高度重视和支持。但医疗事业事关重大，需充分考虑就医公平、制度改革缓冲等，因此在移动医疗方面政策制定比较谨慎，甚至有所限制。

我国现行的医疗机构管理条例及实施细则等法律法规，均未涉及互联网医疗行业。2017年5月，网络上流传国家卫计委办公厅印发的《关于征求互联网诊疗管理办法（试行）（征求意见稿）》和《关于推进互联网医疗服务发展的意见（征求意见稿）》，这两个文件对互联网诊疗活动准入、医疗机构执业规则、互联网诊疗活动监管以及法律责任做出规定。在试图规范的同时，也规定了非医疗机构不许开展远程医疗服务，医生必须经过执业注册，经所在的医疗机构同意，并使用统一的信息平台才能开展远程医疗服务等。这个思路基本上还是想用实体医疗机构的监管办法去管互联网医疗。政策的不明朗导致医疗机构、企业、医生等互联网医疗参与主体都不敢将步伐迈得太大，行业发展充满了不确定性。

（二）医师互联网执业的合法性及执业的法律保障问题

医师到互联网执业有很多顾虑，除了对互联网医疗的认识问题和网络执业技能问题之外，还面临执业的合法性及执业的法律保障问题。

移动医疗将对医生传统的执业生涯产生不可阻挡的冲击。在"健康中国"政策支持下，医生执业的自由度已经逐渐放开，医生多点执业已全面实施。但是，多点执业并不包括互联网医疗。而且，对于医生在互联网执业来讲，更趋向于自由执业，比多点执业要更进一步。中共中央、国务院在2016年10月发布《"健康中国2030"规划纲要》，将医师自由执业作为未来发展的目标，但到目前尚没有具体的实施细则。

在和谐医患关系、化解医患纠纷方面，医责险一直被寄予厚望。但是目前医责险不对互联网医师开放。互联网医疗企业目前的做法，主要是借助商业保险和自筹保障基金。

（三）移动医疗自身存在的问题

移动医疗是一个新生事物，目前尚缺乏相应的业务标准与规范。互联网医疗可以从患者进入移动医疗系统开始，挂号、缴费、检查报告、医生处方、医生对疾病的处置意见、患者的购药记录、服药记录等都留有电子化的记录。这种电子化的记录留痕的特点，极大地方便了医疗监管部门的随时查验，这对于医疗质量的控制来说意义重大。但是，移动医疗有其自身的规律和特点，医患是通过视频面对面，在体格检查方面受到一定的局限，如何根据互联网医疗的特性，对移动互联网诊疗常规、医疗流程等进行规范，为此，网医联盟通过设立专家委员会，在这方面做出了一些探索，但这是一项工作量浩大的课题，需要整个行业为此做出努力。

据 2017 年的一项调查，当被问及"线下医生和线上医生哪个更可靠"时，85.15% 的被访者选择了线下医生，9.14% 的被访者选择都不可信，只有 4.46% 的被访者选择了线上医生，这反映出病人对线上问诊的极度不信任①。这种不信任当中含有对新生事物的接受有一个认识过程的因素，但是也有互联网医疗泥沙俱下的因素，包括互联网医疗流程不规范、医生执业不能保证实名、咨询等脱离了医学可遵循原则等，这些问题的存在对移动医疗的发展是不利的，需要整个行业认真、严肃对待，切实加以解决。

（四）缺少合适的盈利模式，影响了移动医疗领域的投资热情

全世界移动医疗行业有一个共同的特点：都还没有找到自己的盈利模式，也难言成功。如美国第一个也是最大的远程医疗平台 Teladoc 成立于 2002 年，并于 2015 年纽交所上市，其 2018 年 2 月公布的财报显示，公司 2017 财年第四财季净利润为 -4438.30 万美元，同比下降 210.37%，营业收入为 7714.00 万美元，同比上涨 106.26%。

截至目前，中国也还没有一家移动医疗企业盈利的报道。因此移动医疗健康领域的投资热情有所下降。据动脉网统计，2017 年中国医疗健康领域融资事件 455 起，总融资额 473 亿元人民币。融资事件相比 2016 年下降了

---

① 王学成、侯劭勋：《互联网医疗：前沿、实践与案例》，东方出版中心，2018。

1/3，总融资额相比 2016 年仅多了 17 亿元，增速比 2016 年明显下降①。移动医疗行业如何通过创新找到盈利模式，将直接影响到行业的发展。

五　发展移动医疗的政策建议

（一）政府部门应放开医疗核心服务，重点加强监管

移动医疗作为新兴领域，需要政府监管部门给予更多的支持。从事前限制进入核心医疗服务逐步过渡为过程监管，提高违规成本，从而给互联网医疗与健康服务提供更多发展空间，激发市场活力。政府要回归监管本位，并与互联网医疗有关参与各方配合和协作，创新监管模式，共同推动互联网医疗健康发展。

（二）免征流转税，实行所得税优惠

国家对实体医疗机构的医疗收入免征营业税和增值税。互联网医疗本质上还是医疗，而且是创新行业，投入高、风险大，国家对符合一定条件的互联网医疗企业应该比照实体医疗机构，减免流转税，以及给予所得税优惠等，为新兴企业发展提供支持，进而推进移动医疗行业的创新，为新医改助力。

（三）逐步推动医保支付覆盖移动医疗

尽管移动医疗在发展中展示了自身的优势，但是由于支付方式的限制，很多优质的服务还是让老百姓望而却步。未来，国家应启动相应程序，对于相对成熟、切实解决老百姓需要的互联网医疗服务，积极主动地逐步纳入医保的范畴，让人们享受到优质、便捷的医疗服务，同时实现对移动医疗创新企业的扶持，推动行业良性发展。

---

① 《医疗健康行业投融资报告 2017》，搜狐网，http：//www.sohu.com/a/216747973_139908。

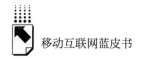
参考文献

互联网医疗中国会：《互联网＋医疗：重构医疗生态》，中信出版社，2015。

〔美〕罗伯特·瓦赫特：《数字医疗》，中国人民大学出版社，2018。

王学成、侯劭勋：《互联网医疗：前沿、实践与案例》，东方出版中心，2018。

〔美〕埃里克·托普：《未来医疗：智能时代的个体医疗革命》，浙江人民出版社，2016。

〔匈牙利〕赫塔拉·麦斯可：《颠覆性医疗革命：未来科技与医疗的无缝对接》，中国人民大学出版社，2016。

专 题 篇

Special Reports

B.20

2017年中国传统媒体移动
传播发展报告

高春梅　朱燕　洪治*

摘　要： 在移动优先战略指引下，传统媒体移动端内容生产能力显著
增强，内容形态丰富多样，内容生产更加智能，爆款产品不
断涌现。移动端渠道平台建设稳中有进，第三方平台入驻率
高，自有客户端有待优化升级，部分传统媒体着力汇聚资源
搭建云平台，聚拢用户助力精准传播。还需优化体制机制，
实现媒体资源向移动端的切实转变。

关键词： 传统媒体　移动传播　内容生产　渠道平台

---

* 高春梅，人民网研究院研究员，博士，主要研究方向为移动传播；朱燕，人民网舆情数据中
心主任舆情分析师，内容中心指数研发部主任助理；洪治，人民网舆情数据中心舆情分析师。

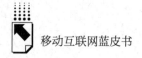

2017 年 1 月，时任中宣部部长刘奇葆在推进媒体深度融合工作座谈会上的讲话中指出，"推动媒体融合发展，必须顺应移动化大趋势，强化移动优先意识，实施移动优先战略"。① 移动优先既是媒体融合发展的大势所趋，也是国家针对媒体深度融合提出的战略方向。

中国互联网络信息中心（CNNIC）发布的报告显示，截至 2017 年 12 月，我国手机网民规模达 7.53 亿，较 2016 年底增加 5734 万人。网民中使用手机上网人群的占比由 2016 年的 95.1% 提升至 97.5%，手机上网比例继续攀升。② 大力开展移动传播、提高移动传播力是新形势下对传统媒体提出的必然要求。本文立足传统媒体移动传播实践，结合相关统计数据，呈现 2017 年我国传统媒体移动传播的基本状况和发展特点，并提出进一步提高传统媒体移动传播力的建议。

一 2017年媒体移动传播基本状况

移动传播力是指媒体借助移动互联网有效传播信息的能力，包含移动端内容生产能力、内容分发能力（即渠道、平台建设能力）。移动互联网时代，提高移动传播力是媒体提升引导力、影响力、公信力，增强发展实力的基础。人民网研究院选取 296 份省会城市及计划单列市报纸、301 个省级及以上广播频率、37 家电视台，抓取这些媒体 2017 年全年数据，对其在微博、微信、聚合类平台（包括聚合类新闻平台、聚合类音频平台、聚合类视频平台）及自有客户端等主要移动传播平台的传播情况进行考察，传统媒体在各平台的移动传播状况如下。

（一）微博平台入驻率高，两极分化现象严重

在监测的 296 家报纸中，有 288 家报纸在新浪微博平台上开通了官方微

---

① 刘奇葆：《推进媒体深度融合 打造新型主流媒体》，《人民日报》2017 年 1 月 11 日。

② 中国互联网络信息中心：《第 41 次中国互联网络发展状况统计报告》，中国互联网络信息中心网站，http://www.cnnic.net.cn/hlwfzyj/hlwxzbg/hlwtjbg/201803/t20180305_70249.htm，2018 年 3 月 5 日。

博账号，开通率为97%。37家电视台中，有36家电视台开通了新浪微博账号。相比而言，省级及以上广播频率的微博账号开通率相对较低，为74%，有77个广播频率没有检索到官方认证的频率微博账号（不含主持人及电台节目微博）（见表1）。

表1 报纸、广播频率、电视台官方微博传播情况

项目	微博账号开通率(%)	媒体平均粉丝量(万)	账号平均粉丝量(万)	日均发博量（条）	微博条均转发量(次)	微博条均评论量(次)
电视台	97	1058	126	2.5	245	142
报纸	97	385	329	8.0	150	93
广播频率	74	81	81	2.3	13	14

注：广播频率只统计了频率认证的官方微博账号；电视台微博统计包含了电视台官方微博，旗下卫视频道官方微博，以及进入人民网舆情大数据平台微博排名TOP2000的频道、栏目微博账号；报纸微博中，个别报纸含自报的微博矩阵数据。

资料来源：人民网舆情数据中心，下同。

数据显示，平均每家电视台在新浪微博平台上拥有1058万粉丝，平均每个电视微博账号拥有126万粉丝。平均每份报纸的官方微博粉丝量（含个别报纸微博矩阵数据）为385万，平均每个报纸微博账号的粉丝量为329万。广播频率官方微博的粉丝量最少，平均每家广播频率的官方微博粉丝量为81万。从单个账号来看，报纸微博账号的平均粉丝量显著高于电视和广播微博账号。从微博发文的情况来看，报纸账号日均发文8条，电视微博账号日均发文2.5条，广播微博账号日均发文2.3条。

传统媒体在微博平台上的传播呈现出明显的两极分化现象。排在前面的少数几家媒体微博占据了粉丝总量、转发总量、评论总量的半壁江山。以报纸为例，@人民日报粉丝量最高，超过5570万，仅有27家报纸的微博粉丝量超过千万，近半数（47.5%）报纸的微博粉丝量不足百万（见表2）；人民日报、环球时报两家媒体微博的被评论量占据了全部288家报纸微博被评论总量的半数以上（52%），超过七成（212家）报纸微博的单条平均被评论量不足 10 次。从转发情况来看，人民日报微博的被转发量占 288 家报纸微博被转发总量的 67%。人民日报平均每条微博的被转发次数为 4033 次，单条微博被转发量过百的仅有 18 家报纸，206 家报纸单条微博的被转发次数低于 10 次，传播力有限。广播频率和电视台微博两极分化的现象同样显著。近九成（88.4%）广播频率的官方微博粉丝量在百万以下，中央人民广播电台中国之声、中国国际广播电台环球资讯广播、中央人民广播电台音乐之声三个广播频率的微博转发量和评论量分别占据 301 个广播频率总转发量和总评论量的 77% 和 78%。中央电视台、湖南电视台、浙江电视台三家电视台的微博转发量和评论量分别占 36 家电视台微博转发和评论总量的 89% 和 85%（这三家电视台进入人民网舆情大数据平台 TOP2000 的频道、栏目微博数量较多）。这说明，尽管微博的入驻率不低，但对于大多数媒体而言，并非移动端的主要传播平台。

（二）微信发展相对均衡，电视台微信传播力优于报纸和广播频率

在监测到的所有媒体中，报纸和电视台微信公众号的开通率分别为 98% 和 95%，与微博账号开通率不相上下，广播频率的微信公众号开通率为 77%，略高于微博 3 个百分点。从微信公众号发布文章的数量来看，电视台微信公众号的日均发文量最低，为 2 篇；广播频率微信公众号日均发文 4 篇；报纸微信公众号的日均发文量最高，为 5 篇。从平均每篇文章的阅读量与点赞量来看，电视台官方微信平均每篇文章的阅读量最高，为 11571 次，比报纸高 2502 次，是广播频率微信文章阅读量的 2.3 倍；电视台官方微信平均每篇文章的点赞量为 153 次，比报纸高 19 次，是广播频率微信文章点赞量的 3.9 倍（见表 2）。可以看出，尽管电视台的官方微信开通率不及报纸，单个微信公众号的日均发文量也有较大差距，但传播力略胜一筹，广播频率无论是官方微信公众号的开通率，还是传播力，都较报纸和电视台逊色不少。

表2　传统媒体官方微信公众号传播情况

项目	微信公众号开通率(%)	公众号日均发文量(篇)	平均每篇文章阅读量(次)	平均每篇文章点赞量(次)
报纸	98	5	9069	134
广播频率	77	4	4937	39
电视台	95	2	11571	153

分析报纸、广播频率、电视台微信数据可以发现,三类媒体的微信公众号发文量、阅读量、点赞量分布均呈橄榄形结构,说明传统媒体微信的发展相对均衡,没有出现类似微博账号严重两极分化的现象。

(三)聚合类平台成为重要传播渠道,报纸广播电视各有侧重

数据显示,有277家报纸入驻聚合类新闻平台,入驻率为94%①;广播频率以入驻聚合类音频平台为主,入驻率为99%,入驻聚合类新闻平台的广播频率不足半数;电视台则以入驻聚合类视频平台为主,入驻率为100%,除此之外,电视台入驻聚合类新闻平台的比例也很高,为95%(见表3)。

表3　传统媒体入驻聚合类平台情况

单位:%

项目	入驻聚合类新闻平台	入驻聚合类音频平台	入驻聚合类视频平台
报　纸	94	—	—
广播频率	47	99	—
电视台	95	—	100

虽然有的平台无法获取推送文章量、用户订阅量或阅读量/播放量数据,但从现有数据中可以窥见传统媒体在第三方聚合类平台上的传播情况。数据显示,入驻聚合类平台的传统媒体均入驻了3家以上聚合类平

————————————

① 本次没有监测报纸入驻聚合类音频客户端和视频客户端的数据。

台，平均每家报纸至少有 15.3 万订阅用户，平均每家电视台至少有 45.1 万订阅用户。平均每家报纸的累计阅读量超过 2.5 亿，平均每家电视台的累计阅读量超过 5800 万，报纸在聚合类新闻平台的传播力远远大于电视台。在聚合类视频平台，平均每家电视台节目的累计播放量已超过 21 亿次，显示出强大的传播力。在聚合类音频平台，平均每个广播频率的节目播放量至少 673 万次。聚合类音频平台成为传统广播节目的有效传播路径。

表4　传统媒体在聚合类平台上的传播情况

项　　目	平均入驻平台数量	平均每家媒体推送文章量（万）	平均每家媒体用户订阅量（万）	平均每家媒体阅读量/播放量（万）
报纸入驻聚合类新闻平台	3.25	3.7	15.3	25135
广播频率入驻聚合类音频平台	4.45	—	0.7	673
电视台入驻聚合类新闻平台	4.34	0.7	45.1	5848
电视台入驻聚合类视频平台	3.7	—	—	210138

注：聚合类新闻平台统计范围为今日头条、一点资讯、搜狐新闻、网易新闻、腾讯新闻；聚合类音频平台统计6家，分别为喜马拉雅、龙卷风收音机、荔枝FM、考拉FM、优听Radio、蜻蜓FM；聚合类视频平台统计5家，分别为爱奇艺、乐视、腾讯、优酷、搜狐。为截至 2017 年 12 月底的累计数据。

（四）自有客户端是传统媒体移动传播的重要抓手

不同于微博、微信及第三方聚合类平台，自有客户端是传统媒体自主搭建的传播渠道和平台，对于传统媒体而言具有重要的意义和价值。创办自有客户端是传统媒体移动化转型、开展移动传播的重要抓手。截至 2017 年底，传统媒体自有客户端的建设达到一个新高潮。

在统计的 296 份报纸中，有 37 家没有建设自有客户端，报纸或所属集团自建客户端的比重达到 87.5%。从报纸客户端在 11 个安卓应用商店[①]的

---

① 11 个应用商店为 360 手机助手、应用宝、豌豆荚、百度手机助手、联想乐商店、魅族市场、搜狗手机助手、华为市场、安智市场、酷派市场和 OPPO 市场。

下载量来看，《人民日报》的安卓客户端下载量最高，接近2亿。《南方日报》《21世纪经济报道》《光明日报》等11家报纸的安卓客户端下载量为千万级。37家电视台中，仅一家电视台没有建设自有客户端，自有客户端开通率为97%。湖南电视台、中央电视台、浙江电视台3家电视台安卓客户端总下载量过亿，其中湖南电视台最高，近13.9亿。江苏电视台、广东电视台、上海电视台3家电视台的安卓客户端总下载量为千万级，另有7家电视台下载量为百万级，11家为10万级，9家为万级，有3家电视台的客户端下载量不超过1万。

中央人民广播电台、中国国际广播电台及中国大陆31家省级广播电台中，仅有1家广播电台没有音频客户端，其余32家中央级及省级广播电台建设了客户端100家左右，这些客户端或为广播电台建设的适合音频传播的客户端，或为广播电视集团建设的集纳集团旗下电视节目与广播节目的综合型客户端，如中国蓝新闻、大蓝鲸、闪电新闻等。除此之外，50个广播频率（中央级频率16个、省级频率34个）建设了频率自有客户端，如中央人民广播电台中国之声、山东人民广播电台经济广播、河南人民广播电台交通广播。除个别广播电台之外，基本上所有的省级及以上广播频率的音频节目均可以通过频道、电台或广播电视集团的客户端进行传播，一些自有客户端在传播节目信息之外，注重服务用户并与用户互动。

二 2017年媒体移动传播发展特点

（一）移动端内容生产能力显著增强

移动优先战略下，媒体通过推进体制机制变革助推内容生产，对移动互联网传播规律的把握更加到位，移动端内容生产能力有所增强。

1.变革组织架构流程机制，强化移动端内容生产

践行移动优先战略，部分传统媒体打破媒体内部的既有利益格局，从组织形态、体制机制等方面进行深层次变革，按照移动互联网规律布局并匹配

资源，通过调整内部组织架构、再造内容生产流程等将内容生产向移动端倾斜，确保优先生产适合移动端传播的融媒体产品，通过绩效考核和激励机制调动和激发采编人员移动端内容生产的积极性、主动性、创造性，强化融媒体内容生产。2017 年 3 月，中国青年报"融媒小厨"投入使用，通过全媒体协调机制整合、分配、调度报社资源，优先移动端内容生产和传播，并把融媒体产品生产情况和传播效果作为重要指标纳入绩效考核，为优先生产移动端内容提供了制度保障。郑州报业集团成立郑报融媒中央厨房·新闻超市，主要采访人员全部进入郑报融媒全媒体采访中心，全媒体采访中心的第一任务是为新媒体供稿。

2. 内容形态丰富多样，移动视频、直播常态化

技术是影响移动端内容生产的重要变量，媒体在将传播重心向移动端转移的同时，积极利用无人机、VR/AR 等新的技术手段，结合移动互联网传播规律和用户接受习惯创新报道形式，H5、微视频、音频、动漫等移动端内容产品日益增多，去平媒化、可视化、跟最新技术紧密融合成为移动端内容生产的基本特征，内容形态日益丰富多样。在 2017 年两会报道中，媒体通过使用虚拟现实软件和 360 度相机进行了全景报道两会的创新。

移动视频、直播成为新闻传播领域的新业态、新方式。2017 年 1 月，人民日报客户端四期上线，最新版本增设了直播频道，2017 年全年，直播频道共推出直播 1202 场。2017 年 2 月，人民日报推出全国移动直播平台，平台成员将共享优质原创直播内容、全流程技术解决方案、免费的云存储和带宽支持，在内容生产和内容分发上探索全新发展路径。同月，央视新闻移动网正式上线，该平台的主要业务是新闻直播，并为记者打造移动直播系统"正直播"，上线一年共发布短视频 20 万条，发起移动直播 5800场。①据统计，2017 年有超过 1000 家媒体在今日头条上进行了直播。2018年，移动视频/直播的热潮仍在继续，2018 年 3 月，人民网推出人民视频客

---

① 《央视新闻移动网上线一周年：记录前行的中国步伐》，搜狐网，2018 年 2 月 19 日。

户端，并宣布与腾讯、歌华有线成立视频合资公司，共同发力直播和短视频领域。

3. 内容生产更加智能，写稿机器人成专栏作者

除了内容形态更加多样之外，智能化生产也是 2017 年移动端内容生产能力增强的一个表征。近几年，随着机器学习、自然语言处理等人工智能技术的发展，国内外许多媒体已经开始了机器人报道的探索与实践，机器人写稿早已不是新鲜事。2017 年，越来越多的媒体开始尝试机器人写稿，人工智能实质性进入新闻采写流程。

2017 年 1 月，写稿机器人"小南"在南方都市报社正式上岗，推出第一篇 300 余字的春运报道；2 月，微软"小冰"以人工智能记者的身份入职钱江晚报社并在新闻客户端"浙江 24 小时"上开设专栏；6 月，云南省第一个写稿机器人"小明"在昆明报业上线；7 月，人工智能机器人"小冰"入驻封面新闻，作为封面新闻的专栏作者，定期撰写新闻稿件。12 月，新华社发布媒体人工智能平台——"媒体大脑"，并耗时 10.3 秒发布首条 MGC（机器生产内容）视频新闻。该平台提供基于云计算、物联网、大数据、人工智能（AI）等技术的八大功能，覆盖报道线索、策划、采访、生产、分发、反馈等全新闻链路。[①] 新闻生产智能化程度的不断提高，有助于提升移动端内容生产力，并助力采编人员生产更加优质的原创内容。

4. 遵循移动传播规律，爆款产品不断涌现

2017 年，传统媒体对于移动互联网传播规律和用户需求的把握更加深入。移动端内容生产更加适应人性化需求，注重趣味性与形式创新，瞄准新技术、尝试新手段，为用户提供了更多篇幅精炼、形式新颖、思想性强、参与性强、趣味性强、视觉效果佳的融媒体产品，并注重与用户形成情感共鸣，出现了不少基于分享互动、关系传播的爆款产品。

为庆祝建军 90 周年，由人民日报客户端创意出品并主导开发、腾讯天天 P 图提供图像处理支持的新媒体产品《快看呐！这是我的军装照》，让网

---

① 《新华社发布"媒体大脑"中国首个媒体人工智能平台》，人民网，2017 年 12 月 27 日。

友在参与互动中回顾历史铭记荣耀，浏览量破 10 亿人次；十九大期间，人民日报社新媒体中心发布的国家形象宣传片《中国进入新时代》，用普通人的中国梦激发无数国人的激情，该视频全网阅读播放量超 2.5 亿人次。10月 20 日，新华网推出"点赞十九大，中国强起来"系列互动活动，吸引了大量网友参与。据统计，该系列活动创造史上首个"30 亿级"国民互动产品，收获 1.2 亿个点赞量，2 亿人次扫码，5 亿人次接力。2017 年，类似集思想性、趣味性、互动性于一体的爆款产品并不鲜见，特别是在重大主题报道中更为突出。

（二）移动端渠道平台建设稳中有进

移动互联网时代，信息传播效果不仅要通过触达用户的规模来考量，还要通过信息传播的有效性来考量。在汇聚海量用户的基础上，通过沉淀用户数据，将用户需求与信息内容匹配，进行精准化推送，是提升传播力的有效途径。从传统媒体的渠道平台建设来看，呈现出如下特点。

1. 第三方平台入驻率高，传播效果有待提升

从上文中的统计数据可以看出，传统媒体在微博、微信、聚合类平台等第三方平台上的入驻率较高，报纸和电视台的微博账号和微信公众号开通率均已超过 95%，广播频率的两微入驻率也超过七成，但从传播效果来看，微博平台的两极分化现象非常严重，一半以上传统媒体的微博传播效果欠佳。传统媒体微信公众号发展相对均衡，但从文章阅读量及点赞量的情况来看，仍然有一定提升空间。在聚合类平台上，如何实现传播效果和经济效益的双赢，还有待进一步探索。

2. 自有客户端建设高峰期已过，有待优化升级

2017 年，仍有传统媒体推出自有客户端，如人民日报社推出英文客户端，中央电视台推出"央视新闻+"，中国国际广播电台推出"ChinaNews""ChinaRadio""ChinaTV" 3 款多语种聚合型客户端等，但总体上看，传统媒体扎堆建设自有客户端的高峰期已过，目前进入平稳发展期。少数传统媒体客户端凭借自身资源优势及独特定位，拥有相对稳定的用户群，但一些传

统媒体客户端特色不够鲜明、用户体验一般、下载量不高，还有一些媒体存在重复建设客户端的问题。如何有效聚合资源，在现有基础上进行优化升级，着力打造有影响力的客户端，是传统媒体自有客户端建设面临的问题。

3. 汇聚资源搭建云平台，聚拢用户助力精准传播

在万物互联的大趋势下，越来越多的传统媒体开始打破边界，向广博性和纵深性发展，力图使媒体从单一资讯发布平台发展为连接社会多方资源、聚合海量用户、具备多种功能的生态级平台，吸引尽可能多的信息、用户、资源在平台上交流、交互、交易，以沉淀大量用户和数据，为传统媒体把握舆情走向、实现精准传播、提升传播力引导力影响力公信力奠定基础。

人民日报社推出全国党媒公共平台，旨在构建全国党媒内容共享、渠道共享、技术共享、数据共享、盈利模式紧密协作的公共平台，通过连接全国党媒各种端口，形成巨大的数据后台。湖南日报社推出"新湖南云"，可实现省市县三级自有自营客户端内容生产互通共享，吸引用户在"新湖南云"上互动分享，提升新闻和信息的抵达率和转化率，并先后为省内50多家政府机构和高校量身建设政务新媒体平台，逐渐成为湖南省各级政府政务公开的平台、全省老百姓政务办事的平台以及党委政府和部门与老百姓沟通的平台。在此基础上，新湖南云将利用多源多态的数据汇聚技术建设大数据仓库，建成后可进行大数据挖掘、用户行为分析、精准推送、精准营销等。[1]江西日报社推出的赣鄱云也实现了省市县三级融媒体在用户、技术、数据、传播平台的纵向打通共享，同时也是党和政府的政务服务平台、便民生活公共服务平台、特色产品电商服务平台。2017年3月底启动运行的"津云"中央厨房则实现了天津市"播、视、报、网"的全媒体融合，并持续构建全市"一朵云"网络舆论管理生态格局，推动大数据与网上政务大厅、社会公共服务平台应用层面的深入融合，打造"云上系列"新媒体宣传和服务矩阵。[2]

---

① 毛晓红：《党媒由"端"到"云"的平台建设路径》，《新闻战线》2018年第1期。
② 《"津云·云上系列"上线177家单位入驻 打造新媒体宣传矩阵》，天津市人民政府网，2018年2月14日。

三 增强媒体移动传播力的几点建议

（一）优化体制机制，实现媒体资源向移动端切实转变

媒体内部围绕"移动优先"进行体制机制变革，将媒体资源向移动端倾斜是增强媒体移动传播力的基本前提和根本保障。随着用户大面积迁移到移动端，"移动优先"战略的落实不能仅仅停留在抽调部分力量成立新媒体部门、运维两微一端，而应是内部资源的深刻调整和生产流程的根本变革。如前所述，一些媒体已经在内部体制机制变革上走在前面，按照移动互联网的生产和传播逻辑重构内部架构、重塑生产流程、完善绩效考核、创新激励机制，通过不断摸索寻找适合自身发展的路径。还有部分媒体在移动化转型的道路上，面临方方面面的掣肘因素，尚未跟随移动互联网发展的步伐实现内部资源的有效配置，还需要切实转变观念，牢固树立移动优先意识，深化内部体制机制变革，将人力、技术等资源向移动互联网倾斜，进行内容生产的供给侧改革。

（二）把握传播规律，充分运用前沿技术创新内容生产

提高媒体移动传播力，离不开对移动互联网传播规律和用户接受习惯的深刻把握和洞察，任何爆款产品的生产逻辑，无不凸显了对传播规律的高度遵循和与用户需求的高度契合。优质内容是提升传播力的前提和基础，内容生产应在改变传统生产模式的基础上，进一步强化移动互联网思维，多生产集内容思想性、形式创新性、参与互动性于一体的产品。同时，技术的快速更新迭代对内容生产的影响比以往任何时候都更为显要。无人机、写稿机器人、VR/AR、大数据、物联网等新传播技术与新闻生产的结合改变了内容生态。一方面，技术丰富了移动新闻产品形态，使产品形态不断推陈出新；另一方面，人工智能、物联网、区块链等技术在一定程度上改变了媒体获取新闻线索、收集新闻素材及分析写作的方法，更新了生产方式、提高了生产

效率。如何充分利用人工智能等新兴技术的强大力量，充分发挥采编人员的创造性，使前沿技术成为助推移动端内容生产的新势能，是影响媒体移动传播力提升的重要因素。

（三）做大做强平台，提升传播力引导力影响力公信力

移动互联网、云计算、大数据三者相互推动、相辅相成。移动互联网时代，要想集聚用户，实现信息的有效到达，需要强化平台思维和大数据思维。平台要有海量的用户、丰富的功能、强大的黏性，才能够产生海量数据。一般而言，数据来源越广泛、维度越多元，用户行为、特征及需求就越清晰，信息匹配及传播的精准度就越高。因此，集聚海量用户的前提是汇聚资源、做大平台。传统媒体可以利用自身的政治优势，将党政资源聚合起来，并在此基础上不断寻求跨界融合。在汇聚资源、占有海量数据的基础上，媒体还需强化数据分析、匹配能力，利用人工智能实现分众化、精准化传播，进一步提升媒体传播力、引导力、影响力、公信力。目前，传统媒体平台化建设刚刚起步，还需在资源汇聚和提高数据匹配能力上持续发力，建成资源丰富、用户海量、数据分析能力强的大平台，在此基础上提升传播力。除此之外，面对一些传统媒体内部存在的重复建设现象，可有效整合资源，对产品进行差异化定位，集聚优势资源打造特色品牌。

参考文献

牛禄青：《人工智能时代的传媒业变革》，《新经济导刊》2017 年第 7 期。

国家广电智库：《2017 广电媒体融合发展的几个亮点》，http：//www.zongyijia.net/News/News_ info？id＝88237。

李凯、张天培等：《一年来媒体融合发展八大亮点：龙头昂起　融合升级》，《人民日报》2017 年 8 月 19 日。

B.21
加速发展中的中国媒体外文客户端

刘　扬*

摘　要： 2017 年是中国媒体外文客户端加速发展的一年。主要由中央级媒体建设，以英文为主，多家建有多语种客户端。我国媒体外文客户端以中国立场、连接内外、移动便捷为特点，设置丰富多样的频道栏目，重点加强推送、视频与社交功能，但仍存在用户数量不多、互动不够、内容特色不足等问题，将朝着智能化、视频化、社交化、服务化方向发展。

关键词： 主流媒体　外文客户端　对外传播

一　移动互联时代呼唤媒体对外传播新作为

根据社交媒体营销公司"we are social"发布的报告，2017 年全球网民数量已突破 40 亿，在世界总人口中占比首次超过半数，达到 53%。同时手机用户数量已达 51.4 亿，占世界人口总量的 68%。全球移动网民数量已经达到 30.7 亿。[①] 智能手机在全部网络流量中的占比达到了 52%。全球新增网民大多数来自移动端。[②]

---

* 刘扬，人民网研究院研究员，博士。

① 《全球移动互联网报告：移动网民数量已经达到 30.7 亿》，搜狐科技，2017 年 5 月 3 日。该数据是 APUS & QuestMobile 研究公司根据 2016 年 12 月活跃移动设备数量得出。

② Kemp, Simon, Digital in 2018：World's Internet Users pass the 4 Billion Mark, we are social, https：//wearesocial.com/uk/blog/2018/01/global – digital – report – 2018, 2018.

随着移动互联网在全球不断发展，互联网与生俱来的全球传播能力进一步显现，影响力不断增强。一方面，移动互联网为全球传播提供了各种便利条件。首先是更直接的到达，信息从全球各类传播机构发出后，可直接显示在人们随身携带的移动设备上；其次是更低廉的传播成本，无需功率强大的电波发射装置、规模庞大的传播人员队伍，也可以从事全球传播；再次是内容的丰富与服务的多样，跨越国境的传播内容不仅仅是一国对另一国以时政新闻为主的宣传，更多的是文化、艺术、日常生活类信息，形式从单一媒介内容变为多媒体内容，信息服务功能不断增强；最后是效果反馈的直接与迅速，各种数据搜集和统计工具让传播主体可以很快了解到相关内容的传播效果，以便做出调整。

另一方面，移动互联网也对全球传播提出了新挑战。一是更加多元的传播主体，令全球传播格局更加复杂，个人与机构、对内与对外等过往不同的传播融合在一起，传统国际传播机构所依赖的传播规模、传播投入在移动时代并不一定与传播能力、传播效果相对应；二是更加复合的传播渠道，与传统国际传播机构常年专注于做好一个形态、一个栏目的传播不同，移动互联条件下的全球传播要进行多语态、多形态、多渠道的传播，通常还要借助多级、多方的统筹运作；三是更加动态的用户需求与更难把握的传播效果，移动应用令全球的用户对个性化、及时性、实用性信息和服务的需求不断提升，大众化的传播难以在移动空间产生良好的效果，一类信息或服务因用户所处情境的不同也不一定会产生预期的效果。

难易之间，留给国际传播机构和从业者巨大的想象和创新空间。世界各地的传播机构和人员都在为移动条件下的全球传播而不断探索，其中一个主要的努力方向是开发以新闻传播为主的移动客户端（APP），以充分利用移动互联网所带来的各种传播优势。与移动网页相比，开发移动客户端面临着兼容 iOS 苹果手机系统和安卓系统的问题，也存在需要用户下载安装等使用门槛较高的问题，还需要处理产品快速迭代且每次迭代都需要一定的审核周期的问题。但是，移动客户端在移动互联网应用方面的优势则更加明显，如操作更加符合用户习惯，可缓存内容以减少每次使用时的加载时间，加密传输更有利于保护用户信息安全；内容展示更加丰富，不会出现自适应字体错乱、边距不齐等页面问题；功能拓展上更加便利，可以内嵌各种程序或链接，让用户使用更加简单快捷；可有效获取用户数据，便于与用户深度互动，提供各种以数据为基础的服务等。

随着中国特色社会主义进入新时代，中国的对外传播也进入新时代。党的十九大报告指出，要讲好中国故事，展现真实、立体、全面的中国，提高国家文化软实力。中国对外传播面对需要破解的新、老问题，要思考如何利用新条件、抓住新机遇。移动互联网是提高我国对外传播能力不可错过的重要手段与机遇。近年来以中央媒体为代表的中国对外新闻传播机构顺应时代要求和技术发展趋势，加强利用移动互联网对外宣介中国、促进中外交流，许多中央媒体都重点开发并推出了外文客户端，本文特对中国媒体外文客户端发展情况进行整理与分析。

二　中国媒体外文客户端加速发展

中国对外传播媒体是移动新闻客户端的先行者。2009～2011年，在中国网民刚刚接触智能手机和手机应用市场的时候，《中国日报》（*China Daily*）便先后推出了"中国日报新闻""中国日报视频""中国日报精选""The China Daily iPaper""Touch China"等面向智能手机和平板电脑的英文或中英双语新闻客户端；人民网也曾在此时期推出了中文、英文、日文、西班牙语、俄文、法文、阿拉伯语七个语种的新闻客户端。[①]

2014年11月，人民日报海外版"海客"新闻客户端开放下载，主要面向海外华人华侨群体，内容以中文为主，提供中文简体字、中文繁体字和英文三种界面。同月，央视网推出新版"CCTV多语种频道"客户端，除中文

---

① 单成彪、刘扬：《我国移动对外传播的现状与展望》，载于《中国移动互联网发展报告（2017）》，社会科学文献出版社，2017，第347～348页。

节目外，还提供英、西、法、阿、俄等多语种直播、点播服务。①

2016 年 9 月，中国网推出了包含中、英、法等 9 个语种的新闻客户端，向世界讲述中国故事。12 月，新华网在 2014 年推出的"新华炫闻"英文版移动客户端基础上，又推出了西、法、德、俄等多语种版"新华炫闻"客户端。2016 年最后一天，中国环球电视网（CGTN）正式开播，同时，经过对中央电视台各个外文新闻客户端的整合，专门在苹果应用商店上线了"CGTN"新闻客户端。②

进入 2017 年，在习近平总书记关于新闻舆论工作思想的指引下，中国主流媒体进一步加强移动互联网条件下对外传播能力建设，加速发展外文新闻客户端。2017 年 5 月，中国国际广播电台推出了"ChinaNews""ChinaRadio""ChinaTV"三款聚合型英文客户端，与中英、中俄、中西（西班牙）、中日、中阿（阿拉伯）、中印（泰米尔）、中意、中老、中柬、中塞（塞尔维亚）等多个语种的特色化客户端共同形成了"China 系列"多语种移动端媒体集群。③ 10 月 15 日，在党的十九大即将召开之际，基于中文客户端运营经验，人民日报英文客户端"People's Daily"正式上线向世界问好，成为人民日报"适应新的形势和任务，进一步做好对外宣传和国际传播的战略选择"。④ 与此同时，中国国际电视台也上线了改版升级的"CGTN"客户端。

2018 年 1 月 23 日，新华社推出了集合了人工智能技术的英文客户端"Xinhua News"，作为"新华社全媒体传播体系的最新一员，肩负着'联接中外、沟通世界'的使命，成为中国国家通讯社的英文移动门户和海外受众了解中国的重要窗口"。⑤

① 《央视网新版"CCTV 多语种频道"客户端上线》，央视网，2015 年 11 月 28 日。
② 单成彪、刘扬：《我国移动对外传播的现状与展望》，载于《中国移动互联网发展报告（2017）》，社会科学文献出版社，2017，第 350～351 页。
③ 《中国国际广播电台多个新媒体平台用户量过亿》，中国新闻出版广电网，2017 年 11 月 22 日。
④ 《人民日报英文客户端正式上线》，《人民日报》2017 年 10 月 16 日。
⑤ 《国社推出"新型外宣航母"新华社英文客户端正式发布》，新华网，2018 年 1 月 23 日。

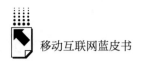
三 媒体外文新闻客户端各具特色

（一）按主办媒体类别分类

因为开发建设外文客户端需要较大的人力、物力和财力投入，所以主办媒体多为有对外传播职能的中央媒体，比如，人民日报（"Peoples Daily"客户端）、新华社（"Xinhua News"客户端）、中国国际电视台（"CGTN"客户端）、中国国际广播电台（"ChinaNews""ChinaRadio""ChinaTV"客户端）、中国日报（"China Daily"新闻客户端）；中央媒体下属的子媒体，如人民日报海外版（"海客"新闻客户端）、环球时报（"Global Time"新闻客户端）；中央重点新闻网站，如新华网（"新华炫闻"客户端）、中国网（"中国网"多语种新闻客户端）、国际在线（"China Plus"新闻客户端）。此外，也有少数地方媒体开发了外文客户端，如上海日报（Shanghai Daily）所办的"Shine News"新闻客户端。此外，2017年1月东方网与美国格律文化传媒集团合作上线"美国头条"新闻客户端。

（二）按客户端语种类别分类

1. 单语种客户端

此类客户端以英语为主，在媒体所办的外文客户端中数量最多，如"Peoples Daily""Xinhua News""CGTN""ChinaNews""ChinaRadio""ChinaTV""China Daily"等，主要针对以英文为母语或学习英文的用户。英语是世界通用性语言，英美等世界大国都以英语为官方语言，以英语作为第一语言的网民在世界网民中占1/4，因此，以英语为主的单语种客户端目标对象明确，旨在影响全球最主要的外语人群。

2. 多语种客户端

此类客户端在一个新闻客户端上集合多个语种，用户通过选择可在不同语种间切换，如"新华炫闻"和"中国网"客户端等可以在十个语种间切换，"ChinaTV""ChinaRadio""ChinaNews"甚至集纳了40余种语言的内容供用户选择，凸显各媒体的多语种资源优势。各媒体的多语种客户端基本覆盖了互联网上前十大语种（见表1）。十大语种的网民数量占世界网民总量的77.1%，遍布当今世界政治、经济上最为重要的国家和地区。这些地方互联网渗透率也明显高于其他国家和地区。因此，多语种新闻客户端为更广泛、有效的对外传播提供了基础。

表1　全球使用各种语言的网民数量与占比

单位：百万，%

语种	使用该语种网民数量	该语种内互联网渗透率	占世界网民数比例
英语	1052.7	72.0	25.3
中文	804.6	55.4	19.4
西班牙语	337.9	65.5	8.1
阿拉伯语	219.0	50.3	5.3
葡萄牙语	169.2	59.1	4.1
印尼/马来语	168.8	56.4	4.1
法语	118.6	93.3	2.9
日语	109.6	76.1	2.8
俄语	108.0	26.6	2.7
德语	84.7	89.2	2.2
其他语种	950.3	38.0	22.9
全球总计	4156.9	54.4	100.0

资料来源：Internet World Users by Language Top 10 Languages, Internet World Stats, https://www.internetworldstats.com/stats7.htm, 2017。

（三）按客户端内容形式分类

从内容形式上，外文客户端可分为综合型客户端和音视频客户端。多数外文客户端都是综合型新闻客户端，包括文字、图片、音频、视频等各种新闻内容，这也是全球各媒体所推出的新闻客户端的通常做法。但也有媒体结合自身独特内容资源的优势，促使适应4G网络通信时代音视频内容的崛起，也为了在技术上更便于流畅播放，特别推出了单独的多语种音视频客户端，如中国国际广播电台推出了"ChinaRadio"音频新闻客户端和

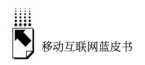

"ChinaTV"视频新闻客户端。此外，中国国际电视台"CGTN"新闻客户端
提供各种形式的内容，但结合自身优势，更加侧重视频内容，并在客户端内
特设了直播栏目，以更加直观的方式向海内外用户提供英文视频节目服务。

四　媒体外文新闻客户端内容丰富多彩

（一）各外文客户端的定位

我国媒体外文客户端的定位集中体现在每个客户端在打开时出现的主题
语上。本文搜集了 10 个客户端的主题语（见表 2），其中，中国国际广播电台
"ChinaNews""ChinaRadio"和"ChinaTV"使用的是同一个主题语。从不同
的客户端主题语可以看出，"People's Daily"强调对外解释说明中国观点，将
人民日报国内报道和评论的优势延伸至对外传播。"Xinhua News"希望客观反
映中国，成为外界观察中国的窗口。"CGTN"从全球角度希望带给人们关于中
国和世界不同的视角和观点，强调与欧美主要媒体不同的话语。"China Daily"
与"新华炫闻"更突出移动新闻客户端的应用特征。"Global Times"和中国国
际广播电台的三款客户端强调对外传播的双向性，在介绍中国的同时，面向国
内介绍世界。"中国网"特别强调了自身的权威性和多语种发布特色。以上主题
语显示出各外文客户端所强调的三个特点——中国立场、连接内外、移动便捷。

表 2　各外文客户端的主题语

客户端名称	主题语（括号内为笔者翻译）
People's Daily	Read China（读懂中国）
Xinhua News	Window on China（中国之窗）
CGTN	See the difference（看到不同）
China Daily	The China story at your finger tips（您指尖的中国故事）
Global Times	Discover China, discover the world（发现中国，发现世界）
ChinaNews，ChinaRadio，ChinaTV	在信息的海洋里为您导航，陪您去周游世界
新华炫闻	精彩炫闻一键触发
中国网	国家重点新闻网站，9 语种权威发布

（二）各外文客户端的栏目设置

各外文客户端每日发布多条新闻，难以抓取统计，本文特搜集整理了部分客户端英文栏目设置的情况，用以反映客户端的主要内容分布（见表3）。从数量上看，多数客户端的英文栏目都设置为 15 个，最多的是"Xinhua News"，共 17 个，较少的是"CGTN"，共 9 个。此外，如"新华炫闻""ChinaNews"等多语种客户端英文频道没有进一步划分栏目，而只设置了语言间的切换键。从功能上看，"People's Daily""China Daily""Global Times"等都可进行栏目定制，用户可根据需要和偏好自行选取栏目，选取的栏目将自动显示在客户端中，未选取的栏目则隐藏不现。这些设置满足了移动互联网用户的个性化需求。从类别上看，时政新闻栏目少于旅游、文化、运动等栏目，在保证"硬"新闻供给的同时，更倾向以"软"新闻吸引海内外用户。各客户端栏目设置主要依据母媒体的既有资源和特色，如"People's Daily"设置了"评论"栏目，"CGTN"设置了"热门视频"栏目，"China Daily"设置了"报纸"一栏，用户可浏览《中国日报》纸质版的内容。与其母媒体网站内容相比，各客户端还结合移动互联网应用的特点，推出了一些特色栏目，强化了部分内容的传播，例如，各个客户端都设置了图片、视频甚至直播的栏目，减少了纯文字新闻的比例。

表3 各外文客户端的栏目设置

单位：个

客户端名称	新闻栏目设置（括号内为作者翻译）	栏目数量
People's Daily	Top News（热点新闻）、China（中国）、World（世界）、Business（商业）、Opinions（评论）、Travel（旅游）、Photos（图片）、Services（服务）、Culture（文化）、Life（生活）、Sports（运动）、Features（特稿）、Tech（技术）、Health（健康）、Auto（汽车）	15
Xinhua News	Top News（热点新闻）、China（中国）、World（世界）、Politics（政治）、Photos（图片）、Culture（文化）、Business（商业）、Sci-Tech（科技）、Sports（运动）、Society（社会）、Travel（旅游）、Food（美食）、Education（教育）、Entertainment（娱乐）、Environment（环境）、Health（健康）、Special（专题）	17

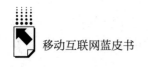
续表

客户端名称	新闻栏目设置（括号内为作者翻译）	栏目数量
CGTN	China（中国）、World（世界）、Politics（政治）、Business（商业）、Sci-Tech（科技）、Culture & Sports（文化与运动）、Opinions（评论）、Trending Videos（热门视频）、Transcript（文本）	9
China Daily	Home（首页）、Popular（热门）、China（中国）、Business（商业）、Opinions（评论）、World（世界）、Culture（文化）、Life（生活）、Travel（旅游）、Sports（运动）、Special（专题）、Video（视频）、Newspaper（报纸）	13
Global Times	Top News（主要新闻）、China（中国）、Op-ed（评论）、World（世界）、Business（商业）、Sports（运动）、Beijing（北京）、Shanghai（上海）、Photos（图片）、Infographics（图解新闻）、Gallery（图库）、Travel（旅游）、Life（生活）、Sci-Tech（科技）、Odd（奇闻）	15
中国网	Live（直播）、China Mosaic（中国三分钟）、Top 10（热点新闻前十）、China（中国）、World（世界）、Business（商业）、Arts（艺术）、Sports（运动）、Travel（旅游）、Opinion（观点）、Discover China（发现中国）、Trending（精彩视频）、Topsticks（头牌美食）、China Keywords（中国关键词）	15

（三）充分发挥移动优势，重点发展推送、视频与社交

1. 加强重大事件与个性化内容推送

移动新闻客户端的一大特点是突发新闻和定制新闻的自动推送。各外文客户端都设置有推送功能，每日推送数量从 2 条到 20 余条不等。同时，部分客户端还设置有个人定制新闻版块。"CGTN"在"My News（我的新闻）"中分别设置了"My Favorites（我的最爱）""Create New Board（生成新版面）"的版块。前者可以自动搜集整理用户在阅读中标注过的新闻；后者根据用户在给定标签①中的选择，将含有相关标签的新闻汇聚一处。"Xinhua News"的"for you（为你）"栏目利用人工智能技术，尝试根据用户在客户端内浏览的新闻内容类型测算其阅读偏好，利用算法自动推送内容。同时，为了使用户有更好的阅读体验，"People's Daily""China Daily"设置了字体大小调节功能；"CGTN"内置了语言翻译功能，借助微软和谷歌翻译，可将一种语言内容瞬间译为其他语种。

---

① 如"China（中国）""US（美国）""Two Sessions（两会）"等。

2. 以图片和音视频内容为亮点

能够呈现多媒体内容是客户端的一大优势，因此，各外文客户端都加强对图片、音频和视频内容的展现与开发。文字、图片、音频和视频的混合运用，也可以让一条信息从多方位、多角度进行传输，更适于跨文化传播。

各外文客户端更突出图片的呈现。与"BBC News"等国外主要媒体的新闻客户端版面类似，中国媒体外文客户端都采用了图片加标题的形式，通常按时间顺序从上至下排列新闻，更为直观、简洁地说明新闻事实。此外，不少客户端还采用一行三图或一行一图的形式进行展示，产生"一图胜千言"的视觉传播效果。

从播客到语音操作再到智能音箱，音频内容因为可以解放双眼，更适合用户在移动中进行操作，成为移动新闻客户端上一种常见的内容形态。中国国际广播电台拥有丰富的多语种电台音频内容，直接根据移动传播特点对节目进行编辑后，在客户端上传播。而在音频内容上原本不占优势的媒体则利用客户端加强音频内容的制作，如，"People's Daily"每天早晚各推出一次新闻综述节目——"Fresh Start：Podcast News（新鲜播报）"和"People's Daily Tonight：Podcast News（人民日报今夜播报）"，以口播并配以文字的方式概述每日新闻，每期三分钟，节目短小精悍，成为纸媒阵营中的新产品。而"Xinhua News"则给每条以文字为主的新闻内置了朗读功能，用户点击右上角播放图标便能听到由机器朗读的内容。

4G网络条件下，随着上网资费的降低和网络传播速度的加快，视频特别是直播成为移动端正在蓬勃发展的内容形式，也更有利于立体呈现新闻内容。"CGTN"和"ChinaTV"以外文视频节目传播为主，充分利用了媒体自身所具有的视频采访和制作能力。"中国网"将视频作为内容创新主要手段，在英文频道重点推出"China Mosaic（中国三分钟）""Discover China（发现中国）""Trending（精彩视频）""Topsticks（头牌美食）"等短视频栏目，并多次实时播放探访西安兵马俑等现场直播节目。"People's Daily"除利用报社内已有英文视频资源外，还鼓励外国专家和客户端记者出镜，制作现场播报和其他视频节目。

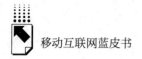

3. 积极开辟与用户互动渠道

客户端最大的优势在于深入了解用户、与用户深入互动，不仅突破传统的大众传播模式，追求端对点、点对点的传播，而且还通过对用户数据的分析和利用，提高效率、获取价值。在加强个性化内容的垂直化传播基础上，各外文客户端努力吸引并调动用户，主要把握三个环节。首先是注册环节，多数英文客户端会采用关联微信、微博、脸谱（Facebook）、推特（Twitter）等账号的注册方式，另有一些客户端采用电子邮箱或手机验证的方式进行注册。通过注册，客户端可以获取用户的联系方式，可以形成用户特征和行为数据的积累，便于通过数据分析更好地为用户服务，也解决了以往对外传播内容到达率和实际效果难以测量的问题。

其次是评论环节，多数客户端都在新闻后设置了评论区，用户可以为新闻内容点赞并发表感言，一些客户端可以显示点赞数量和评论内容，一些则不显示，但都为客户端与用户间以及用户与用户间的交流预留了渠道。

最后是分享环节，为了提升内容的传播力和影响力，外文客户端都在新闻内容后或客户端内设置了分享功能，用户可以将看到的内容直接发给其他人或分享至社交平台。多数客户端都设置了将内容分享至微博、微信群、微信朋友圈、脸谱、推特、领英（LinkedIn）等平台的功能。用户还可以通过邮件、短信发送内容。

五 媒体外文客户端存在的问题与趋势展望

中国媒体外文客户端正成为对外传播的重要渠道，但还有一些问题亟待解决。

一是客户端的用户数量需要拓展。笔者在 2018 年 1 月对外文客户端在 11 个安卓应用商店①的下载量进行了粗略的统计，发现下载量少的不足 1

---

① 安卓应用商店包括百度、360 手机、华为、安智、应用宝、豌豆荚、魅族市场、联想市场、酷派市场、OPPO、搜狗。

万，多的近 1000 万，说明各个客户端用户数量很不均衡。大部分外文客户端的下载量在几十万，如果考察月活数、日活数则会更少，再分成不同语种、不同国家、不同社会特征的人群，每种类型的用户数量就很少了，大数据分析技术等难以有效施展，因此外文新闻客户端的覆盖人群数量仍需不断扩大。

二是客户端与用户交互有待加强。用户价值在移动时代凸显，内容直抵用户并产生互动是对外传播希望达到的目标。虽然很多客户端都设置了交互功能，但是互动远不够频繁，多数外文客户端里新闻内容后面的点赞数往往不过千，评论数往往不过百，还有不少新闻后面点赞数和评论数都为 0。一些客户端虽然也设置了用户生产内容上传的渠道，但是很难使用，几乎没有用户上传自制作品。外文客户端需要跳出传统媒体的单一发布功能，不断增强交互功能，形成自身特色。

三是客户端个性化特征有待强化。目前，从事外文报道的人才相对缺乏，外文新闻客户端每日更新内容非常有限。大部分客户端都抓取新华社和 CGTN 的英文稿件进行发布，例如一家客户端每日发布的 11 条新闻中，半数以上来自其他媒体，转发的新闻甚至连标题都没有修改，直接使用。这不可避免地造成了内容同质化，加之形式的同质化，不同外文客户端缺乏差异化特点，不免千篇一律。个性化缺乏的背后是外文客户端人力和技术投入不足。在人力和技术有限的情况下，难免互相照抄照搬。

上述问题，只有在遵循传播技术发展趋势、充分利用移动优势的基础上予以解决。未来中国媒体外文客户端发展应当重视以下趋势。

第一，智能化。在用户数据和内容数据支撑下，外文客户端智能化发展趋势将更加明显，机器写作和机器翻译将缓解客户端运营人员不足的问题。智能热点追踪、智能标题制作、智能排版、算法内容推荐等都将越来越广泛地应用于外文客户端。

第二，视频化。随着 5G 移动通信技术的来临，视频将成为全球传播的重要内容形态。从目前发展情况来看，短视频制作已成为外文客户端内容创新的重要手段。未来，原音视频分别配以各语种字幕将成为客户端传播的主

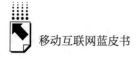

要内容形式。

第三，社交化。移动的连接在于社交，因此，无论是发展用户还是加深与用户之间的互动，外文客户端都将进一步社交化。"海客"通过升级已经具备了根据地理位置推送新闻和推荐好友的功能，既方便海外华人华侨和留学生在当地建立起交往，也布下了新闻采访的全球网络，以新闻为基础将社交功能做大做强，是外文客户端发展的必由之路。

第四，服务化。根据国内中文新闻客户端发展的趋势可以预见，未来外文客户端也将强化语言学习、旅游休闲、电子商务等各种服务功能，通过满足国内外用户在新闻资讯以外的生活需求来不断拓展功能，提升价值。

参考文献

黄河、刘琳琳：《移动新媒体如何助力国际传播——以 2016 年两大中国热点事件为例》，《对外传播》2016 年第 12 期。

李奥、邓年生：《SoLoMo 视域下中国国际电视台的传播策略创新》，《国际传播》2017 年第 5 期。

李宇：《CGTN 与 BBC 国际频道新闻 APP 对比分析》，《南方电视学刊》2013 年第 3 期。

田智辉、黄楚新：《新媒体环境下的国际传播》，中国传媒大学出版社，2010。

B.22
移动互联网条件下人工智能加速发展

胡修昊*

摘　要：　2017 年中国人工智能产业进入发展快车道，与此同时，移动
互联网为人工智能技术提供丰富应用场景，在交通、医疗、
教育、电商零售、生活娱乐等垂直领域强化人工智能的应用，
移动互联网与人工智能相互促进、不断融合。人工智能发展
在技术及市场等方面还面临诸多挑战，未来将不断创新升级，
与现有产业加深融合，成为经济增长新动能。同时，人工智
能安全日益成为重要的课题。

关键词：　移动互联网　人工智能　语音助手　GPU

一　中国人工智能进入发展快车道

（一）人工智能成为中国重要发展战略

人工智能（Artificial Intelligence，AI）成为全球热点，各国抢先布局人工
智能战略。近 5 年来，各国纷纷出台人工智能战略计划，如美国发布《为人
工智能的未来做好准备》《国家人工智能研究与发展战略规划》，英国发布
《人工智能：未来决策制定的机遇与影响》等。在世界各国纷纷布局人工智能

---

* 胡修昊，DCCI 互联网数据研究中心资深研究员，长期关注 TMT 产业，重点研究社交、电商
及人工智能、智能设备领域。

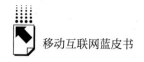
发展的情况下，中国政府也加紧了对人工智能的顶层设计。

"人工智能"首次写入中国政府工作报告。在2017年全国两会上，国务院总理李克强在政府工作报告中指出，要"全面实施战略性新兴产业发展规划，加快新材料、人工智能、集成电路、生物制药、第五代移动通信等技术研发和转化"。① 这是政府工作报告中首次提及人工智能，体现出国家最高领导层对人工智能的高度重视。

中国政府推动顶层设计迭代升级，加快细化人工智能发展战略。2016年5月，国家发改委、科技部、工信部、中央网信办4部委联合发布《"互联网＋"人工智能3年行动实施方案》。2017年7月，国务院正式发布《新一代人工智能发展规划》，12月14日，工信部印发《促进新一代人工智能产业发展三年行动计划（2018～2020年)》。可以看出，政府正在加紧细化发展"人工智能"的战略规划，其中《新一代人工智能发展规划》指出，"当前，我国国家安全和国际竞争形势更加复杂，必须放眼全球，把人工智能发展放在国家战略层面系统布局、主动谋划，牢牢把握人工智能发展新阶段国际竞争的战略主动，打造竞争新优势、开拓发展新空间，有效保障国家安全"。②

2017年11月15日，科技部宣布国家15个部门联合成立新一代人工智能发展规划推进办公室，负责推进新一代人工智能发展规划和重大科技项目的组织实施，标志着新一代人工智能发展规划和重大科技项目进入全面启动实施阶段，再次彰显政府大力发展人工智能的决心，人工智能产业政策环境利好。

（二）人工智能投融资金额呈增长趋势，资本驱动市场快速发展

人工智能作为重要发展战略，带给产业市场新发展机遇，吸引互联网企业与创业公司纷纷进入。近年来，资本市场高度重视人工智能产业，市场投融资不断增长。统计数据显示，2012～2017年中国人工智能产业投融资金额呈增长趋势，其中2017年融资额创历史新高，达435.2亿元（见图1）。

---

① 《政府工作报告——2017年3月5日在第十二届全国人民代表大会第五次会议上》，中国政府网，2017年3月16日。
② 《国务院关于印发新一代人工智能发展规划的通知》，中国政府网，2017年7月8日。

其中，2017 年旷视科技 C 轮融资达 4.6 亿美元，单轮融资金额创新高。同时，短短几年内人工智能领域迅速出现独角兽企业，2017 年国内寒武纪、旷视科技、出门问问、商汤科技企业估值已超 10 亿美元[①]。

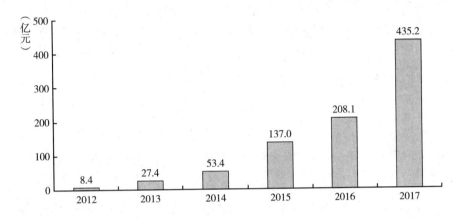

图 1　2012～2017 年中国人工智能投融资发展状况

资料来源：DCCI 互联网数据研究中心。

中美引领人工智能未来发展，中国人工智能市场应用发展迅速。美国人工智能市场发展较早，技术研发实力较强，中国市场紧随其后，数据显示，亚欧及北美地区人工智能创新技术企业较多，其中，美国和中国领先其他国家。同时，相比欧美国家市场，中国市场拥有更加庞大的用户规模及应用场景，人工智能应用范围广泛。

二　硬件升级与平台开放驱动人工智能加速前进

（一）芯片、算法等软硬件技术不断升级

2017 年人工智能芯片化进程加快，更多符合人工智能设计的芯片出现在市场中。芯片是人工智能应用的硬件基础，随着人工智能的快速发展，原有

---

① 《如何看待目前国内 AI 公司的估值》，雷锋网，2017 年 12 月 5 日。

CPU 的运算能力已经不能满足人工智能计算的需要，比如谷歌的 Google Brain 项目，为训练超过 10 亿个神经元的深度神经网络，使用包含 16000 个 CPU 核的并行计算平台。近年来，人工智能计算芯片正在从以传统 CPU 为主转变为通用及专用人工智能芯片，越来越多的 GPU（Graphics Processing Unit，图形处理器）、FPGA（Field-Programmable Gate Array，现场可编程门阵列）等芯片技术应用在市场中。与 CPU 相比，GPU 在浮点运算、并行计算等方面能够提供数十倍的 CPU 性能，FPGA 处理特定数据更有优势，矩阵运算等灵活性、适用性更强。2017 年 5 月，谷歌正式推出人工智能芯片第二代 TPU（Tensor Processing Unit，张量处理单元）；9 月华为发布集成 NPU（Neural Network Processing Unit，嵌入式神经网络处理器）专用硬件处理单元的人工智能芯片麒麟 970；11 月，寒武纪科技发布新一代人工智能芯片 1H8、1H16、1M。从 CPU 到 GPU、FPGA，再到 TPU、概率芯片等，人工智能硬件设施逐渐完善，硬件市场从计算通用设施向满足人工智能发展需求的新一代硬件设施发展。

表 1　不同类型人工智能芯片对比

芯片类型	CPU	GPU	FPGA	TPU	概率芯片
构成	逻辑、存储、控制	成百上千处理单元	可编程芯片	专用机器学习算法芯片	基于贝叶斯概率非门原理构建的新型芯片
执行过程	存储程序，顺序执行	大部分晶体管同时处理	通过可编辑的连接进行	无需从缓存取数，直接计算	基于概率运算而非二进制
功耗	大	大	大	较小	小
是否可编程	否	否	是	否	否
计算速度	慢	快	较快	快	快
成本	高	较高	低	高	低
使用状态	传统计算需求	适合离线训练	适合在线部署	谷歌自用	适用特定场景
优势	擅长逻辑与调度，能适应复杂运算环境	擅长进行重复处理过程，适合做图片处理工作	可编程逻辑器件门电路数可编程控制	对运算精度具有容忍性，数据本地化，加快了运行速度	输入出值是概率，更适用于解决复杂的问题
演变原因	—	将多个处理器放在同一块芯片上	硬件产品一旦成型不可更改，因此产生可编程芯片	Google 想做一款机器学习算法专用芯片	需挑出概率最高情况时，其性能是传统的 1000 倍

资料来源：DCCI 互联网数据研究中心。

人工智能算法与研究模型不断完善，加速人工智能市场应用。算法是人工智能技术的核心，从 AlphaGo 到 AlphaZero，算法升级推动人工智能技术不断提高，其中常用的机器学习算法有回归、贝叶斯、正则化、降维、决策树、神经网络、机器学习等。现有算法技术不断优化，如标准人脸识别数据集 LFW（自然场景下标注的人脸数据库）上，现有算法的识别准确率已高达 99.8%，超过人类的识别精度。而且，在天池 AI 医疗大赛中，机器对肺部结节图像的智能诊断达到专业医生级水准，3 毫米及以上的微小结节的检测准确率超过 95%。

随着人工智能市场兴起，中国市场对人工智能领域的研究迅速发展。近年来中国企业与高校纷纷加大对人工智能的研究分析力度，其中百度、腾讯、阿里、360 等企业及清华、北大、同济、西安科技等高校陆续建立人工智能相关实验室或研究院。中国人工智能相关文献及期刊数量也在不断增长，国内知网数据显示，2017 年相关文献和期刊数量同比 2016 年分别增长62.5% 和 64.8%（见图 2）。

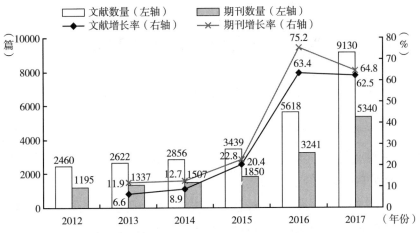

图 2　2012～2017 年中国人工智能相关文献与期刊数量状况

资料来源：中国知网。

（二）国内外企业加速布局开源与开放平台

平台开源与开放能够加速人工智能市场化发展，是现阶段人工智能快速

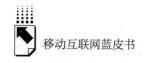

发展的需要。人工智能平台开源、开放能够快速积累数据资源，不断检验算法模型，在实践中优化人工智能技术，提升人工智能平台应用能力。同时开源、开放的思维能够降低算法与数据的技术门槛，推广通用技术应用，降低市场开发成本，并促使社会各界协同运作，提升企业内部与外部专业人才协作能力。

为加速市场应用，国内外企业加快布局开源、开放。此前，国外互联网巨头纷纷开源深度学习等项目，如谷歌开源 TensorFlow、脸谱开源 Torch、微软开源 CNTK、IBM 开源 SystemML、亚马逊开源 MXnet。2017年，中国企业加速布局开源、开放平台，如百度开源自动驾驶系统 Apollo，发布 DuerOS 开放平台。同时，中国政府高度重视开放平台的发展，2017年11月科技部公布首批国家新一代人工智能开放创新平台名单，包括百度（自动驾驶）、阿里云（城市大脑）、腾讯（医疗影像）、科大讯飞（智能语音）。

三 移动互联网推动人工智能加深应用

（一）移动互联网为人工智能技术提供丰富应用场景

人工智能技术是推动移动互联网智能化发展的核心力量。近年来中国移动互联网用户人口红利逐渐消失，移动互联网进入平稳发展阶段，智能化成为移动互联网发展的下一波浪潮，人工智能技术成为突破点。通过计算机视觉、语音语义识别等，人工智能技术将能替代重复性劳动工作，并提供智能语音、智能检索、图片识别与处理、数据挖掘与分析等服务，在降低人力成本的同时创新服务模式。

人工智能市场空间巨大，领先技术试水应用，其中移动互联网为人工智能提供丰富的应用场景。中国移动网民规模庞大，用户触网移动化趋势加深，中国互联网络信息中心（CNNIC）统计数据显示，截至 2017 年 12 月，中国手机网民规模达 7.53 亿，使用手机上网的网民占比由 2016 年的 95.1%

提升至 97.5%①。庞大的用户规模带动网络数据规模增长，助力人工智能技术提升。同时，在人工智能真正走向产业、市场的过程中，移动互联网提供丰富的应用场景，涵盖通信、新闻、音乐、视频、游戏、购物、银行支付等多个领域。现阶段在生活中，计算机视觉、语音语义识别等技术在图片美化、会议翻译、防盗预警、语音助手等方面已经发挥作用。

（二）移动互联网垂直领域加深应用人工智能

从被广泛认知到应用于各个行业，人工智能技术发展迅速。2016 年，AlphaGo 与世界围棋大师的比赛引发热议，人工智能的认知度明显提高。2017 年，越来越多人工智能技术广泛应用于交通、医疗、教育等行业中。人工智能技术能够从底层推动服务升级，具有显著的溢出效应，其广泛应用将改变人们的生活。根据中国《新一代人工智能发展规划》，制造、农业、物流、金融、商务、家居成为中国开展人工智能应用试点的六大重点行业和领域，结合移动互联网市场特点，以下我们将从交通、医疗、教育、电商零售、生活娱乐五个场景中分析人工智能的应用方式。

1. 交通：人工智能深入交通管理体系，升级出行应用服务

在交通领域，人工智能主要应用于改善城市交通管理及升级交通出行方式。其中，在交通管理方面，人工智能可以识别城市交通实时状况，立体化监管交通安全，合理调度出行资源，提升交通运营效率。2017 年杭州市上线"城市数据大脑"，它能够判断路况，实时提出信号灯调整建议，提前干预、防控拥堵，监控交通乱象并报警，在试点区域高峰期间使平均行车速度提升 15%、120 救护车到达现场时间缩短一半②。在出行方面，人工智能技术广泛应用于自动驾驶、无人驾驶等自主无人系统，而基于人工智能的类脑操作能够变革汽车等交通出行方式。中国已开始试水自动驾驶，如 2017 年在百度 AI 开发者大会上，李彦宏直播驾驶无人车参会。同时，随着福特、

---

① 中国互联网络信息中心：《第41次中国互联网络发展状况统计报告》，http：//www.cnnic.net.cn/hlwfzyj/hlwxzbg/hlwtjbg/201801/P020180131509544165973.pdf，2018 年 1 月 31 日。

② 王坚：《"城市大脑"会变成未来城市的基础设施》，网易网，2017 年 10 月 11 日。

大众等传统汽车厂商与谷歌、百度等互联网公司的加速布局，移动出行也被看作是人工智能领域的重要战场。

在移动互联网中，人工智能还能升级地图、打车等出行服务。地图导航等应用集合 POI[①]、路况、卫星影像、街景等多种复杂数据信息，而人工智能提升应用平台数据信息处理效率，提升躲避拥堵、规划路径的能力，其中 ETA（Estimated Time of Arrival，预计到达时间）误差率已降低到 15. 13%[②]。同时，在打车场景中，估价、拼车及订单分配、运力调度的背后都有人工智能技术的支持。

2. 医疗：从辅助诊疗到疾病检测，人工智能提升医疗服务效率与准确率

人工智能在医疗领域应用前景广阔，资本市场十分活跃。近年来，全球医疗人工智能产业投资呈增长趋势，IDC 数据显示，2016 年总交易额就已达 7. 48 亿美元，交易数量达 90 个（见图 3）。

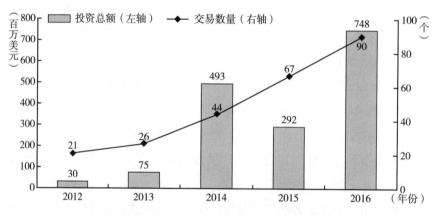

图 3　2012~2016 年全球医疗人工智能投融资情况

资料来源：IDC。

基于医疗数据的采集、计算、分析与判断，人工智能应用于辅助诊疗、药物研发、医疗机器人、基因测序等多个方面。在辅助诊疗方面，人工智能

---

① POI（Point of Interest，兴趣点）在电子地图上运用场景广泛，如电子地图上的景点、政府机构等，POI 是基于位置服务的最核心数据。

② 《挖掘地图潜力：用技术驱动人工智能时代的 LBS 应用》，泰伯网，2017 年 5 月 21 日。

在医疗图像诊断中应用较多，即通过计算机视觉和深度学习技术，对 X 光、超声、CT 等医疗图像分析，判别肺结核、甲亢、乳腺癌等多种疾病，精准定位病灶。在移动医疗服务中，智能语音助手还能够辅助医生在问询过程中记录病历，其医学术语识别准确率高达 98%，而且人工智能技术能够增强远程采集医疗数据的准确性，实时管理健康数据，提供用药提醒、辅助诊疗等服务。人工智能还可结合患者病史、相关案例用药记录等数据，整理临床治疗经验，为不同患者治疗提供合理建议。在药物研发方面，人工智能可以整合药物实验数据，模拟药物发现过程中的 HTS（高通量筛选）过程，缩短药物发现及实验的时间，提高药物研发成功率，降低药物研发成本。在医疗机器人方面，手术机器人带有机器人视觉、智能控制系统，现阶段主要应用在外科手术中，具有创伤小、手术精准度高、机体损伤小、术后恢复快等优势。在基因测序方面，人类基因组含有约 31.6 亿个 DNA 碱基对，有 20000 ～ 25000 个蛋白质编码基因，人工智能技术依靠智能运算和分析能力，通过模型训练，能够提升基因测序水平。整体来看，人工智能在医疗领域的应用能够覆盖"治疗前—治疗中—治疗后及康复"的全过程，有望降低误诊率漏诊率，提升诊疗效率，解决优质资源分配不均等问题。

3. 教育：人工智能带动个性化教育，促进教育体系智能化

对于教师及学校而言，人工智能能够将教师从重复性工作中解放出来，提升学校运营效率。近年来，运用人工智能等多种技术的智能教学系统（ITS）、智能计算机辅助教学（CAI）迅速发展，以人工智能为基础，结合电子校务应用、辅助教学课件、辅助学习应用、网络教学平台等，学校教育体系趋于智能化。其中，人工智能可以替代老师完成作业批改、成绩测评等部分工作，还可以辅助教育工作者管理校车、辅助备课等教育研发及学校的管理工作。

对于学生而言，人工智能应用于题目搜寻、制订学习计划中，或以虚拟助手的形式辅助完成学习等，推动教育更具针对性、更个性化。现今市场中题库等学习应用辅助教学，可实现拍照答题、语音找题、对话与听力练习等，能够针对经常出现的错题多次投放相似题型，基于一段时间的学习成果

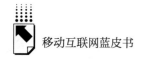

进行评定与建议等。传统教育中强调"因材施教"，人工智能能够带动个性化教育，在机器系统与用户不断一对一练习的过程中，产品应用不断了解和掌握学生的学习状况，从而有针对性地辅助学习。

4. 电商零售：从供应体系到营销、客服，人工智能深入电商零售服务

在电商零售中，人工智能助力精准营销，颠覆交易方式。基于应用使用行为及消费数据等，人工智能技术能够分析用户对产品颜色、品牌、类型等喜好状况，并推荐给用户优选方案，助力电商营销。此外，2017年"淘咖啡""缤果盒子"等无人便利店在中国首次崭露头角，人误识别率0.02%，商品误识别率0.1%，其中计算机视觉、生物识别、传感是核心应用技术，它的出现颠覆了原有的零售方式。

人工智能升级物流运送模式，提高供应体系运营效率。产品供应与物流体系智能化是大势所趋，2017年亚马逊启用"无人驾驶"智能供应链，基于云技术、大数据分析、机器学习和智能系统等，可以自动预测、自动采购、自动补货、自动分仓，精准发货，库存自动化管理，过程中零人工干预，同时中国京东建成无人仓，实现收货、存储、订单拣选、包装的无人化智能操作。此外，2017年结合人工智能的无人机、无人车不断试水配送服务。

5. 生活娱乐：人工智能引领社交升级，创新服务生活

人工智能创新交互方式，引领社交升级。2017年，以语音语义识别、机器学习技术为核心的语音助手不断完善，苹果Siri、微软小娜、亚马逊Alexa及百度度、搜狗语音助手、科大讯飞灵犀语音等不断升级服务能力，这种语音助手已经成为移动搜索和多种服务的入口，其便利性、趣味性丰富了大众生活。

同时，人工智能服务还可以助力媒体、娱乐。在冗杂的信息内容中，人工智能通过文本分析及计算机视觉等筛查涉黄、暴力、赌博等违法及不良信息，构建舆情分析等信息监测系统，维护健康的媒体环境，同时，基于机器学习的自动化新闻写作机器人还可以从事部分新闻编辑工作。在娱乐中，人工智能技术能够辅助创作虚拟人物，如结合VR（虚拟现实）、AR（增强现实）、MR（混合现实）等技术，提升游戏人物的真实性等。

四　人工智能发展面临的挑战与发展建议

（一）技术发展面临的挑战与建议

1. 人工智能专业人才稀缺

人工智能发展迅速，技术人才缺失成为发展掣肘。人工智能市场发展迅速，专业人才需求增长迅速，现阶段技术人才的有效供给不能满足当前市场的需要，中国人工智能人才缺口较大，国内人才市场面临专业对口人才数量少、相关技术人才技能水平较低、经验丰富人才稀缺等问题。随着人工智能企业增多，专业技术人才成为企业竞争的战场，中国需要强化人工智能专业人才的培养。

专业技术人才是人工智能产业发展的重要力量，培养人工智能技术人才需要政府、学校和企业协同运作。政府加强人工智能人才战略设计，通过政策扶持，吸引国内应用数学、计算机网络、生物科技等相关学科人才或程序员等相关专业人才，同时积极吸纳海外专家人才，加强高端人才储备；学校在基础教育增加人工智能相关学科知识，在高等教育中增设人工智能专业学科，制定适应人工智能发展需要的复合型人才培养计划，加强扶持人工智能科研工作，同时校企合作，提升储备人才的实战能力；企业和教育培训机构应加强相关技能培训，加深与国际顶尖行业专家的交流，或通过融资并购等吸纳更多专业人才。

2. 底层及核心技术有待提高，基础设施尚需完善

人工智能产业尚不成熟，计算芯片、算法等技术亟须突破。现阶段，人工智能底层及核心技术应用以"弱人工智能"为主，无监督学习模型算法、语音语义识别技术等存在缺陷，情感表现等尚未突破，如当前的智能语音助手并不能完全理解复杂的人类语言，图像识别技术不能完全理解图片图像中的元素，核心技术的不成熟是人工智能应用受限的主要原因。同时人工智能安全技术也面临巨大的挑战。随着人工智能技术的普遍应用，复杂的人工智

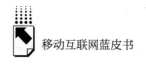

能相关软件在应用初期会存在多种可攻击途径。在这样的局势下，未来人工智能发展的空间仍十分巨大。

人工智能技术的成熟化应用是漫长而复杂的过程，行业参与者应更加理性看待。人工智能是一门复杂的综合性学科，需要多个技术领域的创新突破，在基础设施方面，要创新核心传感器、高速计算芯片、计算平台等关键技术，提升机器的感知与计算能力；在算法模型方面，要完善自然语言处理、深度学习、计算视觉等算法程序和框架模型，提升机器感知理解能力与分析决策水平，增强机器自主学习能力。在产业技术解决方案方面，在生物识别、人机接口、数据库系统等方面寻求更智能的识别、分析及决策的应对方案。同时，在开源开放环境下，需多方加强技术战略合作，共同构建智能生态。

（二）市场发展面临的挑战与建议

1. 数据存储、计算市场迅速发展，但数据安全面临新挑战

现阶段数据规模不能满足人工智能市场化应用的需要，数据存储、计算能力有待提升，同时开放环境下的数据隐私安全面临新挑战。人工智能所需数据需经过筛选，数据的标注和采集成本较高，同时，不同场景中的数据维度多样，数据标准不一，如何将现有数据维度转变为人工智能所需，成为发展难题。现阶段人工智能对数据规模要求较高，但人工智能的目的是让计算机或机器等能够模拟人的思维和行为，人工智能技术的发展应避免过度依赖数据。此外，随着数据规模的增长，数据能否规范使用、用户隐私能不能得到保障也将成为市场健康发展面临的问题。

为推动数据使用规范化，政府与企业需要协同运作，建立合理的数据管理机制。比如，在数据采集的过程中，改善数据测量方法，减少由主观因素造成的误差，在不同行业逐渐完善数据采集标准，高效地将非结构化数据转化为机器识别所需数据。同时在数据管理时，明确数据采集、存储、分析的规范，设置权限管理，强化责任意识，并通过政策法规，加强行业自律。

2.市场应用刚刚起步，基础服务能力尚不足

人工智能市场仍处于发展初级阶段，产品有待市场检验。人工智能产业技术门槛较高，同时公共数据资源分散，人工智能基础服务设施难以集中使用与管理，人才及技术成本较大，企业进入及发展难度较大。尽管语音助手等产品已开始应用，但服务水平高低不同，人工智能在交通、医疗、生活等领域的应用也才刚刚开始，诸多应用场景尚未挖掘。

市场发展需要增强企业协同能力，不断创新产品服务。市场通过打造整合资金、技术、数据资源的公众服务平台，可以加速孵化人工智能创新企业。同时，企业也要加大培养专业人才力度，多方联合加强对人工智能的研究，拓展深化人工智能应用场景。

五　人工智能发展趋势预测

（一）技术：技术赋能全领域，网络服务智能化

人工智能技术将不断创新升级，推动智能化服务发展。人工智能产业的变革源于传感、算法、芯片等核心技术的创新突破，未来传感技术精准化、集成化、自动化、微型化，算法模型不断创新、迭代、整合，计算芯片趋于专业化、定制化、移动化，机器自主学习能力增强，情感表现等"强人工智能"关键技术将实现突破。同时，人工智能基础研究与教育培训体系逐渐改善，人工智能技术标准化体系将成型，包括跨平台的数据、算法框架标准的统一等。此外，中国将寻求关键技术突破与独立，建立自主可控的产业体系。未来人工智能技术逐渐渗透软硬件设施，人工智能技术与工作、生活关系更加紧密。

（二）市场：市场不断探索商业模式，升级完善产业链

人工智能产业上下游、软硬件等加深协同，加深规模化应用。人工智能产业协同运作将加速打破产业发展瓶颈，并推动人工智能技术商业化，跨领

域合作将成为常态，垂直场景的人工智能产业结构逐渐清晰。产业资本力量将不断增长，行业巨头将加速并购融资，机器学习、计算机视觉成为重点投资领域。未来随着人工智能技术水平的提高，人工智能产品趋于成熟化、标准化、自主化、移动化，其市场价值不断增长。同时，在技术允许的条件下，人工智能技术将变革交通、医疗、教育等场景服务，细分场景将成为市场应用驱动力，未来人工智能技术与现有产业将不断融合，并成为经济增长的新动能。

（三）管理：健全监管措施，人工智能安全成为重要课题

政府将逐步完善相关法律，并与企业合作，建立人工智能市场管控机制。现有法律法规不能满足人工智能市场健康发展的需要，人工智能的法制管理将逐渐被提上日程，政府将弥补人工智能法律监管上的空白，明确各参与主体和系统错误决策引发损失的责任，严格要求市场参与者合理、正确地使用人工智能技术。同时，针对人工智能发展阶段的不同，政府将阶段性完善管理政策，维护技术维度与社会维度的平衡。同时人工智能安全将成为网络安全的重点，包括智能系统安全、数据与隐私安全等，而开发、运营企业也将增强对人工智能产品的测试能力，与政府协作，建立一套人工智能产品研发、发布、运营与管理标准，防控道德风险与技术风险。

参考文献

何哲：《通向人工智能时代——兼论美国人工智能战略方向及对中国人工智能战略的借鉴》，《电子政务》2016 年第 12 期。

叶树梅：《人工智能芯片》，http://mp.weixin.qq.com/s/eIgbLmJzmBalo－oo_ lbMWA。

贺倩：《人工智能技术在移动互联网发展中的应用》，《电信网技术》2017 年第 2 期。

温晓君：《中国发展人工智能产业的建议》，《中国经济报告》2017 年第 3 期。

B.23

增强现实：构建平行与现实的数字世界

李晓波*

摘　要： 2017 年，增强现实技术已经与移动终端相结合，实现用户的转化和积累。目前已经广泛应用于游戏、电子商务、教育等领域，增强现实技术比虚拟现实技术的应用更贴近人们的生活，会比虚拟现实技术更早迎来行业的爆发。未来，增强现实技术将与大数据和人工智能相互支撑，构建平行于现实的数字世界。

关键词： 增强现实　虚拟现实　大数据　人工智能

2014 年开始，虚拟现实（Virtual Reality，VR）的概念伴随资本和产业发展茁壮成长起来，同时增强现实（Augmented Reality，AR）的概念也开始逐渐完善。由于增强现实的技术特征相较虚拟现实更为复杂，人们在进入行业伊始大多将关注点放在虚拟现实上面。2016 年底，由于虚拟现实的发展趋于平缓，蛰伏了近两年的增强现实技术开始受到越来越多的关注，甚至有些业内专家认为增强现实技术比虚拟现实技术的应用更贴近人们的生活，会比虚拟现实技术更早迎来行业的爆发。

---

* 李晓波，北京七维视觉科技有限公司副总裁，兼任中国传媒大学创业实践导师，重庆大学新媒体系列丛书顾问、编委，中国教育技术协会仿真专业委员会委员，虚拟现实产业联盟（IVRA）理事，CVRVT 青委会主任委员等职务。

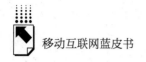

一 2017年增强现实技术全面普及

（一）增强现实与虚拟现实的区别

相较虚拟现实技术，增强现实技术不仅展现了真实世界的信息，而且将虚拟的信息同时显示出来，两种信息相互补充、叠加。在视觉化的增强现实中，用户利用头戴显示器，把真实世界与电脑图形多重合成在一起，便可以看到真实的世界围绕着它。增强现实技术包含了多媒体、三维建模、实时视频显示及控制、多传感器融合、实时跟踪及注册、场景融合等新技术与新手段，为人类感知信息提供了新的方式。

2017年9月中国信通院发布的《虚拟（增强）现实白皮书》，在论到虚拟现实和增强现实的关系时用了"包含、独立、融合"，可以说这是对虚拟现实和增强现实关系的准确论述，虽然二者在技术的发展上由于各自特点不同，所呈现的产品形态也不尽相同，但是最终会在应用端实现融合。据Digi-Capital预测，AR（包括手机AR和AR眼镜）的用户基数在5年内可达到35亿，收入高达850亿～900亿美元。VR用户基数为5000万～6000万，收入为100亿～150亿美元。①

相较于虚拟现实，增强现实的技术特点不同，带来的使用环境和使用方式也不尽相同，总体来说增强现实在其应用层具有以下三大优势。

第一，虚拟现实营造了一个相对封闭的环境，以增强人们在体验中的沉浸感，这种使用方式让人们很难在机场、咖啡厅等公共环境中独自完成设备的使用。增强现实则塑造了一个开放式的使用环境，人们在体验数字内容的同时，可以随时观察周边的环境。这虽然在沉浸感上做出了一定的牺牲，但是解决了人们在封闭环境中的恐惧感和眩晕感，使人们更愿意去

---

① 文中主要数据来源于Digi-Capital《2016～2018 VR/AR行业发展趋势报告》（Augmented/Virtual Reality Report Q1 2018），https：//www.digi－capital.com/reports/，2018。

使用数字设备。

第二，虚拟现实在应用上多为构建一个虚拟的环境，将体验者置身于一个"假"的环境中。增强现实则是在现实环境中添加 3D 虚拟对象，让虚拟元素融入到周围的真实生活中。这样的应用方式可以很好地与人们的生活方式和工作方式相结合，在应用的领域和使用方式上都较虚拟现实更加广泛。

第三，虚拟现实目前的主要使用载体依托于虚拟现实头戴式显示器，无论是佩戴还是便携性上都有一定的困难。增强现实目前可以直接借助移动终端（手机、移动平板）等设备进行体验，可以使用 QR/2D 二维码通过 GPS标记移动设备的位置，移动 APP 可以读取内容后向使用者展示内容。这种嫁接在现有移动终端上的使用模式，将移动终端有效升级为增强现实的终端，增强现实内容可借助移动终端的分发渠道快速实现内容变现。在 2018年春节前夕，支付宝客户端再次进行了扫"福"字的市场营销活动，将支付宝客户端升级为具有增强现实功能的客户端，这个用户量的获取是虚拟现实所不具备的。

（二）移动终端设备全面拥抱增强现实技术

增强现实技术集成了众多计算机科技和图形图像学技术，涉及实时渲染技术、空间定位追踪、图像识别、人机交互、显示技术、云端存储、数据传输、内容开发工具等领域。过去的三年中，以上技术都有了里程碑式的发展，特别是在移动终端。德勤预计，在 2018 年期间，超过 10 亿智能手机用户将至少创造一次 AR 内容，其中 3 亿用户平均每月创造一次 AR 内容，1亿用户平均每周创造一次。[①]

移动终端集成了图像采集、图像预算和图像显示三大核心功能，在 AR技术的发展上具有天然的优势。一方面，随着终端图像运算能力的不断提升，图像化的渲染效果比之前有了大幅的提升，以游戏为代表的产品快速转

---

① 《2018 科技、传媒和电信行业预测》，https：//www2. deloitte. com/cn/zh/pages/technology – media – and – telecommunications/articles/tmt – predictions – 2018. html。

向移动端，这为 AR 应用带来了视觉化体验的提升。另一方面，网络传输速度不断提升，云端内容、应用和服务能够快速直达终端，营造了更好的 AR 体验。据 Digi-Capital 2018 年最新的市场预测，手机 AR（苹果 AR Kit，谷歌 AR Core，Facebook Camera Effects，Snap Lens Studio）用户基数到 2018 年底可能达到 9 亿，到 2022 年将达到 35 亿，在可预见的未来将占主导地位。①

2017 年，APPLE 公司和 GOOGLE 公司分别推出了基于独占平台的 AR 解决方案 AR Kit 和 AR Core，加上之前已经相对比较成熟的 Vuforia AR 解决方案（2015 年 Qualcomm 公司将 Vuforia AR 转售给 PTC 公司），共同掀起了增强现实开发的热潮。2017 年 6 月 APPLE 公司推出了 AR Kit，在 9 月推出了搭载 AR Kit 的 iOS11，iPhone X 搭载专为 AR 优化的 A11 仿生芯片、原深度摄像头和神经网络算法。在开发者大会上来自上海的创业团队 Directive Games 展示了基于 AR Kit 开发的《The Machines》，引起了业内的广泛关注。至今，APP Store 中已经有超过 1000 款 AR 应用。而一直备受关注的 APPLE AR GALSS 将采用独立芯片、搭载 IOS 系统，预期将在 2020 年面世。APPLE 公司在官网推出 AR 专页，展示 AR Kit 在市场上的应用及成果。在这之前 GOOGLE 推出了 Tango，AR 技术积累早于 APPLE，但是由于 Tango 是一套独立的软硬件设计参考标准，整合不够仍被 AR Kit 抢占了先机。为了迎战 APPLE，Google 发布了 AR Core，被看作是轻量级的 Tango，可以支持安卓系统的开发。作为技术解决方案，AR Kit 和 AR Core 的能力表现各有千秋。AR Kit 在集成和跟踪方面具有一定的技术优势，AR Core 在建图和重定位方面具有一些优势。

其他全球主要厂商如 Facebook 发布了 AR Studio，并在平台上全面支持 AR 内容分发和体验，成为开发者获取内容收益的主要通道。亚马逊发布了 SUMERIAN，支持开发者构建 AR 和 VR 应用，主要服务于教育、零售和虚拟服务台等领域。Snapchat 是 AR 技术在垂直化领域应用的典型性代表，一

---

① 文中主要数据来源于 Digi-Capital《2016～2018 VR/AR 行业发展趋势报告》（Augmented/Virtual Reality Report Q1 2018），https：//www. digi‒capital. com/reports/，2018。

切围绕着摄像头进行技术创新和内容创造，拓展的内容应用包括动画贴图、3D 建模、AR 滤镜等。而国内的今日头条则在 2018 年初宣布完成了对 AR 自拍应用激萌 Faceu 的收购，收购金额高达 3 亿美金，其将成为 Snapchat 的强劲对手。

（三）硬件设备的多元化创新发展

2017 年 7 月，Google Glass 宣布回归，虽然只是 Glass Enterprise Edition，但仍然让市场兴奋不已，这意味着这一商业巨头重新开启了 AR 市场。虽然 GOOGLE 在 2015 年宣布 Project Glass 停止项目研发时称不会放弃开发 Google Glass，但在当时确实为 AR 市场添了一层迷雾。所幸这层迷雾并未持续很久，MICROSOFT 此后推出了更为强大的产品 HoloLens，并正式对外发货，这时的 HoloLens 已经将技术的概念从 AR 扩展到了 MR（MIX Reality），MICROSOFT 凭借其强大的市场号召力，迅速将这一概念推广开来，并且牢牢占据着市场的领导地位。技术方面，HoloLens 依靠其强大的 SLAM 追踪技术和手势识别交互技术让 Google Glass 和 Oculus Rift 黯然失色，并且在企业应用方面斩获不少合作伙伴。

2017 年末，距离其概念发布将近六年后，Magic Leap 终于发布了第一款产品 Magic Leap One 创造者版本。虽然这是一个只有外观和功能描述的产品，并没有对外公布任何的技术参数，但是仍然受到了市场的极大关注，国内外业内专家纷纷猜测其显示成像方式和技术原理。Magic Leap 对外宣称 Magic Leap One 具备数字光场、视觉感知、持久显示、声场音效、高性能芯片、下一代交互界面等技术，这些技术指标都达到了市场领先水平，也为未来的 AR 硬件发展提供了基础技术原型。

国内的增强现实硬件厂商同样获得了长足的发展，影创科技、亮风台等企业先后拿到了数千万元的融资金额，发布或者更新产品，这些产品都在技术上得到了极大提升，达到了量产的标准。其他国外厂商 ODG、Mate 等也通过融资合作等形式获得了国内企业的支持，这些产品也开始涉足国内商业市场。

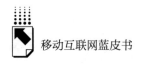

二 增强现实技术应用全面开花

增强现实的灵活性、移动性和普遍性正在促使新的使用方式和商业模式出现。业内众多数据调查显示,增强现实的普及度和商业价值爆发会比虚拟现实来得更早,据 Digi-Capital 预测,未来五年增强现实的用户数量将超过虚拟现实 60 倍左右(涵盖移动 AR),收入将超过虚拟现实 7~8 倍。随着新一代智能眼镜的出现,企业级应用将稳步增长,2021 年左右将迎来拐点,在生产、能源、TMT、军事、零售、建筑、医疗、教育、交通、金融服务和公用事业等行业被广泛使用。

(一)增强现实游戏推动技术快速普及

2016 年 7 月 Nintendo、The Pokémon Company 和谷歌 Niantic Labs 公司联合制作开发的一款增强现实宠物养成对战类 RPG 手游 *Pokémon Go* 风靡全球,游戏允许玩家在世界范围内进行探索,通过开启增强现实设备(移动智能终端)来进行抓捕和对战。它不单是 Nintendo 在游戏市场拓展的重要利器,更重要的是它让人们快速认识了增强现实技术。虽然在这之前增强现实技术已经在广告营销、科普教育、游戏等领域有了一定的应用,但是知名游戏 IP 加持的 *Pokémon Go* 依靠增强现实带来独特的游戏创新模式,给游戏市场带来一阵清风,在 Nintendo 赚得盆满钵满的同时,游戏市场快速地拥抱增强现实。2017 年苹果 iPhone X 发布会上,来自上海的 Directive Games 团队研发的 *The Machines AR* 将 APPLE 的 AR Kit 演绎得淋漓尽致,也率先打响了移动终端增强现实市场的第一枪,由此可见,游戏市场一直都是新科技验证商业模式的主战场。

增强现实作为新型产业,其商业化模式目前在企业级应用层面已经得到很好的验证,在消费市场上增强现实游戏将成为率先爆发的细分行业之一。增强现实与游戏市场的整合发展优势明显:游戏行业空间大,盈利能力强,公司投入产出比较高,投资意愿强;游戏行业具有成熟的商业模式,盈利性较好；游戏玩家具有较好的付费习惯和付费能力。Digi-Capital 的市场预测显示，2018 年增强现实游戏可能会占据应用商店收入的 2/3 以上，到 2022 年，非游戏应用将占据 AR 一半以上的收入。游戏仍保持重要地位，但最大的创新和增长来自社交、导航等领域。

在增强现实发展的今天，移动增强现实设备作为主要体验设备，和移动互联网合并为一个承载主体（移动智能终端），将更大程度地放大聚集流量和流量变现的核心商业逻辑。将场景化构建的终端设备随身携带，能够快速打通线上线下的体验场景，将游戏娱乐和其他场景更紧密地链接在一起，譬如淘宝客户端的抓猫猫游戏就是将 *Pokémon Go* 的 LBS 技术与淘宝店面的优惠券结合起来，我们很难定义它是一款游戏或者是一种营销方式。在未来，我们将会看到更多此类的增强现实应用，既具备游戏的特质，又能够实现人们传递信息的目的，或许也是未来"娱乐社会"的最佳解读之一。

（二）电子商务销售可能成为增强现实的最大收入来源

从 2017 年春节开始，支付宝客户端引入增强现实技术进行规模宏大的扫福活动，并在 2018 年春节延续了这一活动，虽然阿里巴巴并没有公开相关数据，但从最终凑齐五福分享红包的数据可见一斑，支付宝客户端借助这一市场营销活动创造了巨大的客户流量。2017 年"双 11"电商节开始，淘宝在客户端首页上线了抓猫猫游戏，此游戏借鉴 *Pokémon Go* 的模式，将增强现实技术和电商结合获得了巨大的成功，值得庆幸的是，这一技术特点并没有像 2016 年"双 11"上线的 VR 购物场景一样短命，而是被阿里巴巴保留了下来，至今仍成为用户获取电商优惠券的主要方式。阿里巴巴的虚拟现实和增强现实技术开发都源自自身的开发团队，这一技术也在不断和其旗下的其他领域进行整合。

阿里巴巴的主要竞争对手京东也在 2016 年开始引入虚拟现实和增强现实技术，并围绕电商这个主要目标开展了"天工计划"，除了将购物直播和虚拟现实技术进行整合以外，还率先将移动增强现实与客户端进行整合，目前我们在购物的过程中，可以将需要购买的物品与使用环境实时匹配，用户

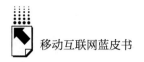

可以预先观看到商品摆放在家中的效果，更方便用户快速作出决策。

在中国两大电商巨头引入新兴技术进行市场拓展的同时，全球第一大电子商务平台亚马逊则从技术底层率先发力。早在 2015 年亚马逊就购买了 Cryengine 的使用许可，并将其整合到自己的业务上来。2017 年 11 月 2 日，亚马逊为其 iOS 客户端增添了名为 AR View 的新功能，用户在使用 iOS 客户端时使用 AR 预览欲购产品与环境的搭配组合效果，适用范围包括家具、电器、玩具、家装产品等。基于苹果的 AR kit 平台，亚马逊时尚与一家 AR/VR 广告制作公司联手开发了一个 AR 健身应用。打开 Amazon Fashion AR 的 APP，可以把来自真正健身教练的虚拟形象投映到家里的地板、厨房的餐桌、闺蜜聚会以及任何想让"他"出现的地方。Amazon Fashion AR 已经对接上了健身装备品牌 Mission。用户在看这个虚拟健身教练示范动作时，可以随手在亚马逊上购买教练身上穿的或使用的任何健身产品。另一个全球的电子商务平台 EBay 也宣布试水 VR/AR，将于 2018 年下半年推出 AR 购物。

据 Digi-Capital 预测，电子商务销售（商品和服务，而不是 IAP）可能成为 AR 的最大收入来源，Houzz 已经证明了移动 AR 可以将销售转化率提高 11 倍，而阿里巴巴已经与星巴克合作，在上海建立了世界上最大的 AR 咖啡店。新兴的 AR 电子商务已经向市场领导者证明了其价值。这个潜力远远超出了生活零售商，还包括消费电子产品、汽车、家具、健康、个人护理、玩具、爱好、办公设备、食品和饮料以及媒体类别。新兴企业可以利用 AR 在电子商务的潜力，亚马逊、eBay、阿里巴巴、京东等电子商务巨头可以从中获得最大的收益。阿里巴巴集团首席战略官曾鸣在演讲中提到，在互联网发展第二阶段，淘宝以图片销售为主要模式，改变了零售业，也直接催生了对模特（淘女郎）的海量需求①。VR 和 AR 则是第三次互联网革命中最重要的技术突破之一，在电商甚至传统零售业都有着广泛的应用空间。这无疑会给消费者带来全新的体验，给商家带来全新的机会。

---

① 《阿里集团总参谋长曾鸣：新经济发展处在新旧交替摩擦最厉害的时期》，http://www.eeo.com.cn/2016/0118/282570.shtml，2016 年 1 月 18 日。

究其原因主要有以下两点：一是增强现实可以让消费者在与产品互动的过程中融入广告中，产生潜移默化的影响，丰田汽车将宣传单升级为触发增强现实技术的识别场景，百事可乐将饮料瓶升级为增强现实游戏的控制器，这些功能变化都极大地保障了宣传品或者是产品在消费者手中的停留时间，延展了品牌传播的时间。二是零售商通过增强现实技术把线下无法了解的用户习惯转化成数据，并根据数据对产品进行调整，消费者在商品适配场景的过程中会对产品的功能、外观根据自我需求进行调整，这些调整的数据恰恰反映了用户的真实需求，但是这些需求在用户调查和线下沟通中很难真实反映出来。

（三）增强现实技术对于教育行业意义巨大

早在 20 世纪 90 年代国内高校就开始了虚拟现实和增强现实技术的研究，并将其与教学过程相结合。"严肃游戏"概念的提出也是虚拟现实技术和增强技术与教育结合的产物之一，不过这种应用方式并未大范围铺开。近几年我国教育部门推出了一系列政策鼓励并推动虚拟仿真实验室的建立，也是对新兴技术与教育行业结合价值的认可。而目前兴起的 STEAM 教育更是新兴技术（场景、体验、交互）进入教育行业的助力器。

2016 年开始，新兴的虚拟现实企业网龙华渔、黑晶、微视酷、和思易等进入教育市场，掀起了虚拟现实、增强现实技术在教育行业的热潮，虽然大家都抱着极大的热忱，但是结果一喜一悲。喜的是虚拟现实教学带来的成果，基于场景式的教学可以使学生保持较高的学习热情，从而提高学习效率，节约学习时间。悲的是虚拟现实教育的商业价值并未展现出来。虽然虚拟现实很好地匹配了情景教学和体验式教学思想，可以让学习者自主探索各种有趣的学习材料，但是将学习者与教师、课堂、同学相互隔离，封闭式的环境并不适合现实中的课堂，甚至有家长认为这样做不利于学生的心理健康。相较于虚拟现实，增强现实更加有利于学习者的学习。增强现实把虚拟和现实世界中最好的一面合成在一起，可以让人们很舒适地进行交互。学习者通过增强现实技术进入一个基于现实的学习环境，可以动态地进行视觉和

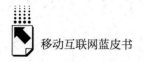

交互形式学习。在学习过程中，学习者并没有脱离现实课堂，可以看到老师的表情变化，听到老师的语言指导。

类似于汽车 HUD 的透视特点也方便人们在移动中观看增强现实内容，当然人们在使用增强现实设备的时候就像驾驶一台车辆，过分的景深集中依旧会带来潜在的危险。未来在增强现实与教育行业整合的应用层，可能主要集中在以下三个方面。

1. 课堂教学

与现有教学大纲结合，推出适合 K12 的教育内容始终是虚拟现实和增强现实进入教育行业的瓶颈，其内容开发的成本也一直高居不下。在 2017 年，我们看到大量的数学、物理、化学、地理、生物等相关课程的推出，其内容也大多与现有的课程大纲相结合，通过增强现实技术配合现有的实验室，还可以摆脱一些昂贵的实验仪器的限制。国内和思易与微视酷公司都有相关的内容推出，利用增强现实技术模拟力学领域的物理实验，学生可以在一个三维的虚拟世界中创建自己的实验室并进行研究。结果显示，增强现实技术能有效提升学生的学习质量。国内不少学校都引进了相关的教学模式，这种教学模式多以创新教育的形式出现，起到了一定的效果，但是结合的紧密度不够高，这其中更多的是技术从业人员起到了主要推动作用。科学技术与教育整合，教育往往是内容产生的源泉，目前人教、高教都有相关的计划推出，随着更多从事教育的人员加入相关课程的研发，相信在不久将会有与教材匹配度更高的内容推出。

2. 科普教学

科普教学是增强现实技术与教育整合最早的领域，国内最早使用增强现实技术进行英语教学的小熊尼奥，在过去几年内不仅实现了技术与内容的结合，而且打造出了自己的 IP，成为从业人员学习的典范。国内大多数博物馆和美术馆都推出了相关的增强现实内容，消费者不仅可以通过手机扫描文物自带的二维码了解文物更多的信息，替代讲解员的部分功能，还可以通过游戏娱乐的模式收集隐藏在博物馆中的"宝物"，激发人们观看文物的兴趣，无形中形成了一条博物馆的参观路线。在线上，人们与艺术场景的拍照留念发朋友圈和微博也成为增强现实与新媒体结合的典范。包括故宫博物院在内的诸多博物馆、科技馆都有相关的体验服务。近期，BBC 正在推出其第一个增强现实应用程序，这款程序将使人们能够在虚拟展览中探索来自英国博物馆的历史文物，用户能够观看和探索文物，如在石棺内观看木乃伊。

3. 职业培训

职业培训尤其是高危行业的职业培训始终是企业最为重视的领域。增强现实技术可营造沉浸式的现场环境，为操作人员提供真实的实操体验。一方面，虚拟的操作可以实现逆向操作，受训人员可以反复检测操作过程中出现的问题，以及感受操作失误带来的不同结果，强化受训人员的思维；另一方面，增强现实技术源于虚拟与真实的结合，人员的培训都源自于真实的工作环境，例如在汽车维修过程中，受训人员面对的是真实的车辆，这很好地解决了虚拟与现实结合的问题，实现与未来的工作无缝衔接。更重要的是，增强现实作为数字化培训，大大降低了培训过程中的设备损耗成本。再以医学为例，增强现实技术可以通过三维显示人体器官和骨骼来训练外科医生和医务工作者。先用 CT 或 MRI 扫描病人，然后利用仿真技术和三维建模技术生成虚拟的人体，外科医生可以用真实的外科手术工具在虚拟人体上进行手术训练，并且在手术训练过程中可以实时互动跟踪。

三 增强现实技术面临的问题与挑战

（一）增强现实的内容素材建设

增强现实与虚拟现实一样，处于发展的初期阶段，不仅面临着硬件、软件技术的革新与发展，而且在内容上面临着巨大的缺失。优秀的内容能够给增强现实生态带来巨大的用户流量，反过来会推动技术的发展。截至 2017 年 12 月，APPLE 应用商店上共上线 1000 个 AR 应用，这个数量相较于手机 APP 的数量，差距显著。所以，增强现实应用的市场潜力巨大。

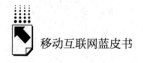

随着技术的标准化，增强现实内容制作的规范也会逐渐标准化。随着物联网和大数据的发展并与之整合，其内容数量会远超现有视频量级，增强现实内容平台会将人们生活周边的物体、环境都变成数据和三维模型存储在数据中心，便于终端随时调用。平行于现实世界的另一个数字世界是增强现实所需要的，也是增强现实的终极发展。现在，所有的商品都有自己的条形码，人们也习惯了扫码模式，这也为增强现实的发展提供了良好的用户基础。

（二）增强现实的标准化与监管机制建设

虚拟现实发展初期，各类硬件层出不穷，做出来的内容也参差不齐，2016 年开始我国启动标准化工作，并于 2017 年发布了一系列虚拟现实、增强现实相关规范、标准和征求意见稿，包括硬件设备规范、标准和内容评级机制。这对虚拟现实的发展起到了良好的促进作用。对于增强现实的发展，我们面临着同样的问题亟须解决——终端设备标准化和内容制作标准化。

四 增强现实技术的未来

增强现实技术经过了多年的沉淀和发展，已经从企业级应用走向消费级市场，并逐渐释放其商业价值，构建其独特的商业模式。然而作为图形图像技术的集大成者，增强现实技术更多的是作为一个显示终端出现，在其显示技术和终端设备完善的同时仍需要大量内容支撑，同时也需要其他领域的技术支撑。这样的生态结构非常类似于智能终端，手机与 APP 应用相互支撑、相互影响、相互发展。在目前主流发展的技术中，有两个技术领域会在未来与增强现实技术形成这样的相互支撑结构。

（一）增强现实技术与大数据的整合

大数据技术近些年发展得如火如荼，庞大的数据带给我们足够多的信息，我们在享受数据带来的便利的时候，也被数据的筛选过程所困扰。如何将数据有条理地进行分类、快速呈现在使用者眼前成为一个难题。增强现实技术恰恰为解决这一难题提供了可能，一是，增强现实技术可以将数据可视化，带给人们最直观的体验，人们在观看数据时可以依托数字、形状、颜色等外观的变化对一个事物进行基本的判断，同时数据可视化显示的内容将更加丰富，现在是图片、视频、三维模型，未来包括声音、地点和内容都能成为我们获取信息的方式。二是增强现实头戴式显示器作为最接近人眼的一块屏幕，无疑具有天生的显示优势。人们可以实现数据的实时显示和提醒，一切呈现都是实时的，在正确的时间、正确的地点获得正确的信息。三是增强现实技术作为一个可交互的双向沟通机制，使用者在获取数据信息后可快速与信息进行互动，随着技术的发展，互动可能是一段语音、一个眼神、一个手势或者是大脑思考的一个想法，随时随地将使用者的数据信息与数据中心进行交互。通过增强现实技术，一个与我们现实世界互相融合、交织的数据世界正在逐步形成。

当然，数据整合的过程并非一蹴而就，埃森哲战略董事总经理TomasKandl 认为，"企业的增强现实需要按步骤、有计划、循序渐进地实现。第一阶段，需要聚焦在那些容易实现的部分，比如像可穿戴、简单的信息展示；第二阶段就是信息整合，将数据从 ERP、物联网中抽取出来，并能够进行实时的整合；第三阶段，就是有一些虚拟物体能够接入到现实社会之中；第四阶段则是完全的进入，数据世界和现实世界充分融合"。①

（二）增强现实技术与人工智能技术的整合

人工智能对增强现实关键技术的推动作用集中体现在渲染能力处理、深度学习和感知交互领域。渲染能力处理主要体现在快速的三维场景构

---

① 埃森哲战略董事总经理 TomasKandl 在 2016 百分点数据与价值国际论坛上所作报告内容的节选，http：//www.cbdio.com/BigData/2016 – 06/21/content_ 5007167.htm，2016 年 6 月 21日。

建，无论是虚拟现实还是增强现实，三维场景的构建始终是无法绕开的重要环节。现有技术条件下，大多数采用预制模型场景的模式，这种模式耗时长、效率较低。人工智能技术的发展可以大幅提高生产效率，并且在数据传输的过程中降低对网络带宽的消耗。现在已经研发成熟的技术可以使用人工智能技术将 360P 的视频还原渲染至 1080P，对带宽的消耗则节省了近 8 倍。

深度学习是人工智能的又一个重要体现。深度学习是人工智能中发展迅速的领域之一，可帮助计算机理解大量图像、声音和文本形式的数据。目前增强现实技术的主要环节是对目标图像进行识别。主要包括基于视觉标记、基于自然特征和 SLAM 三种识别方式。在 SLAM 技术尚未成熟前，主要是将所识别物体转化为 2D 平面图像，这给增强现实的图像识别带来了巨大挑战。现实世界中，我们识别的物体不具备可快速识别的二维码等信息或者识别点，需要对复杂的物体和环境进行识别。这不单对物体的识别特征有要求，在光照条件不一致的情况下，同样会对识别的效果和速度产生致命的影响。通过人工智能的机器学习，可以分辨物体的不同角度、不同颜色、不同形状、不同动作，从而快速识别出不同环境。

交互作为增强现实技术的主要特征，目前仍然处于发展的初级阶段。以 HoloLens 为例，目前采用的手势识别和语音识别技术都尚未成熟，人们在使用的过程中会有明显的疲劳感，其交互效率相比 PC 和智能终端的交互方式都很不成熟。这也受制于通用 AI 技术的发展，无论是 VR 还是 AR 都没有更加高效的符合人机工程学的交互方式。在 VR 环境下高效的文字输入仍然是有待攻克的难题，随着语音输入方式的成熟，这些问题都会被解决。其他的交互方式包括眼动检测、面部表情检测、人体生理特征检测、脑电波检测等在未来都会成为增强现实交互的主要方式。

The Ghost Howls 的作者 Antony Vitillo 认为，只有将 AR 与人工智能和脑机接口（BCI）相融合，我们才能挖掘出 AR 真正的潜力。"人工智能可以帮助用户理解其所看到的这个世界，并且通过 AR 技术直接在其感兴趣的物体对象身上展示。BCI 可以实现大脑与人工大脑之间的完美融合，AI

可以直接从我们的大脑中读取信息，也可以将信息插入到我们的大脑之中"。[①]

参考文献

Digi-Capital：《2016～2018 VR/AR 行业发展趋势报告》，Augmented/Virtual Reality Report Q1 2018，https：//www. digi－capital. com/reports/，2018。

[①] 源自 Yitzi Weiner 对 AR 行业的趋势调查，节选自 Antony Vitillo 的调查内容，https：// journal. thriveglobal. com/39－ways－ar－can－change－the－world－in－the－next－five－years－a7736f8bfaa5。

B.24
中国移动政务发展现状及对策建议

王芳　崔雪峰　周亮*

摘　要： 近年来，移动政务服务迅猛发展，以政务 APP、政务微信、政务微博、第三方城市服务为典型代表，在提升政务服务均等化、创新政务服务管理模式、回应社会关切、引导公众舆情等方面彰显优势与生命力。但由于认识不一、缺乏标准与规划等原因，我国移动政务发展面临不可用、不及时、不实用、不集约等问题，本文基于对现状的深入剖析，提出下一步我国移动政务应用发展的对策建议。

关键词： 移动政务　政务微博　政务微信　第三方城市服务

随着信息社会不断发展，人们通过移动端上网获取服务成为主流方式。中国互联网络信息中心（CNNIC）发布的《第 41 次中国互联网络发展状况统计报告》显示，截至 2017 年 12 月，中国在线政务服务用户规模达到 4.85 亿，占总体网民的 62.9%。网民使用最多的在线政务服务方式是支付宝或微信城市服务平台，使用率为 44.0%，比 2016 年底增长 26.8 个百分点；其次为政府微信公众号，使用率为 23.1%，政府网站、政府微博及政府手机端应用的使用率分别为 18.6%、11.4% 及 9.0%。① 由此可见，移动

---

　*　王芳，中国软件评测中心资深评估咨询师；崔雪峰，管理学博士；周亮，中国软件评测中心北京赛迪工业和信息化系统评估中心负责人。

　①　中国互联网络信息中心：《第 41 次中国互联网络发展状况统计报告》，http：//media. people. com. cn/n1/2018/0131/c40606 – 29798103. html，2018 年 1 月 3 日。

端政务服务平台已成为政务服务的重要渠道。

国家高度重视移动政务发展，《国务院办公厅关于加强政府网站信息内容建设的意见》（国办发〔2014〕57号）、《国务院办公厅印发〈关于全面推进政务公开工作的意见〉实施细则的通知》（国办发〔2016〕80号）、《国务院办公厅关于在政务公开工作中进一步做好政务舆情回应的通知》（国办发〔2016〕61号）、《国务院关于加快推进"互联网＋政务服务"工作的指导意见》（国发〔2016〕55号）等政策文件中均明确提出，各级政府及其部门要充分利用政务微博、微信、政务客户端等政务服务平台，充分发挥新兴媒体平等交流、互动传播的特点，做好政务公开、加强舆情引导、拓展办事渠道，为公众提供统一、规范、便捷的政务服务。

一 我国移动政务发展现状

随着智能设备及移动互联网技术深入发展与应用，我国移动政务呈现井喷式发展，应用模式及场景不断创新与扩展。从发展历程来看，我国移动政务经历了从手机短信到移动WAP门户再到移动APP＋第三方平台应用三个阶段；从应用功能来看，聚焦于四个方面：公开政务信息、宣传政策要求、提供行政及公共服务和辅助政府管理；从应用模式来看，主要为"两微一端"＋第三方城市服务，"两微一端"指政务微博、政务微信、政务客户端（APP），第三方城市服务主要指政府部门通过与支付宝、微信等第三方移动平台合作，为公众提供的移动政务服务。

（一）政务微博

政务微博是移动政务最早的应用模式。经多年发展，政务微博在政务公开、政策宣传、舆情引导方面取得良好成效，涌现出不少应用亮点，但同时也存在互动性弱、信息保障不足等问题。

1. 规模稳定增长，朝矩阵化、专业化方向发展

政务微博规模呈现持续增长态势。根据2018年1月23日人民网舆情数

据中心（人民网舆情监测室）发布的《2017政务指数·微博影响力报告》，截至2017年底，经微博平台认证的政务微博达到173569个，呈逐年上涨趋势（见图1）。政务微博总粉丝量达到24.6亿，较2016年增长了12%，新增粉丝中30岁以下的用户占到了82%。①

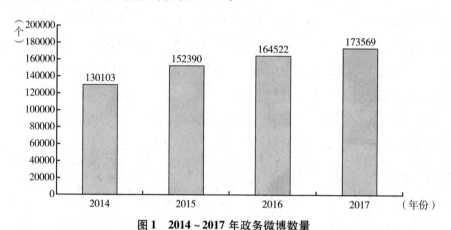

图1 2014~2017年政务微博数量

资料来源：人民网舆情数据中心。

政务微博矩阵效应显著。所谓矩阵，不仅仅是联合发布信息或账号互推，而是政府部门打破体制内部门和科层壁垒，线上线下联动解决实际问题，优化行政流程，提高行政效率，节约行政成本。根据《2017政务指数·微博影响力报告》，2017年，"@问政银川""@成都服务""@昆明发布"等矩阵继续完善微博服务制度，统筹全市各个单位通过微博进行社会化服务。例如，"@湖南公安在线"十次成功跨国救助网友，充分展示了政务部门通过新媒体服务群众的诚意与效能。"@马鞍山发布"为群众修电梯、修水管、修不平之路，晒"僵尸微博"、晒"慵懒散"、晒服务之心，真诚、及时的服务得到了网友的广泛称赞。

2.在信息发布、舆情引导等方面涌现不少亮点

由于微博传播范围广、用户规模大、传播效率高等特点，政务微博在信

---

① 人民网舆情数据中心：《2017政务指数·微博影响力报告》，人民网，2018年1月22日。

息发布、政策宣传、舆情引导、收集民意等方面具有显著优势，主要表现在以下几方面。

一是政务信息传播及时，有效提升应急管理能力。例如，2017 年 8 月 8 日，四川九寨沟遭遇 7.0 级地震，@中国地震台网速报第一时间发布全网首发地震信息，24 小时内阅读量超过 1 亿人次，在信息传播速度、覆盖广度上都创造了政务微博的新纪录。

二是重大社会问题回应及时，有效引导舆情。例如，在山东于欢案、宁波动物园老虎伤人事件、西安地铁问题电缆等事件中，"@山东高法"、"@宁波东钱湖旅游度假区管委会""@西安发布"等相关官微都及时反应，详细发布处理进度，以主动公开、积极回应的姿态赢得了网友的普遍点赞。

三是了解民意及时，提升解决问题效率。例如，2017 年 6 月，顺丰与菜鸟网络的争执使很多商家和消费者都受到影响。"@国家邮政局"第一时间迅速响应主动介入，用三天的时间解决冲突，获网友 3 万余次点赞。

四是发布重大事件、政策，弘扬社会正能量。以十九大为例，据微博官方数据显示，在十九大开幕一周中，十九大相关微博话题多达 80 个，阅读总量超过 180 亿人次，总讨论量 1580 万条。主流媒体共制作发布了 1.3 万余条短视频，总播放量 25 亿次，40 多条短视频的播放量都超过 1000 万次。75 个热词登上微博热搜榜，共有 9600 多万名网友搜索了这些微博内容。①

3. 部分政务微博存在内容保障不足、关注度低等问题

经过多年的应用与推广，政务微博在开通规模、发博量等方面取得显著成效，也涌现出不少解民意、办实事的优秀实践。但总体上看，政务微博仍然存在信息更新不及时、信息内容质量不高、公众关注度低等问题。

一是公众关注度低，影响力不足。从《2017 政务指数·微博影响力报告》可以看出，当前每个政务微博的平均粉丝数仅 1.4 万，与明星、媒体等动辄上百万、上千万粉丝相比相去甚远。在新浪微博的政府分类下，不少

---

① 《网友热情点赞中共十九大 讨论不断升温创多项纪录》，http://media.people.com.cn/n1/2017/1027/c40606-29611394.html，2017 年 10 月 27 日。

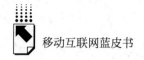

政府官网的粉丝数仅几百人，如@美丽郑集、@淮阳城关、@美丽齐老等官微粉丝数不足300人，政务传播力、影响力较低。

二是信息保障不足，公众参与度低。不少政务微博信息运维保障不足，表现为信息更新不及时、内容不实用等。例如，@定襄发布官微已近3个月未更新，且从其近半年发布的信息来看，大多数信息非原创，而是转发的信息，且与政务、民生关联度较低。公众的关注度也较低，不少微博的转发和评论数少于10条。

（二）政务微信

根据腾讯公司发布的《2017微信数据报告》，微信平均日登录用户达9.02亿，微信公众开放平台月活跃账号达350万个，[①] 其中政务微信呈现巨大发展潜力，也面临一些发展初期普遍存在的问题，具体如下。

1. 规模扩大，服务功能不断丰富

中山大学发布的《移动政务服务报告（2017）——创新与挑战》调查结果显示，截至2017年上半年，我国政务微信公众号数量已超过10万，应用规模逐年扩大。

政务微信的服务功能主要包括四个方面：一是发布政务信息，以政务微信订阅号为标志，主要面向公众公开政府会议、决策、政策等信息；二是提供公共服务，主要是社保、医疗、住房、公积金、就业等管理部门，通过政务微信服务号，面向公众提供查询、预约、办理、缴费等服务；三是政务咨询互动，基于政务微信良好的互动性，及时为公众解疑释惑，同时也为公众提供政府政策权威发布与解读等方面的信息；四是形象宣传，利用微信平台公众号或订阅号传播力，加强城市形象宣传，促进城市旅游发展。

2. 亮点引领，服务实用性大大提升

基于微信广覆盖、便捷性等特点，政务微信涌现出不少优秀公众号，以

---

① 《重磅！2017微信数据报告：完整版》，http://wemedia.ifeng.com/36483015/wemedia.shtml，2017。

下列举几例。

一是权威发布政务信息，完善政务服务功能。例如"中国普法"公众号不仅为公众提供最新法治资讯，还提供司法考试成绩、法律法规、法律服务机构等信息查询服务，另外还提供智能法律咨询、即时问答咨询等智能互动服务，为公众及时解决法律问题。

二是整合公共服务信息，提升用户体验。例如，"北京114预约挂号公众号"为公众提供免费预约挂号渠道，公众号涵盖北京二级、三级以上所有公立医院，并按医院、科室、疾病维度进行分类引导，方便公众迅速定位挂号医院、进行预约挂号，受到公众的广泛认可。

三是转变互动模式，凝聚群众智慧。例如，"海淀公安"微信创新举措、上线"海淀网友"互动平台，凝聚群众力量、共同维护社会治安。网民可通过文字、照片或视频的方式，提供犯罪线索，并在线与警方实时沟通。目前，"海淀网友"骨干力量已超17万人，为海淀交警维护社会秩序提供了良好的支撑。网民赞道：前有"朝阳群众"、后有"西城大妈"，现有"海淀网友"强势来袭。

3. "僵尸""面子"号频现，影响政府权威性

尽管不少部委、地方政府加强政务微信号建设，涌现出许多创新实践，在政务信息公开、化解社会矛盾、平息网络舆情等方面发挥了积极的作用，但当前，"僵尸"公众号、"面子"公众号仍然存在，尤以基层政务微信号最为明显，大大影响了政务服务的实用性和政府的权威性。

一是未形成良好保障机制。调查发现，相当一部分政府微信公众号未形成良好的更新机制，更新时间不固定，时而长时间休眠，时而多条信息一并推送。

二是信息内容吸引力不足。不少政务微信公众号推送的大多为领导活动、政府工作会议等信息，与公众生活关联度较低，微信公众号关注度不高。

三是互动功能不实用。调查发现，当前政务微信虽提供一定的在线服务，但大多政务微信仍以信息发布为主，互动性不足，不少政务微信公众

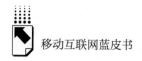

号对公众提问超过 1 周无任何回应，"民意征集""在线交流"等栏目有名无实。

（三）政务 APP

政务微信、政务微博、支付宝城市服务等从本质上说是依托于微信、微博、支付宝等商业平台，增加政务服务的出口，而政务移动 APP 则是政府主导建设、宣传政府工作、引导社会舆论、提供办事服务最直接、最权威的平台。建好用好政务 APP，对于树立政务品牌、沉淀政务数据、可持续提升政务服务具有积极作用。2017 年，中国软件评测中心选取全国省部级 APP，围绕其可用性、权威性、实用性等指标做了深入调查，发现当前我国政务APP 建设呈现如下特点。

1. 各类政务 APP 井喷式增加，服务功能不断健全

2016 年 2 月，国务院办公厅政务 APP"国务院"正式上线，成功开启了我国政务 APP 的发展元年。截至 2017 年 11 月，全国 70 个大中城市推出政务 APP 共计 514 个，与 2015 年底相比，应用数量增长了 62.7%，下载总量提升了 51.7%①，涵盖了交通、社保、民政、旅游等多个领域，主要功能有以下几方面。

一是提供综合式服务。此类政务 APP 主要由政府办公室（厅）或信息化部门牵头建设，整合地区政务信息服务资源，为公众提供信息发布、政策解读、在线办事、互动交流等全方位服务。例如福建省政务服务 APP 统一平台（闽政通 APP），整合全省各级政府部门面向公众和企业的服务资源，具备办事指南查看、在线申报、结果查询和办事预约等功能，实现政务服务跨地区、跨层级、跨部门"一号申请、一次登录、一网办理"。整合第三方可信便民服务资源，提供环境、社保、医疗、出入境、司法和纳税缴费等各类服务，实现便民服务全聚

---

① 中山大学：《移动政务服务报告（2017）——创新与挑战》，https：//mp. weixin. qq. com/s？biz，2017 年 11 月 28 日。

合。对接福建省 12345 便民服务平台，方便公众提交意见、咨询问题、反映诉求。

二是提供特定领域公共服务。此类政务 APP 主要由交警、社保、住房、教育、医疗等与民生密切相关的政府部门牵头建设，目的在于提供特定行业领域查询、预约等服务。如"北京服务您"APP 整合北京市多领域公共服务信息，为公众提供水电气缴费、社保查询、小客车摇号、出入境办理、居住证办理、婚姻登记预约、购房合同查询等多项公共服务。"交警 12123"APP 为公众提供交通违法行为处理、机动车驾驶人考试预约、新手预选机动车号牌、补换领机动车行驶证、交通管理相关业务办理地点导航等交通领域服务。

三是发布政务信息，加强宣传引导。此类 APP 主要由宣传部门或单位根据业务职能和需求建设，重点用来发布政务信息、重点工作、本地景观等信息。例如，"掌上宝鸡""鹰潭在线"等均围绕本地新闻、活动等进行信息发布，提升政府宣传影响力。

2. "不可用"成政务 APP 短板，降低公众获得感

2018 年 2 月 10 日，央视新闻发布《央视调查｜政务 APP 能办事？有政府人员居然说：谁告诉你的?!》，该报道显示调查的 40 多款政务 APP 中，近 50% 都无法正常使用，可以使用的 APP 中，大部分用户评分不足 3 分。根据中国软件评测中心调查，不可用问题已成为当前制约我国 APP 应用的短板，超过 40% 的省部级 APP 存在"不可用"问题，主要体现在以下几方面。

一是因系统兼容性、网络连接等问题，导致 APP 无法使用。比如，一些 APP 不支持安卓 7.0 以上版本使用（打开即闪退）；部分 APP 在设备网络连接顺畅的情况下，仍显示网络请求超时，无法正常使用。

二是主要导航、重点栏目和系统链接不可用，降低公众满意度。部分单位 APP 均存在栏目空白、链接不可用等问题。比如，某单位 APP 便民服务中"机动车业务""驾驶证业务"均空白，某单位 APP 市长信箱栏目不可用。

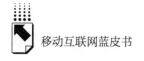

3. 获取渠道分散，各渠道版本较为混乱

当前政务移动 APP 获取渠道包括政府网站提供的二维码或链接、苹果 APP Store、安卓市场、应用汇、安智市场、腾讯应用宝等应用分发平台。但调查结果显示，多个分散的获取渠道，存在链接不可用、二维码无法识别、版本不一致等各类问题，主要表现在如下两个方面。

一是政府门户网站提供的二维码或链接存在不可用情况。公众获取政务移动 APP 最主要的方式是访问政府门户网站，查找是否存在 APP 入口。调查发现，建设了 APP 的省部级政府网站中，仅有一家未在门户网站显著位置提供二维码或链接。门户网站提供了二维码或链接的单位中，所提供的二维码或链接 42% 不可用，表现为用常规二维码扫描工具（微信、支付宝、手机浏览器等）无法识别二维码、提供的下载链接不可用等，大大降低了公众对移动政务服务的获得感。

二是不同应用市场上 APP 版本不一致，部分 APP 仅可通过特定市场或政府门户网站才能获取。例如，某部委移动 APP 在豌豆荚市场版本为 1.2、在安卓市场的版本为 1.5、在安智市场版本为 1.6（见图 2），诸如此类，不同应用市场版本更新不一致现象，给公众使用带来较大不便。再如，某些省政府网站 APP 仅能通过政府门户网站首页二维码或链接获取，在 APP Store、安卓市场、安智市场、应用宝、豌豆荚等主流移动应用下载平台均无法下载。

4. APP 市场乱象频生，影响政府权威性和公信力

当前工具类、游戏类、新闻类等各类移动 APP 应用市场空前繁荣，但由于政务 APP 的"政府"特性，与普通商业 APP 相比，在权威性、公信力等方面有更高的要求。由于缺乏管理规范，存在 APP 无法辨识、山寨 APP 遍地都是的乱象，主要表现如下：一是应用标识不够官方，无法确定为权威版本，主要有以下三种情形：①名称标识不够规范，如"万千气象""走进环保"等无法直观充分体现其政府官方移动应用特点；②图标标识不够规范，部分单位移动 APP 图标未使用国徽、部门缩写等代表特定政府部门和地方政府的明确标识；③发布单位不够规范，调查结果显示，近60% 省部级移动 APP 在应用市场上未提供单位标识或提供的单位标识为商

图2　某部委APP在不同应用市场版本不同

资料来源：中国软件评测中心。

业企业，而非政府管理主体。① 如图3所示，部分单位APP的发布主体显示为开发企业，无法判断其为权威APP。

图3 部分单位 APP 发布主体为企业

资料来源：中国软件评测中心。

二是应用市场对政务APP缺乏定向管理，山寨版本比比皆是，主要有以下两种情形：①缺少专门政务APP分类，公众查找难度较大，如安卓市场将某单位APP归类到"生活"主题，APP Store将某省APP归类到"工具"主题、将另外一个省的APP归类到"新闻"主题，分类维度不尽一致；②缺少针对政务APP的基本准入规则，出现大量山寨应用，如某单位官方APP尚未在APP Store和安卓市场、安智市场等主流Android应用市场上线，但在应用市场上存在中国××网、中国××网客户端、掌上××网等极易使公众混淆的山寨APP（见图4、图5）。

5.缺乏共享整合，各种政务APP使用户眼花缭乱

调查结果显示，当前政务APP形象工程、面子工程现象较多。不少地区政务APP规模动辄几十个，且APP之间、APP与政府网站之间信息未能实现共享，公众眼花缭乱、不明所以，给办事带来了困扰。飞天经

---

① 王芳：《政府网站APP调查：山寨APP影响政府权威性》，人民网，2018年1月22日。

图 4　应用市场上政务 APP 分类不够规范示例

资料来源：中国软件评测中心。

图 5　应用市场山寨政务 APP 示例

资料来源：中国软件评测中心。

纬数据显示，当前政务 APP 平均生命周期不足 10 个月，85% 的用户下载政务 APP 之后 1 个月就删除，留存 5 个月以上的用户仅占 5%。① 可见，加强政务 APP 数据、服务整合，为公众提供整合式、切实可用的移动 APP 迫在眉睫。

---

① 《第十六届（2017）中国政府网站绩效评估结果发布暨经验交流会在京顺利召开》，http：//www.ciotimes.com/IT/140210.html，2017。

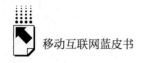
（四）第三方城市服务

以"支付宝/微信＋政务服务"为代表的政企合作，是中国移动政务发展的亮点，不仅能够提供在线支付渠道，还可以利用微信、支付宝的平台及技术优势，对线下政务服务进行一定范围的重构，是我国移动政务发展新思路。

1. 应用群体庞大，发展潜力十足

《第41次中国互联网络发展状况统计报告》显示，截至2017年11月，中国大陆31个省、自治区、直辖市开通了微信城市服务。截至2017年12月，微信城市服务累计用户达4.17亿，较2016年底增长91.3%。微信城市服务上可查询和办理的服务涉及公安、人社、公积金、交通、税务、司法、教育、民政等领域。覆盖城市及省份最多的服务类型为气象、公共交通、教育及加油服务，覆盖全国31个省份的362个城市。①

中山大学发布的《移动政务服务报告（2017）——创新与挑战》调查结果显示，全国31个省级单位的364个城市、县域入驻了支付宝"城市服务"。支付宝政务涵盖社保、交通、警务、民政、司法等领域，同比增长78.6%，累计服务市民超过2亿。② 值得一提的是，随着人工智能技术日益成熟，全国已有40余个城市开通"刷脸政务"服务，利用支付宝芝麻实人认证技术，开启"刷脸查税"，覆盖的服务包括查询公积金、缴纳交通罚单、个税申报等。

2. 服务深度、广度及安全性挑战重重

受制于商业特性，支付宝/微信城市服务仍面临较大挑战。一是服务深度欠缺，目前与第三方平台合作的政务服务普遍存在碎片化的特征，多数服务仅限于查询及支付服务，而缺少对移动政务系统化的全面服务。

---

① 《第41次中国互联网络发展状况统计报告》，http：//media. people. com. cn/n1/2018/0131/ c40606 - 29798103. html，2018年1月31日。

② 中山大学：《移动政务服务报告（2017）——创新与挑战》，https：//mp. weixin. qq. com/s? biz，2017年11月28日。

二是综合性服务能力较低，由于第三方平台所提供的政务服务主要依赖于单一部门的服务，受制于条块化管理制度，在跨部门协同提供综合性服务方面略显不足，无法实现一站式在线移动政务服务。

三是安全性仍需加强，移动政务涉及多方面用户数据，移动设备终端、数据传输通道、网络接入等安全性因素直接影响用户数据安全性，基于第三方平台合作的移动政务安全保障面临较大挑战。

二 我国移动政务应用发展对策建议

以国家政策为依据，以我国移动政务发展现状为基础，以国内外实践为参考，我国移动政务应用发展应注重以下几方面。

（一）统一思想认识，加快推进移动政务建设与应用

利用微信、微博、新闻媒体、政务 APP 等多种渠道，推进移动政务应用，是顺应信息社会技术发展趋势、满足公众日益增长需求的必然举措。对于提升政务信息传播率、政务服务到达率、政民互动活跃率具有积极作用。各地区、各部门须统一思想认识，将推进移动政务建设作为提升政务服务能力、转变政府管理模式的重要抓手。

（二）健全移动政务管理规范，保障移动政务有序发展

由于缺乏明确的移动政务管理规范、建设指南，我国移动政务应用过程中出现建而不管、管而不用、用而不及时准确等问题，导致"僵尸公众号""山寨 APP"等乱象频现，影响政府权威性与公众获得感。基于此，下一步移动政务发展过程中，须标准先行、制度护航，既要明确政府自建移动客户端标准，又要完善政府利用第三方平台提供政务服务的要求，涉及内容保障、运营维护、安全管理等方面，以提升我国移动政务应用规范性。

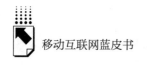

（三）推进系统与数据整合，构建一体化政务服务体系

信息同源、保障同步是互联网政务服务发展的根本要义，是破解我国当前面临的应用散乱、多头维护、资源浪费等问题的根本办法。下一步在移动政务建设过程中，要认真梳理各类业务系统，充分整合数据资源，采用大数据、大平台方式，依托于地区统一互联网政务服务平台，构建一体化移动政务服务门户，提升移动政务集约化水平。

（四）完善移动政务平台功能，提升服务智慧化水平

大数据、人工智能等新技术的发展为我国"放管服"改革提供了新的思路，也为我国移动政务发展提供了新的方向，支付宝的"刷脸政务"即是我国政府简政放权的探索实践之一。在下一步移动政务发展应用过程中，可大力推进人脸识别、声纹识别、电子签章等新技术探索与应用，减少群众跑腿、提高办事效率。

（五）重视安全管理，确保移动政务平台健康运行

严格按照《微博客信息服务管理规定》《互联网用户公众账号信息服务管理规定》《互联网群组信息服务管理规定》《互联网跟帖评论服务管理规定》《互联网新闻信息服务管理规定》《电信和互联网用户个人信息保护规定》等规范性文件要求，加强网络与信息安全管理，依法保障公民隐私与政务信息安全，构建天朗气清的移动网络空间。

参考文献

中国互联网络信息中心：《第 41 次中国互联网络发展状况统计报告》，中国互联网络信息中心网站，2018 年 1 月 31 日。

联合国经济和社会事务部：《2016 联合国电子政务调查报告（中文版）》，2016 年 7 月 30 日。

人民网舆情数据中心：《2017政务指数·微博影响力报告》，人民网，2017。

《2017微信数据报告》，微信，2017年11月9日。

中山大学：《移动政务服务报告（2017）——创新与挑战》，2017年11月28日。

王芳：《政府网站APP调查：山寨APP影响政府权威性》，人民网，2018年1月22日。

B.25
从安卓设备看我国移动安全
面临的风险与挑战

*卞松山　张　昊**

摘　要： 随着移动互联网应用越来越普遍，特别是移动社交、出行和
支付让用户将个人现实数据和财富逐步放到了移动平台上，
让移动安全问题愈发受到重视。本文结合 360 互联网安全中
心网络安全大数据，重点从系统漏洞、恶意程序和钓鱼网站
三个方面分析了 2017 年我国移动安全领域存在的风险与挑
战，并指出移动安全领域风险发展趋势，以作应对参考。

关键词： 移动安全　安卓　系统漏洞　恶意程序　钓鱼网站

随着移动互联网应用越来越普遍，特别是移动社交、出行和支付让用户
将个人现实数据和财富逐步放到了移动平台上，让移动安全问题愈发受到重
视。从智能手机操作系统来看，在 2017 年出货的 4.61 亿部智能手机中，安
卓手机占比 82.9%，较 2016 年提高了 1.3 个百分点。[①] 鉴于安卓系统移动
终端所占比例，本文特结合 360 互联网安全中心网络安全大数据，对 2017

---

* 卞松山，北京奇虎科技有限公司核心安全团队副总监，360 烽火实验室创立人和负责人，
移动安全行业专家，专注移动相关领域 13 年，主要研究领域为移动端安全；张昊，北京奇
虎科技有限公司高级安全研究员，主要研究领域为手机恶意软件、移动黑产研究、移动威
胁预测等。

① 中国信通院：《2017 年国内手机市场运行情况及发展趋势分析》，中国信通研究院网站，
2018 年 3 月 4 日。

年中国安卓平台上的移动安全状况进行梳理和研究，以反映中国移动安全面临的风险与挑战。

一 系统漏洞带来的风险

根据对"360 透视镜"上用户主动上传的 80 万份漏洞检测报告进行分析，本文重点统计了安卓手机的漏洞测试结果，对安全状况予以客观具体的量化描述，希望引发各方对于手机系统漏洞的关注与重视，推进国内安卓智能手机生态环境健康发展。

（一）九成设备存高危系统漏洞，远程攻击漏洞整体呈下降趋势

谷歌公司将系统漏洞的危险分为严重、高危、中危三个级别。360 公司按照此标准对发现的 64 个手机系统漏洞进行测评，严重级别漏洞 11 个，高危级别漏洞 36 个，中危级别漏洞 17 个。从用户手机实际受到漏洞危害的比例看，安卓设备受严重级别漏洞危害的达到 88.1%，受高危级别漏洞危害的达到 93.9%，受中危级别漏洞危害的达到 87.5%（见图 1）。

按照漏洞特征分类，主要可分为远程攻击、权限提升、信息泄露三种。远程攻击漏洞是指攻击者可以通过网络连接远程对用户的系统进行攻击的漏洞；权限提升漏洞是指攻击者可以将自身所拥有的权限进行提升的漏洞；信息泄露漏洞则为可以获得系统或用户敏感信息的漏洞。64 个漏洞中，远程攻击漏洞 30 个，权限提升漏洞 24 个，信息泄露漏洞 10 个。[1] 从用户手机实际受到漏洞危害的比例看，超过九成的设备存在远程攻击漏洞和权限提升漏洞，超过八成设备存在信息泄露漏洞（见图 2）。[2]

与以往相关研究比较，虽然漏洞数量有所增加，但影响设备比例有所降低，主要原因为部分设备的厂商大幅度提升手机的安全性，将设备的补丁等

---

[1] 《360 发布安全报告：99.99% 的安卓手机存在系统漏洞》，网易网站，2017 年 5 月 12 日。

[2] 《360 安卓系统报告：超九成设备存在远程攻击漏洞》，凤凰科技，2018 年 2 月 1 日。

a.64个漏洞样本分类比例

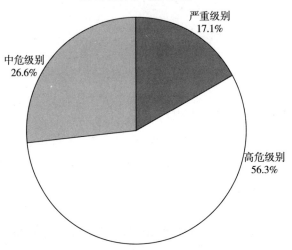

b.不同危险等级漏洞影响设备比例

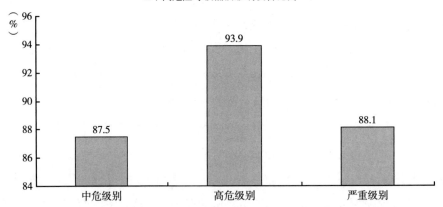

图1 接受检测的64个安卓系统漏洞的危险等级及其影响设备比例

资料来源：360互联网安全中心。

级保持与谷歌同步，修复了所有漏洞。

因为远程攻击漏洞的危险等级高、被利用风险最大，所以受到特别关注，根据与过往远程攻击漏洞占比前三名的比较发现，远程攻击漏洞整体呈下降趋势，但是受漏洞影响的设备依旧保持在较高比例，四成以上的用户手机仍然处于被远程攻击的风险之中，安全形势并不乐观（见图3）。

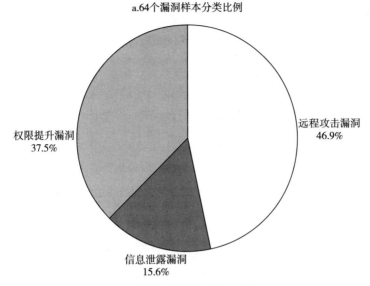

a.64个漏洞样本分类比例

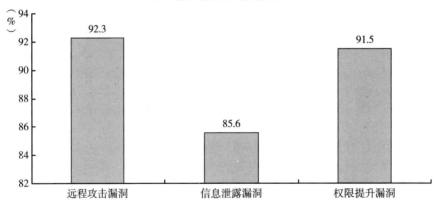

b.不同类型漏洞影响设备比例

图2 接受检测的64个安卓系统漏洞的危害类型分布及其影响设备比例

资料来源：360互联网安全中心。

（二）手机存在漏洞的比例整体呈下降趋势，但比例依然较高

为了说明用户手机中漏洞数量的分布规律和对用户手机安全造成的影响，本文统计了样本手机中存在的漏洞个数及其分布情况。经对64个已知漏洞的检测，发现有93.94%的设备存在至少1个安全漏洞，86.75%的设备存在5个

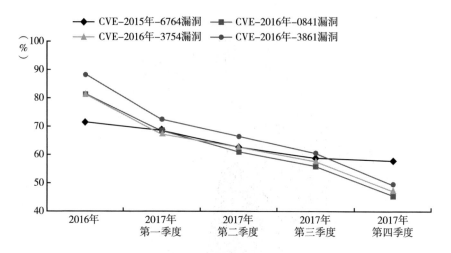

图3 用户手机远程攻击漏洞占比前三的比例趋势

资料来源：360互联网安全中心。

及以上安全漏洞，78.18%的设备存在10个及以上漏洞，60.28%的设备存在20个及以上漏洞（见图4）。漏洞最多的设备同时含有49个安全漏洞。

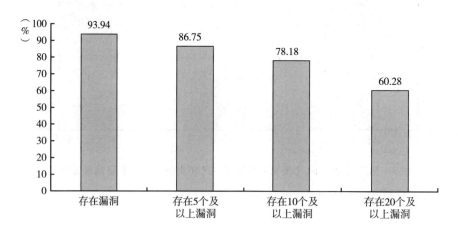

图4 手机存在的漏洞个数占比分布

资料来源：360互联网安全中心。

经与2016年用户手机中漏洞数量相比，2017年手机存在漏洞的比例整体呈下降的趋势。如果手机厂商积极做好手机系统的安全补丁更新工作，则手机系统的安全状况就会有明显的改善。但目前手机安全漏洞层出不穷，存在漏洞的设备比重仍然居高不下。

（三）安卓系统无法跨版本升级，版本碎片化带来安全风险

安卓系统不能跨版本升级，厂商往往又不愿意为旧机型耗费人力、物力适配新系统，导致安卓系统版本的碎片化。通过对样本手机所使用安卓系统版本进行统计，勾画了安卓系统各版本的分布情况。占比最高的三个安卓系统版本分别为 6.0（38%）、5.1（28%）和 4.4（22%），此外，安卓 7.0 和 7.1 版本所占比例分别为 3% 和 4%，安卓 8.0 及以上版本占比近乎为 0。6.0 版本是最流行的安卓系统版本，低于 6.0 版本的设备依然占据了约 60% 的比例。与以往数据相比，安卓 7.0 和 7.1 版本所占比例小幅上升，不仅意味着版本的更新，而且说明更多的用户能够享受到新版安卓系统所带来的一系列安全更新，包括隐私敏感权限动态管理等功能，在一定程度上增强了对用户隐私的保护。而最新的安卓 8.0 版本引入了"Treble 计划"，可以缓解安卓系统更新滞后的问题。但短时间内，安卓系统的碎片化和老旧设备的比例依然会维持现状，安全状况依然形势严峻。

通过对各个安卓版本的平均漏洞数量进行统计可以看出，部分老旧设备无法获得更新而我们检测的漏洞又在持续增加，安卓 6.0 以上版本系统较安卓 5.1 及以下版本更为安全。由于新版本的系统安全补丁推送已经较为普及，厂商对于新版本系统的推送积极度有所上升，安卓 7.0 和 7.1 版本系统中，平均漏洞数较少。但是安卓系统版本与漏洞数量并不是简单的线性关系。安卓 5.0 以下版本漏洞数量随版本升高而增加，主要是因为安卓 4.4 发布距今已经过去三年时间，所以版本相对较老的安卓系统因不支持较新的功能而不存在针对较新版本的漏洞。但安卓 5.0 以上版本漏洞数量则随着系统版本升高而急剧减少。实际上，系统的安全性受系统服役时间、系统功能、系统普及程度、厂商重视程度和恶意攻击者发动攻击所获价值等因素影响。修补了历史已知漏洞的最新系统会更加安全。

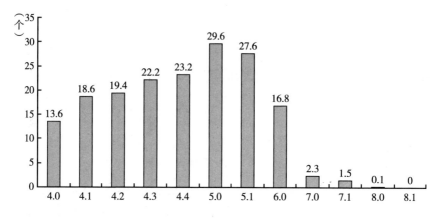

图5　不同安卓系统版本的手机平均漏洞数

资料来源：360互联网安全中心。

（四）系统浏览器内核版本升级更新迟缓，安全风险增加

系统浏览器内核是移动用户每天使用手机时接触最多的系统组件，而不仅仅是指用户浏览网页的独立浏览器。许多安卓应用开发者出于开发速度和不同设备间兼容等考虑，会使用系统提供的浏览器内核组件。因而用户在每日的手机使用中，大多会直接或间接地调用系统浏览器内核。

在安卓4.4版本之前，系统浏览器内核基于Webkit，而在安卓4.4及以后的版本中，系统浏览器内核被换成了Chromium（Chrome的开源版本）。根据统计发现，Webkit内核的系统浏览器占比几乎为0。而在基于Chromium内核的系统浏览器中，Chrome浏览器稳定版的最新内核版本是Chrome 60。不同版本的浏览器内核的平均漏洞个数不同，版本越高，漏洞就越少。内核版本在Chrome 46以下的版本中漏洞数量较多，Chrome 55以上版本中漏洞数量相对最少，Chrome 57及以上版本中漏洞检出为0。但统计发现，仅有1%的用户将手机中的浏览器内核升级至Chrome 60，内核版本大于等于Chrome 55的设备也只占24%。对比以往数据，国内浏览器内核升级更新进度虽有所加快，但仍存在严重的滞后问题。

因为浏览器内核漏洞多可通过远程方式被利用，所以给用户手机带来较

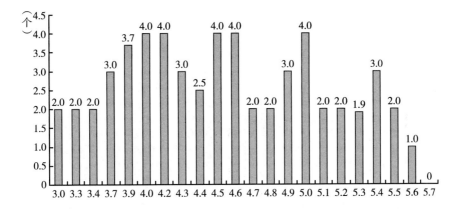

图6　不同版本安卓浏览器平均漏洞个数

资料来源：360 互联网安全中心。

大的安全危害。研究发现，87.4% 的设备存在至少 1 个浏览器内核漏洞，18.2% 的设备同时存在 4 个浏览器内核漏洞。① 整体来看，浏览器安全状况有所改善，浏览器内核版本的更新所带来的效果十分显著，但老旧设备的升级情况无明显好转，用户依然暴露在浏览器漏洞的威胁之中。

二　恶意程序带来的风险

（一）恶意程序在数量上进入平稳期，形态上不断翻样出新

1. 恶意程序新增量与感染量进入平稳期

2017 年全年，360 互联网安全中心累计截获安卓平台新增恶意程序样本 757.3 万个，平均每天新增 2.1 万个。全年相比 2016 年（1403.3 万）下降 46.0%。2017 年，360 互联网安全中心累计监测到安卓用户感染恶意程序 2.14 亿人次，相比 2016 年 2.53 亿人次下降 15.4%，平均每天恶意程序感染量约为 58.5 万人次。从近六年的移动恶意程序感染人次来看，经过 2012 ~

① 《360 发布 2017 年度安卓系统研究报告安全系数同比上升》，凤凰科技，2018 年 1 月 26 日。

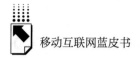

2015 年的高速增长期，2016～2017 年呈现下降趋势，说明手机恶意程序进入平稳期（见图7）。①

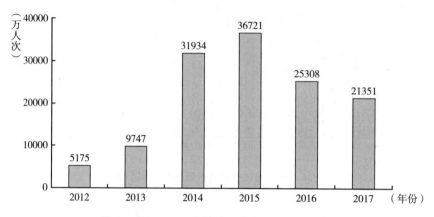

图7 2012～2017 年安卓平台恶意程序感染量

资料来源：360 互联网安全中心。

2. 恶意程序以资费消耗为主

根据中国反网络病毒联盟的分类标准，360 互联网安全中心对 2017 年全年安卓平台各类恶意程序进行统计，发现新增恶意程序主要是资费消耗，占比高达 80.2%。移动端恶意程序主要通过推销广告和消耗流量等，为不法商家谋取经济利益。恶意程序对用户资费造成的影响较为明显。360 互联网安全中心统计了 2017 年全年感染量最高的十大恶意程序名称、类型和感染数量，具体如表 1 所示。

表1 2017 年全国感染用户最多的恶意软件 TOP10

单位：万

名称	类型	感染量
手机清理	资费消耗	137.0
AppSetting	资费消耗	80.7
com. hs. daming	资费消耗	76.6
精彩大片	其他	58.4

---

① 《2017 年安卓新增恶意软件 757.3 万个！同比下降 46.0%》，金羊网，2018 年 3 月 9 日。

续表

名称	类型	感染量
系统管家	其他	55.6
Coolpush	其他	50.8
AndriodUpdate	资费消耗	48.0
com. t. sh	其他	41.2
搜索	其他	39.8
Alarmclock	其他	36.0

资料来源：360 互联网安全中心。

3. 恶意程序感染量存在地域差异

从地域分布来看，2017 年感染手机恶意程序最多的地区为广东省，感染数量占全国感染数量的 10.4%；其次为河南（6.8%）、山东（6.5%）、河北（5.9%）和浙江（5.9%）。[①] 2017 年安卓平台恶意程序感染量最多的十大城市中，北京居首位，占全国城市的 4.9%，其后依次是广州（2.1%）、重庆（1.8%）、成都（1.7%）、东莞（1.5%）、石家庄（1.5%）等。

（二）安卓平台挖矿木马愈演愈烈，引发各方关注

1. 安卓平台挖矿木马基本情况

随着比特币等虚拟货币的流行，挖矿木马成为互联网空间蔓延较快的一种恶意软件，移动端也成为重灾区。根据 360 互联网平台的调查，除了在谷歌应用商店中发现的 10 多个挖矿木马外，还在第三方下载站点发现了 300 多个挖矿木马。工具类（20%）、下载器类（17%）、壁纸类（14%）是挖矿木马最常伪装的应用类型。初步估算，含有挖矿木马的应用被下载的总次数高达 260 万余次。挖矿木马在币种选择上主要考虑挖掘难度和币种相对价格等因素。在安卓平台上挖矿木马选择的币种主要包括比特币（BitCoin）、莱特币（Litecoin）、狗币（Dogecoin）、卡斯币（Casinocoin）及门罗币（Monero）五种。2013 年至 2018 年 1 月，360 烽火实验室共捕获安卓平台挖

---

① 《2017 年 Android 恶意软件专题报告》，360 社区，2018 年 3 月 1 日。

矿木马1200余个，其中仅2018年1月安卓平台的挖矿木马就接近400个，约占全部安卓平台挖矿类木马的1/3（见图8）。

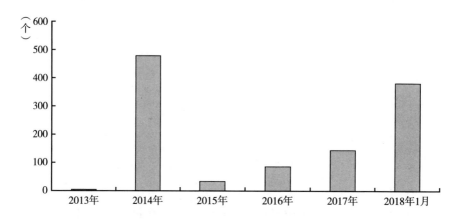

图8 安卓平台挖矿木马样本数量历史变化

资料来源：360互联网安全中心。

2. 挖矿木马在移动端主要应用的技术手段

挖矿的过程运行会占用CPU或GPU资源，造成手机卡顿、发热或电量骤降等现象，容易被用户感知。为了隐匿自身挖矿的行为，挖矿木马会通过一些技术手段来隐藏或控制挖矿行为。一是检测设备电量。挖矿木马运行会导致电池电量明显下降，为保证不被用户察觉，会选择在电池电量高于50%时才运行挖矿代码。二是检测设备唤醒状态。挖矿木马会检查手机屏幕的唤醒状态，当手机处于锁屏状态时才会开始执行，避免用户在与手机交互时感知到挖矿带来的卡顿等影响。三是检测设备充电状态。设备在充电时会有足够的电量和发热的现象。在充电时运行挖矿木马，可避免用户察觉挖矿带来的电量下降和发热等现象。四是设置不可见的页面进行挖矿。挖矿木马将安卓可见属性设置为"不可见"，达到Webview页面加载不可见的效果，进而使用JavaScript脚本进行挖矿，隐藏自身的恶意挖矿行为。五是仿冒应用下载器。挖矿木马通过仿冒热门应用骗取用户下载，实际只是应用的下载器，软件启动后就开始执行挖矿，仅仅是提供了一个应用的下载链接。

3. 安卓平台挖矿木马的演变趋势

安卓平台挖矿木马的演变很大程度上受到台式机上挖矿木马的影响，主要朝着三个方向发展。一是应用盈利模式由广告转向挖矿。通过分析来自某个移动应用下载网站的样本发现，在其早期的应用中内嵌了广告插件，软件运行时会联网来控制样本请求访问的广告，但在 2017 年，当软件访问同一个请求时，返回的内容中加入了挖取门罗币的 JavaScript 脚本。二是门罗币成为挖矿币种首选。对于攻击者而言，选择现阶段币种价格相对较高且运算力要求适中的数字货币是其短期内获得较大收益的保障。早期挖矿木马以比特币、莱特币、狗币和卡斯币为主。而随着比特币挖矿难度的提高，新型币种不断出现，门罗币逐渐成为安卓平台挖矿的主要选择，因为它具有更好的匿名性；可以自适应区块大小限制，从设计上不存在像比特币等扩容问题；其背后的研发团队的设计质量、发展目标都很优越，在网上有许多优秀的开源项目，拥有众多贡献者。三是黑客攻击目标向电子货币钱包转移。由于攻击电子货币钱包能直接获取大量的收益，台式电脑端上已出现多起攻击电子货币钱包的木马，通过盗取电子货币私钥或者在付款时更改账户地址等手段实现盗取他人账户下的电子货币。安卓平台如今也发现了类似的攻击事件，"PickBitPocket" 木马伪装成比特币钱包应用，且成功上架谷歌应用商店，当用户付款时，木马会将付款地址替换成攻击者的比特币地址，以此来盗取用户账户下的比特币。

（三）勒索软件在安卓平台上传播，给用户带来巨大损失

1. 手机勒索软件影响严重

2017 年，以 WannaCry 为代表的勒索病毒在全球爆发，多国用户、多个领域受到影响，一些大型企业的应用系统和数据库文件被加密后，造成严重的危机管理问题，全球损失估值达 80 亿美元。

国内效仿的勒索软件层出不穷。以加密文件方式进行敲诈勒索的手机勒索恶意软件逐渐出现，改变了之前的手机锁屏勒索的方式。手机勒索软件技术上更加复杂，造成的用户额外损失更加严重，同时也给安全厂商带来更大

的挑战。

2017年1~9月，360烽火实验室共捕获手机勒索恶意软件50余万个，平均每月捕获手机勒索软件5.5万个。其中，1~5月手机勒索软件呈现波动式增长，6月网警在芜湖、安阳将勒索病毒制作者陈某及主要传播者晋某抓获，全国首例手机勒索病毒案告破，这对手机勒索软件制作者起到了一定震慑作用，在6月以后新增数量急剧下降。

2. 新型勒索软件不断涌现

2017年，勒索软件在移动端主要采用三种新型的技术手段——语音识别、二维码和文件加密。语音识别采用STT（Speech to Text）技术，通过识别并匹配用户的语音进行解锁，不必用手输入密码。二维码技术手段是让用户通过扫描木马制作人生成的二维码进行转账支付勒索金额，转账后如无法自动解锁，将让受害者再次陷入木马制作人的骗局中。文件加密类型的勒索软件，虽然在国外早已出现，但目前在国内还不常见。受到台式机端WannaCry勒索病毒大爆发的影响，国内开始出现仿冒页面布局、图片、功能的手机版WannaCry勒索病毒，甚至将手机版可编译的源码上传至Github网站。

3. 社交网络和手机游戏成为勒索软件传播渠道

勒索软件各不相同，但是勒索页面的设计和文字上有很多相似的地方，其中最为典型的特征是勒索页面中都留有木马制作人的联系方式，以使受害者与木马制作人联系，被敲诈勒索。主要联系方式几乎都是QQ号或者是QQ群。2017年前三季度，360烽火实验室发现勒索信息中新增QQ号码7.7万个，QQ群号码1000余个。特别是第一季度新增QQ号码和QQ群号码数量最多，第二、第三季度开始逐渐下降。

2017年6月，有手机勒索恶意软件冒充热门手游《王者荣耀》的辅助工具，向用户勒索赎金。该勒索软件由于采用了随机变化的加密算法和密钥生成算法，可以对生成的病毒样本进行加固混淆，很大程度上增加了修复难度，对手机中文件和资料造成了严重破坏。

4. 勒索软件出现定制化与工厂化

勒索软件一键生成器不仅能够根据需求定制手机恶意软件，尤其是勒索软件，而且能够以工厂化模式批量生产，使用 AIDE（Android Integrated Development Environment，安卓集成开发环境）工具开发。AIDE 是一款用于直接在安卓设备上开发安卓应用程序的集成开发环境，支持编写—编译—调试运行整个周期，开发人员可以在安卓手机或者平板机上创建新的项目，借助功能丰富的编辑器进行代码编写，支持实时错误检查、代码重构、代码智能导航、生成 APK，然后直接安装进行测试。使用 AIDE 能降低软件作者的学习成本和开发门槛，同时拥有更灵活和快速修改代码的能力。

恶意软件一键生成器取代了人工烦琐的代码编写、编译过程，进一步降低了制作门槛，不仅生成速度变快，并且能够根据需要进行定制。

（四）移动平台恶意程序技术特点

1. 恶意程序升级，瞄准企业攻击

随着移动互联网时代的到来，企业内部数据越来越有价值。近年来，黑客以移动设备为跳板，入侵企业内网，窃取企业数据资产的趋势愈发明显。2017 年初，360 烽火实验室发现名为"MilkyDoor"的恶意代码，是继 2016 年被发现的"DressCode"恶意代码后，又一种利用移动设备攻击企业内网的木马。与"DressCode"不同的是，"MilkyDoor"不仅利用 SOCKS 代理实现从攻击者主机到目标内网服务器之间的数据转发，而且利用 SSH（Secure Shell）协议穿透防火墙，加密传输数据，进而实现数据更隐蔽的传输，大大增加了检测的难度，一旦有移动设备中招，将很难检测出来。企业应加强防范措施，严格限制不可信的移动设备接入企业内网，禁止智能终端设备与企业内部服务器处于同一个局域网内。

2. 安卓平台挖矿木马重回视野

2014 年安卓挖矿木马经过短暂爆发后，于 2015～2016 年逐渐归于平静，主要原因是受到当时移动平台技术等限制，以及电子货币价格影响，木

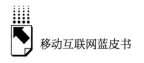

马作者的投入产出比不高。但随着 2017 年底电子货币价格的一路高涨、挖矿技术的成熟，挖矿木马再次成为木马作者的目标，手机挖矿木马呈爆发式增长。

3. 针对系统运行库的攻击出现

2017 年 4 月在 Google Play 应用商店上发现了新的系统级恶意软件 Dvmap。它根据安卓系统的版本将恶意代码注入系统库 libdmv. so 或 libandroid_ runtime. so 中，这两个库都是与 Dalvik 和 ART 运行时环境相关的运行时库。注入之后会以 Root 权限替换系统正常文件，同时部署恶意模块。恶意模块能够关闭谷歌对于应用的安全检查（Verify Apps）功能，并且更改系统设置去操作安装任何来自第三方应用市场的应用程序。

4. 僵尸网络发起 DDOS 攻击

2017 年 8 月，多个内容分发网络（CDN）和内容提供商受到来自被称为 WireX 僵尸网络的严重攻击。WireX 僵尸网络主要由运行恶意应用程序的安卓设备组成，主要使用以下三种攻击方式。第一种是用户数据报协议淹没式（UDP Flood）攻击。WireX 创建 50 个线程，每个线程中都连接该主机和端口，开启 Socket 之后，使用用户数据报协议发送随机数据，每次会发送 512 个字节的数据，一个线程中一共会发送 1000 万次，最终在理论上发送 2560 亿字节数据，形成淹没攻击效果。第二种是欺骗性访问攻击（Deceptive Access Attack）。WireX 会创建 20 个网页视图（WebView），然后使用每个网页视图访问要攻击的网站。第三种是欺骗性点击攻击（Deceptive Click Attack）。WireX 会模拟鼠标事件点击要攻击的网站页面中所有的 URL 链接。

5. 应用多开技术被滥用

VirtualApp（VA）是一个移动应用虚拟化引擎。它能够创建一个虚拟空间，可以在虚拟空间内任意地安装、启动和卸载安卓安装包，这一切都与外部隔离，如同一个沙盒。运行在 VA 中的安卓安装包无需在外部安装，即 VA 支持免安装运行安卓安装包。VA 目前被广泛应用于双开/多开、应用市场、模拟定位、一键改机、隐私保护、游戏修改、自动化测试、无感知热更新等技术领域。VA 在被广泛应用的同时，也被恶意软件滥用。滥用实例主要为免予查杀、木马及广告。

三 钓鱼网站带来的危害

（一）移动端钓鱼网站类型多样，数量仍在增长

2017 年，360 手机安全卫士共拦截各类钓鱼网站攻击 28.8 亿次，相比 2016 年的 19.5 亿增长了 47.7%，占 360 各类终端安全产品拦截钓鱼网站总量（406.5 亿次）的 7.1%。对手机端拦截的钓鱼网站进行分类，可以发现，赌博博彩类型的钓鱼网站比最高，为 73.2%；其他占比较高的包括虚假购物（9.2%）、虚假招聘（6.6%）、金融证券（5.9%）、假药（1.6%）以及钓鱼广告（1.4%）类型的钓鱼网站。在手机端拦截的钓鱼网站中，正常网站被黑之后用来钓鱼的网站占比为 5.8%，其余 94.2% 的网站是不法分子自建的钓鱼网站（见图 9）。[①]

从 2017 年 3 月开始，每月钓鱼网站被拦截的数量基本保持在 2.5 亿次左右，其中 5 月拦截量达到最高，为 2.8 亿次，数量仍然较多。

（二）移动端钓鱼网站拦截数量存在地域差异

从地域分布来看，2017 年手机端钓鱼网站拦截量最高的地区为广东省，占全国的 31.1%；其次为广西（8.7%）、福建（7.4%）、湖南（6.2%）和浙江（4.1%）；其他进入 TOP10 的地区还有四川（3.9%）、江西（3.2%）、山东（3.1%）、湖北（3.0%）、河南（2.7%）。以上 10 个省份的手机遭遇钓鱼网站攻击数量在全国占比总计为 73.4%，说明手机端钓鱼攻击具有很明显的集中特点。[②]

---

① 《手机安全状况报告发布　闽钓鱼网站拦截量居全国第三位》，福州新闻网，http：//news. fznews. com. cn/dsxw/20180409/5acaaa874e65b. shtml，2018 年 4 月 9 日。

② 《手机安全状况报告发布　闽钓鱼网站拦截量居全国第三位》，福州新闻网，http：//news. fznews. com. cn/dsxw/20180409/5acaaa874e65b. shtml，2018 年 4 月 9 日。

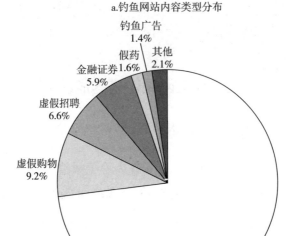

a.钓鱼网站内容类型分布

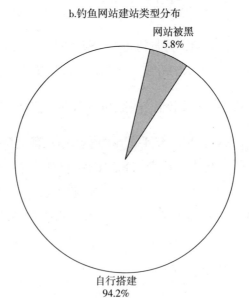

b.钓鱼网站建站类型分布

图9　2017年移动端拦截钓鱼网站类型分布

资料来源：360互联网安全中心。

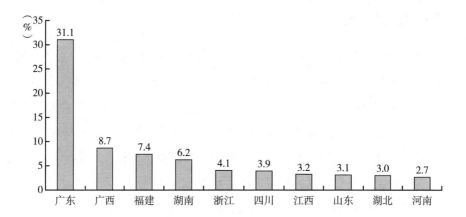

图 10　2017 年 360 手机安全卫士拦截钓鱼网站最多的 TOP10 省级区域

资料来源：360 互联网安全中心。

四　移动安全未来风险趋势

（一）恶意软件工厂不断涌现

2017 年黑帽大会①首次集中介绍自动化探测安全软件规则工具。AVPASS 工具不仅可以推测出杀毒软件使用的特征，而且可以推导出其检测规则。理论上，它可以自动生成不同的安卓安装包，使得任何杀毒软件无法识别恶意应用程序，予以免杀。360 互联网安全平台曾发布报告，汇总 60 多种恶意软件对抗检测的手段。恶意软件与检测手段的对抗从未停止，而且恶意软件工厂正在取代烦琐的人工代码编写、编译过程，降低了制作门槛，生成速度变快，根据需要进行定制。此种生产模式将成为未来恶意软件生成的主要方式。

---

① 黑帽安全技术大会（Black Hat Conference）创办于 1997 年，定期在美国拉斯维加斯举办，被公认为世界信息安全行业的最高盛会，也是最具技术性的信息安全会议。

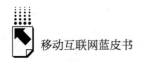

（二）恶意挖矿木马愈演愈烈

随着电子货币价格暴涨，针对电子货币相关的攻击事件也越来越频繁。相比台式电脑，移动终端设备具有普及率高、携带方便、更替性强等特点，挖矿木马等问题的影响速度更快、传播范围更广。挖矿木马与勒索软件成为2017年两大全球性安全话题，在2018年此状况仍将延续。但是移动平台在挖矿能力上受限于电池容量和处理器能力，并且在挖矿过程中会导致设备卡顿、发热、电池寿命骤降，甚至出现手机物理损坏问题，因此移动平台目前还不是一个可持续性生产电子货币的平台。

（三）脚本语言成为移动端恶意软件新热点

脚本语言具有跨平台、配置灵活简单的特性，方便开发者增强应用体验效果，同时也为移动恶意软件躲避查杀提供了便利。在2017年所发现的利用JavaScript脚本语言实施恶意攻击的行为中，主要有以下三种方式。一是利用JavaScript模拟点击刷网页、广告流量；二是利用JavaScript私自发送短信；三是利用JavaScript进行挖矿。以上这三种隐蔽方式，展现了一种恶意软件发展的新趋势。由于这种方式不依赖核心代码，在软件动态运行时才会触发调用，对安全软件检测提出了更高的要求。未来在脚本语言的检测防御上，各个安全厂商应该提高重视程度，提供更加全面的安全防护模式。

参考文献

姜维：《Android应用安全防护和逆向分析》，机械工业出版社，2017。

郭鑫：《信息安全风险评估手册》，机械工业出版社，2017。

肖云鹏、刘宴兵、徐光侠：《移动互联网安全技术解析》，科学出版社，2015。

附　　录

Appendix

B.26
2017年中国移动互联网大事记

1. 人工智能程序 AlphaGo 成功挑战围棋高手

1月4日，人工智能程序 AlphaGo 以 "Master" 账号，在弈城、野狐等围棋对战平台上轮番挑战各大围棋高手，取得60连胜的战绩。5月27日，柯洁0比3负于 AlphaGo，人机大战落下帷幕。这次大战标志着人工智能领域的一次飞跃。

2. 摩拜单车获2.15亿美元 D 轮融资

1月4日，智能共享单车平台摩拜单车宣布完成新一轮（D 轮）2.15亿美元（约合人民币15亿元）的股权融资。

2017年初，共享单车大爆发，各种颜色的共享单车掀起了"最后一公里"的共享大战。随后，又出现了共享充电宝、共享篮球、共享雨伞、共享汽车等共享项目的发展。

3. 央行规定第三方支付机构的客户备付金由央行监管

1月13日，中国人民银行发布了支付领域新规定，明确第三方支付机构在交易过程中产生的客户备付金统一交存至指定账户，由央行监管，支付机构不得挪用、占用客户备付金。8月5日，中国人民银行再次下发文件，明确要求非银支付机构网络支付业务由直连模式迁移至网联平台处理，到2018年6月30日，所有网络支付业务全部通过网联平台处理。

4. 中办、国办印发《关于促进移动互联网健康有序发展的意见》

1月15日，中共中央办公厅、国务院办公厅印发了《关于促进移动互联网健康有序发展的意见》，明确移动互联网行业进一步发展应遵循的要求、发展方式等，并提出实施网络扶贫行动计划，按照精准扶贫、精准脱贫要求，加大对中西部地区和农村贫困地区移动互联网基础设施建设的投资力度，加快推进贫困地区网络全覆盖。

5. 工信部宣布实现全部电话用户实名登记

1月18日，工业和信息化部网络安全管理局宣布，2016年工信部共组织1.2亿电话用户进行实名补登记，实现了全部电话用户的实名登记，防范打击通信信息诈骗工作取得阶段性成效。

工信部还发布了《工业和信息化部关于规范电信服务协议有关事项的通知》，自2月1日起施行。该通知要求电信业务经营者与用户订立入网协议时，应要求用户出示有效身份证件、提供真实身份信息并进行查验，实名入网要求更加严格。

6. 今日头条全资收购美国移动短视频创作者社区 Flipagram

2月2日，今日头条宣布全资收购美国短视频应用 Flipagram。今日头条收购 Flipagram 被认为是今日头条国际化的一大重要战略布局，Flipagram 将会在今日头条海外版上线。

7. 中国第五代移动通信网络（5G）技术研发试验取得阶段成果

2月17日，工业和信息化部发布《信息通信行业发展规划（2016～2020年)》，提出开展5G研发和产业推进，为5G启动商用服务奠定基础。9月28日，在"第二届5G创新发展高峰论坛"上，中国5G技术研发试验第二阶段测试结果公布，各厂商的5G技术集成方案可以满足关键指标，并已启动第三阶段试验，重点面向商用。

8. 互联网金融监管细则落地，专项整治加强

2月23日，银监会官网正式对外公布《网络借贷资金存管业务指引》，这是网贷行业继备案登记制度实施后又一重要细则落地。4月，银监会要求持续推进网络借贷平台（P2P）风险专项整治，做好校园网贷、"现金贷"业务的清理整顿工作。7月初，央行等部门联合发布通知，从2016年4月开始的互联网金融风险专项清理整顿工作将延至2018年6月底。

9. "罗辑思维"团队停止更新视频节目，全力运营"得到"

3月8日，"罗辑思维"团队宣布停止"罗辑思维"视频节目的更新，将全部精力放在知识付费产品"得到"的运营上。随着移动支付技术日趋成熟，为优质内容付费的观念已经形成。这些因素共同推动2017年知识付费市场高速发展，得到、知乎、分答、喜马拉雅FM等主打优质内容的平台都开启了付费模式，大批优秀内容提供者进驻各大知识付费平台，知识付费时代已然开启。

10. 网信部门约谈百度等网站，对微博、微信等立案调查

3月12日，北京市互联网信息办公室依法约谈百度执行总编辑，就百度贴吧存在严重违法和不良信息提出严厉批评并责令整改。此前2017年1月百度已经被国家网信办约谈，当时百度负责人对此表示将认真反省公司管理失责问题，并将全面整改。

6月7日，北京市网信办依法约谈微博、今日头条、腾讯、一点资讯、优酷、网易、百度等网站，责令网站切实履行主体责任，加强用户账号管理，采取有效措施遏制渲染演艺明星绯闻隐私、炒作明星炫富享乐、低俗媚俗之风等问题。各大网站依据相关法律法规、网站内容管理规定及用户协议关闭了一批违规账号。8月11日，国家网信办指导北京市、广东省网信办分别对新浪微博、百度贴吧、腾讯微信立案，调查其对用户发布法律法规禁止发布的信息未尽到管理义务的情况，并予以处罚。

11. "快手"完成新一轮3.5亿美元融资

3月23日，短视频、直播平台"快手"宣布完成新一轮3.5亿美元的融资。短视频成为2017年移动互联网发展最快的领域。

12. 各地利用移动互联网改善医疗服务

3月28日，北京市医院管理局发布《2017年市属医院改善医疗服务行动计划》，提出利用移动互联网技术，打造"指尖上的市属医院"，搭建完善京医通预约挂号平台。7月，全国首家共享医疗平台"大医汇"在广州正式启动建设。9月，腾讯宣布企鹅医院正式开业。

13. 全球"无现金联盟"在杭州成立，无现金城市出现

4月18日，全球"无现金联盟"在杭州成立，联合国环境署、蚂蚁金服担任理事成员，家乐福、首都机场、ofo小黄车等企业、机构成为首批成员。此后几个月内，武汉、福州、天津、贵阳等城市加入"无现金城市"。中国使用无现金支付的实名制用户超过4.5亿；中国蚂蚁金服和印度合作伙伴打造的印度版支付宝Paytm用户也超过2.2亿，成为全球第三大电子钱包。

14. 今日头条起诉腾讯和搜狐侵犯著作权等内容纠纷不断

4月26日，今日头条以对方侵犯著作权为由，将腾讯和搜狐起诉至法院。此前，腾讯、搜狐状告今日头条侵犯其著作权，今日头条被判侵权，赔腾讯网27万元。8月10日，微博与今日头条因内容抓取发生"内容大战"；8月29日，今日头条签约挖角知乎300多位大V。

15. 微信支付正式进入美国

5月4日，微信支付宣布携手CITCON正式进军美国。美国越来越成为中国游客青睐的出行目的地。在微信支付正式进军美国后，赴美人群可在美国享受无现金支付的便利，在美国的衣食住行均可直接用人民币结算。

16. WannaCry勒索病毒全球大爆发

自5月12日起，WannaCry病毒席卷全球，上演互联网领域真实版"生化危机"，至少150个国家、30万名用户中招，造成损失达80亿美元，影响到金融、能源、医疗等众多行业，造成严重的危机管理问题。中国校园网用户首当其冲，受害严重，大量实验室数据和毕业设计被锁定加密。部分大型企业的应用系统和数据库文件被加密后，无法正常工作，影响巨大。这一事件再次敲响了"互联网＋"时代下的网络信息安全警钟。

17. 中国首个区块链标准《区块链参考架构》发布

5月16日，中国首个区块链标准《区块链参考架构》在杭州区块链技术应用峰会暨首届中国区块链开发大赛成果发布会上正式发布。

18.《互联网新闻信息服务管理规定》实施

6月1日，国家互联网信息办公室公布的《互联网新闻信息服务管理规定》开始施行。该规定旨在进一步加强网络空间法治建设，促进互联网新闻信息服务健康有序发展，适用对象包括互联网站、应用程序、论坛、博客、微博客、公众账号、即时通信工具、网络直播等各种移动应用。

19. 工信部发布《关于全面推进移动物联网（NB－IoT）建设发展的通知》

6月6日，工信部发布了《关于全面推进移动物联网（NB－IoT）建设发展的通知》，提出到2017年末，我国将实现NB－IoT网络覆盖直辖市、省会城市等主要城市，基站规模达到40万个；到2020年，我国物联网产业规模将超过1.5万亿元。

20. 悟空单车倒闭，拉开共享单车倒闭潮

6月13日，悟空单车运营方重庆战国科技有限公司宣布，自2017年6月起，正式停止对悟空单车提供支持服务，退出共享单车市场。6月21日，3Vbike共享单车对外宣布，由于大量单车被盗，3Vbike共享单车自6月21日起停运。11月15日，小蓝单车也被曝出解散。此前，8月9日，小蓝单车还大力拓展海外市场，计划进驻12个国家30余个城市。

21. 京东首个无人快递出现

6月18日，京东的首单无人快递出现在中国人民大学校园里。无人快递采用大数据算法，具有自动识别障碍物、自动规划最佳路线、辨别红绿灯等功能。到达送货地点之后，它会给用户发送手机信息通知取货，用户通过输入提货码来取件。无人快递出现，预示了传统电商送货方式的变革的开始。

22. 人民网三评《王者荣耀》，现象级网游成为社会关注焦点

7月初，人民网连续发布三篇关于《王者荣耀》的评论，引发业界对现象级移动网络游戏的反思。人民网三评之后，腾讯公司推出措施，限制未成

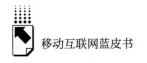
年人玩《王者荣耀》的时间与时段。

23. 国家发布《新一代人工智能发展规划》及三年行动计划等

7月8日，国务院印发《新一代人工智能发展规划》，目的是抢抓人工智能发展的重大战略机遇，构筑我国人工智能发展的先发优势。11月15日，科技部召开新一代人工智能发展规划暨重大科技项目启动会，宣布成立新一代人工智能发展规划推进办公室和新一代人工智能战略咨询委员会，并宣布百度、阿里、腾讯、科大讯飞等公司为首批国家新一代人工智能开放创新平台。12月14日，工业和信息化部印发《促进新一代人工智能产业发展三年行动计划（2018～2020年）》，提出以信息技术与制造技术深度融合为主线，以新一代人工智能技术的产业化和集成应用为重点，推进人工智能和制造业深度融合，加快制造强国和网络强国建设。

24. 交通运输部等10部门发布共享单车新规

8月3日，交通运输部等10部门联合出台了《关于鼓励和规范互联网租赁自行车发展的指导意见》，提出要科学确定共享单车发展定位，实施鼓励发展政策；要引导企业合理有序投放车辆；不鼓励发展互联网租赁电动自行车；用户注册使用实行实名制，禁止向未满12岁的儿童提供服务；鼓励采用免押金方式提供租赁服务。共享单车新规发布意味着"共享单车"行业规范的顶层设计制度架构和管理模式等正式确立。

25. 写稿机器人25秒完成九寨沟地震稿件

8月8日晚，四川九寨沟发生了7.0级地震，最先发布该消息的是一个写稿机器人，它用25秒写完了关于这次地震的速报，通过中国地震台网官方微信平台推送，全球首发，引发世人特别是传播业界的思考。

26. 北京出台《网络食品经营备案事项办理规程》

8月10日，北京市食药监局按照国家食药监总局部署出台了《网络食品经营备案事项办理规程》。按该规程要求办理备案的企业，既有京东、亚马逊、美团、百度这样的第三方电商平台和订餐平台，也有呷哺呷哺、吉野家、必胜客等自建网络平台的餐饮服务单位。

27. 国家网信办两周内出台四部新规规范互联网信息服务

从8月25日至9月7日，国家网信办共出台了四部管理规定，针对互联网群组、公众账号、论坛社区和跟帖评论进行规范。

8月25日，国家网信办出台《互联网论坛社区服务管理规定》《互联网跟帖评论服务管理规定》，自10月8日起施行。9月7日，又出台《互联网群组信息服务管理规定》《互联网用户公众账号信息服务管理规定》，自10月8日起施行。

28. 中国解封在飞机上使用便携式电子设备禁令

9月18日，中国民航局第五次修订发布《大型飞机公共航空运输承运人运行合格审定规则》，该规则自2017年10月起实施。这次修订放宽了对于机上便携式电子设备（PED）的管理规定，允许以航空公司为主体对便携式电子设备的影响进行评估，并制定相应的管理和使用政策。

29. 无人值守货架项目迎来风口

9月20日，饿了么正式启动无人值守货架项目"e点便利"。无人货架可提供小型货架和冰箱的安装、低于市场价15%～20%的食品饮料铺货补货、定期维护、售后服务、个性化的产品供应，同时企业申请人会有额外奖励。

进入9月，无人值守货架领域接连有"猩便利""果小美""便利购"等8家公司爆出融资消息；此外还有顺丰的"丰e足食"、京东的"京东到家Go"、阿里的"盒马鲜生"等巨头加入无人货架战局。

30. 人民日报社推出英文客户端

10月16日，人民日报社推出英文客户端，定位于"联接中外、沟通世界"，这是中国权威媒体为讲好中国故事、加强国际传播能力建设的又一次创新。该英文客户端将成为全球用户了解中国新闻、中国观点、中国主张、中国理念的权威资讯类平台，同时还将突出"服务"功能，力争打造一个联结国外用户与中国的桥梁。

31. 十九大期间主流媒体发力短视频提升移动空间舆论引导力

10月，中共十九大召开期间，人民日报社、中央电视台、新华社等主流媒体创新重大主题报道方式和手段，充分利用短视频提升在移动空间的舆论引导力。人民日报社、中央电视台等主流媒体发布的短视频内容占比达到35%，相关视频播放量达到了30亿人次。中央电视台在十九大前夕推出的《不忘初心 继续前进》《将改革进行到底》等政论片，以短视频等方式在移动舆论场进行二次传播，也取得很好的效果。

32. 数字经济成为中国经济增长的重要驱动力

2017年10月，党的十九大报告提出要建设网络强国、数字中国、智慧社会，发展数字经济、共享经济，培育新增长点、形成新动能。12月8日，中共中央政治局就实施国家大数据战略进行第二次集体学习，强调要构建以数据为关键要素的数字经济，推动实体经济和数字经济融合发展。习近平总书记在致第四届世界互联网大会的贺信中指出，中国数字经济发展将进入快车道。

33. 《互联网新闻信息服务单位内容管理从业人员管理办法》《互联网新闻信息服务新技术新应用安全评估管理规定》施行

12月1日，《互联网新闻信息服务新技术新应用安全评估管理规定》和《互联网新闻信息服务单位内容管理从业人员管理办法》开始实施。这两部规范性文件均由国家互联网信息办公室公布，适用对象涵盖了"互联网站、应用程序、论坛、博客、微博客、公众账号、即时通信工具、网络直播"等移动互联网的应用形式。

34. 今日头条遭遇算法瓶颈

12月29日，国家互联网信息办公室指导北京市互联网信息办公室，针对今日头条、凤凰新闻手机客户端持续传播色情低俗信息、违规提供互联网新闻信息服务等问题，分别约谈两家企业负责人，责令企业立即停止违法违规行为。当日，今日头条手机客户端"推荐""热点"等6个频道被暂停更新24小时。12月31日，今日头条对1101个账号进行了封禁、禁言等处理；接着，今日头条宣布招聘人工编辑。此前，人民网曾连发3篇评论文章，批评以今日头条为代表的内容分发平台，过度依靠算法推荐，造成价值观缺失、制造信息茧房以及媚俗化趋势等影响。

Abstract

The report is divided into five major sections: The General Report, Overall Reports, Sector Reports, Market Reports and Special Reports.

The General Report elaborates how China's mobile internet has started to emerge onto the international stage of development, and furthermore how internet companies developed the market in succession during 2017. The outcome was not only the export of products and technology, there was also an influence on the international community that came about as a direct result of the China network development and management model, this is something that began to change the internet pattern globally. In the future, the mobile internet will provide new kinetic energy for China's reform and opening up, and it will promote the comprehensive as well as the accelerated development of a digital economy. Artificial intelligence and the internet of things will push China's mobile internet into a new era.

The Overall Reports analyzes the new characteristics that can be found within China's mobile internet policy and regulations formulated during 2017, and it points out that the mobile internet has played an active role in things such as the transformation of China's service industry, the construction of the "digital silk road", precise poverty alleviation as well as accurate poverty reduction, and furthermore the way mobile internet promotes the transformation and integration of the Chinese cultural industry and the mobile public opinion is discussed. The development of the field presents a trend of frequent occurrences which are all more complex in nature.

The Sector Reports analyzes development and trends within China's broadband mobile communications during 2017, progress related to core innovation technologies utilized within mobile internet, furthermore, this section clarifies how China's mobile application market has developed rapidly to occupy a leading

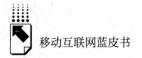
position in the world. The smart phone industry has entered an era encompassing competition in the regard of stock. This section also details information related to how the mobile internet of things is approaching a tipping point. This section also presents a forward-looking analysis regarding the impact of the mobile internet on economic and social development in the era of 5G.

The Market Reports section introduces the ecology surrounding mobile video. Short video has become a new point of entry for internet traffic. Therein, mobile social platforms have improved their products and content production. While mobile games have formed an iterative stock market. K12 mobile education has entered a golden age of development. Furthermore, mobile fintech is now being widely used. In addition to all of this mobile medical treatment is on the threshold of multiple breakthroughs. All of these aspects are further clarified through this section.

The Special Reports section also focuses on the mobile transformation of China's traditional media by means of enhancing their production capacity within the mobile internet and construction of China's foreign language APPs. At the same time, government APPs developed rapidly. Combined with AR and APPs, AI as an industry has achieved rapid development, realizing the transformation and accumulation of users. With the increasing popularity of the mobile internet, the public paid more attention to mobile security.

The Appendix lists the memorable events of China's mobile internet in 2017.

Contents

I General Report

Abstract: In 2017, China's mobile internet began to move towards the international stage, and internet companies kept developing the market in terms of products and technologies, it also is affecting the international community and changing the international internet pattern as China's internet development model emerges. At home, mobile internet infrastructure has achieved great progress in poverty alleviation, promoting economic transformation and improving mobile government affairs. In the future, mobile internet will provide new kinetic energy for China's reform and opening. The digital economy will boom China's digital economy. Furthermore, developments in artificial intelligence and internet of things will push China's mobile internet into a new era.

Keywords: Mobile Internet; 4G; Overseas Expansion; Digital Economy; Mobile Internet of Things

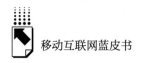

II Overall Reports

B. 2   China's Service Industry Transformation Gains Steam

with Mobile Internet   *Jiang Qiping* / 031

Abstract: In 2017, the mobile internet began to play an active and important role in the transformation of China's service industry. In 2017, the mobile internet has three significant characteristics impacting economic transition services. First, the mobile internet has led to the obvious structural transformation of the service industry. Second, mobile value-added services as a new point of growth have dynamic energy. The mobile internet has helped China's share economy to lead the world; mobile value-added business has become a new growth point; mobile providers are expected to build the next generation of China's competitive edge. Third, the rise of mobile commerce has promoted flexible employment and has great potential capabilities.

Keywords: Mobile Internet; Service Industry Transformation; Flexible Employment

B. 3   The Influence of the Mobile Internet on the Development

of Cultural Industries

Xiong Chengyu, Zhang Hong / 047

Abstract: From internet to mobile internet then to Internet of Things, technical iteration and updating are being named as *The Second Half of the Internet* to play far-reaching influences and make difference continuously. Driven by new generations of information technologies, the mobile internet has promoted the transformation and integration of cultural industries such as news production, live broadcasting, film and television programs, animation & games, mobile reading, mobile social networking, mobile advertising, and O2O APPs. With the development of the mobile internet, many different types of cultural industries will release more potential energy in the new future.

Keywords: Mobile Internet; Culture Industry; Technology; Culture

B. 4 The Policies, Regulations and Their Governance
Characteristics of Mobile Internet in 2017 *Zhu Wei* / 061

Abstract: From the perspective of newly enacted and amended laws, regulations and policy documents in the field of mobile internet in 2017, the new characteristics of policies and regulations are generalized herein combined with the mobile internet development practices by summarizing typical cases and events. On this basis, the future legalized development of the mobile internet during 2018 is speculated to explore its legalized development patterns.

Keywords: Mobile Internet; Big Data; Real-name System for Network; Personal Information

B. 5 A New Pattern of Mobile Public Opinion Evolution
under the Convergence of Multiple Communication
Shan Xuegang, Lu Yongchun, Jiang Jiebing and Zhou Peiyuan / 076

Abstract: In 2017, the mobile public opinion field was still hot and became more diverse and complex. New media technology innovation and diversified platforms have brought new changes to the production and fermentation of public opinion. Microblogs, WeChat, News APPs and youth subculture platforms have formed resonance in the mobile public opinion field. Mobile live and micro video have enhanced the penetration of public opinion. The knowledge community has been a new variable that affects the mobile public opinion field. Although the

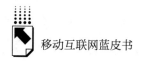

characteristics of hot issues in mobile public opinion field are diverse, the overall principles inherent are gradually becoming clear and identifiable. The norms and governance of the mobile public opinion field have been more and more normalized. The response and adjustment of emotional appeals of netizens will be new difficulties. Network governance according to law, the multidimensional spread of positive energy, guidance of the media toward a positive culture oriented development are focal points within the management and regulation of the mobile public opinion field.

Keywords: Mobile Public Opinion Field; Propagation Law; Management by Law

B. 6　Internet Companies in China Promote the Construction

　　　　of "Digital Silk Road"　　　　　*Feng Xiaohu, Zhou Bing* / 093

Abstract: The construction of the "Digital Silk Road" has played an important role in the construction of communications infrastructure in the countries along the "Belt and Road" in terms of laying the communications network, upgrading the standard of communications technology, and building a digital platform to promote the common development of the countries along the "Belt and Road" in different sectors including finance and logistics; On the other hand, the "Belt and Road Initiative" also supports the development of internet companies in China with dividend policies. However, in order to get involved into the "Belt and Road Initiative", Chinese internet companies need to face the challenges of improving technology and localization of services, etc.

Keywords: "Belt and Road"; "Digital Silk Road"; Internet Companies; Data Platform

Abstract: With natural technical advantages, the mobile internet provides new ideas and new means for accurate poverty alleviation and accurate poverty reduction. The universal service of telecommunications has greatly improved the coverage of mobile networks in poverty-stricken areas. Rural e-commerce has led to the development of the industry in poor areas, the improvement of the level of employment and the increase of the income of the poor. Mobile internet brings high-quality educational and medical resources to the poverty-stricken areas, solved the problem of poverty caused by illnesses and the intergenerational transmission poverty. The mobile Internet has played a great role in precise poverty alleviation and the accurate elimination of poverty. At the same time, there are still many problems that need to be solved by the whole society such as weak network coverage and insufficient application.

Keywords: Poverty Alleviation; Mobile Internet; Network Poverty Alleviation; Precise Poverty Alleviation

Ⅲ Industry Reports

Abstract: During 2017, China's 4G broadband mobile communication has been keeping a rapid growth trend in terms of network, subscribers and traffic flow. Operators and tower companies together improved China's broadband communication quality level. Techniques such as NB-IoT and eMTC support mobile internet develop rapidly, not only in standard, but also in platforms and

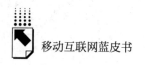

systems. China's mobile internet-of-things has come into a mass construction period, and will provide the best basis for industrial integration such as industrial internet and vehicle networking.

Keywords: 4G; 5G; Mobile IoT; NB-IoT; Industrial Integration

B. 9 The Impact of Mobile Internet on Economic and Social Development in the Era of 5G   *Sun Ke* / 142

Abstract: The prosperous development of the mobile internet is the key to China's digital transformation. The advent of the 5G will unleash a new era of high connectivity and flexibility. This paper aims to evaluate the influence of mobile internet on economic and social development. We set up influence mechanisms and measurement frameworks. In order to estimate the contribution of the mobile internet industry to economic and social development, we exploit relatively scientific and accurate measurement of industry range, and a time interval analysis model. This paper also gives some suggestions on the further development of mobile internet from aspects including industry condition, international cooperation, infrastructure construction and innovation promotion.

Keywords: Mobile Internet; 5G; Digital Economics; Industry Integration

B. 10 Innovation of China's Critical Internet Technologies in 2017   *Huang Wei* / 154

Abstract: At present, the mobile internet has entered a new stage of development, the technical structure is relatively stable, and the industrial logic has turned to new technology reserves and refined operations. Mobile computing communication chips, mobile operating systems, and mobile sensor chips are still key areas for technological innovation. The convergence of 5G chips, 3D perception, artificial intelligence, and operating systems has become a hot topic of development. In addition, significant breakthroughs have been made in the development of China's mobile internet technology industry. Technological innovations such as smart terminals, mobile networks, and mobile application services are active. However, the level of core hardware and software technology still needs to be upgraded. It is necessary to increase the R&D layout and further enhance the international competitiveness of China's critical technologies

Keywords: Mobile Internet; 5G Chip; Operating System; Mobile Sensor Chip

B. 11 The Mobile Application Market Development in China in 2017 *Hu Xiuhao* / 168

Abstract: In 2017, China's mobile application market developed rapidly, occupying the leading position in the entire global mobile application market, while mobile users have also increased stably. In the market segment, applications such as WeChat and Microblog have broadened the service boundaries as well as the market in aspects such as sharing economy, mobile games, short videos, all of which have risen rapidly with application development, distribution, marketing and the other services have constantly improved. The vertical domain of mobile applications is increasingly standardized and the opportunities and challenges of the mobile application security market coexist. Under the promotion of AI, 5G and other innovative technologies, the mobile application market in China will continue to develop under the promotion of AI, 5G and other innovative technologies.

Keywords: Mobile Application; Application Distribution; Application Security

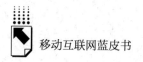
B. 12　Smart Phone Industry in the Age of Stock Competition

Zhang Rui, Yu Li and Wei Ran / 183

Abstract: The shipments within the smartphone market decreased for first time in history during the 4th quarter of 2017, yet the brand concentration was improved. Domestic brands in overseas market expansion have significant results. The application of full screens and artificial intelligence technology on smart phones has become a selling point. Although the application of intelligent handset AI technology is far from maturing, it has become an important focus of research and competition amongst the terminal manufacturers. In the future, with 5G's ultra-high speed support, the deep integration of AI technology and smart phones as well as the application of the internet of things will spawn a new business scenario for smart phones and increase points for inflection.

Keywords: Smartphone; Shipment; Full Screen; Artificial Intelligence

B. 13　China's Mobile IoT Development and Policy Suggestion

Kang Zilu / 199

Abstract: Following the internet and mobile internet, the internet of things (IoT) has become the most popular and important hot spot in the research area of information communication. In China, IoT is in the early stage of industrial demand. Mobile IoT which has three core characteristics (location awareness, mobile management and service integration) is becoming the important mode and method for IoT development. Recently, wearable devices became the representative industry for mobile IoT. In compliance with the trends of mobile IoT, our country should focus on basic research and develop of industry entities. Meanwhile, our government needs to play a guiding role.

Keywords: All Things Connected; Mobile Internet of Things; Internet of Things Industry; IoT Service Integration

Ⅳ   Market Reports

Abstract: Short video content exploded centrally in 2017, which made it become a new entrance to the internet. Although live-broadcasting platforms have passed into the period of rapid growth their advocates have been seeking a different direction for development. Meanwhile, optimization and verticalness have been the trend of development. Long video platforms have actively carried out connection and collaboration tasks on various platforms within the group, heightened up the whole industry chain, which aimed at fully integrating resources and developing value. The ecological advantages were highlighted in 2017.

Keywords: Mobile Video; Short Video; Live-broadcasting; Long Video

Abstract: The overall arrangement of mobile social products in 2017 was stable. Under the background of increasingly fierce content competition and stricter content regulation, all mobile social networking products continued to constantly adjust their product functions, improving product content ecology and enabling content production. In the future, along with the further development of social networking will appear the phenomenon of social product content platforms. The content quality determines the vitality of the platform, and the maintenance of content ecological health is the top priority of social development.

Keywords: Mobile Social Network; Content Competition; WeChat; Microblog

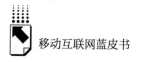
移动互联网蓝皮书

B. 16　Mobile Games: Methods for Survival within the

Iterative Stock Market　　　　　　*Li Zhenbo, Ni Juan* / 246

Abstract: Mobile games were still eye-catching in the regard of revenue in 2017, with growth of more than 30 billion. Despite the competition within large game companies in the market, there were still many new bright spots. Breakthroughs were made in the regards of mobile game types, research and development, marketing, money-making methods and more. Looking forward to 2018, young users, overseas development and the block chain will be the most important parts of the mobile game market. The reinforcement of market regulation will also promote healthy development of the mobile game market.

Keywords: Mobile Games; Stock Iteration; Game Supervision

B. 17　K12 Mobile Education in the Golden Age for Constructing

Fine Industrial Complex Operations

Zhang Yi, Wang Qinglin / 259

Abstract: With the implementation of the strategy of rejuvenating the country through science and education, the high popularity of mobile networks and continuous breakthroughs in consumption upgrades, the mobile education industry has been growing much stronger. In 2017, K12 segments grew fastest and were most favored by the capital side; Female parents aged 26 −35 in southeast coastal areas are the largest K12 education user group; K12 mobile education has formed five types of business models: content charge, service charge, software charge, platform commission and advertisement charge. After the return of capital rationality, K12 mobile education has gradually returned to the essence of education: content to professionals, refined development, technology to big data, AI optimization, integration development, and industrial ecology (which is constantly improving).

Keywords: K12; Mobile Education; Big Data; Business Model

B. 18 Applications and Challenges of Mobile Intelligent Fintech

Abstract: Since 2017, China's mobile internet has entered the stage of stock management, and mobile intelligent fintech has been widely used. Intelligent technology for biological recognition, chat bots, robot advisors, intelligent recommendations and smart data platforms are for helping the financial industry to enhance the customer experience, simplify the transaction process, make abundant financial products, reduce operating costs, and to provide more convenient financial services. The development of mobile intelligent financial technology also faces challenges such as lack of complex talents and weak application of data sciences thus far.

Keywords: Mobile Finance; Chat Bot; Robot Advisor; Facial Recognition; Recommendation Engine

B. 19 Mobile Medical: A Model Breakthrough is Expected

Abstract: Effected by the rapid development of the mobile internet, artificial intelligence and new medical treatment technology are receiving encouragement from the government in the aspects of internet entrepreneurs and innovation. China's mobile medical services are starting to cover medical procedures in all aspects including diagnosis and medical support from pre-treatment all the way up to diagnosis, as well as light-based interrogation, remote medical treatment, hospital networks, Internet hospital diagnosis, pure online as well as other modes. However, due to unclear mobile medical policies and the influence of mobile medical system development, China's mobile medical service has not yet found its own profit mode and development direction, and it now faces direction choice and

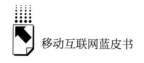

mode breakthrough.

Keywords: Mobile Medical; Telemedicine; Medical Industry

V　Special Reports

Abstract: In 2017, under the strategy of mobile priority, traditional media stimulated the production of content by promoting institutional mechanism changes and by closely following the frontiers of communication technology and therefore had a better grasp of the law of the mobile Internet. The content form became rich and diverse, the content production has become more intelligent, and many products are constantly emerging. The construction of channel platforms steadily advanced and still face breakthroughs. The rate of settling in third party platforms was high and the effectivity of transmission needs to be improved. The peak period of personal APP construction has passed, and they need to be optimized and upgraded. Part of the traditional media focus on building a cloud platform to gather resources from users and help to communicate accurately.

Keywords: Traditional Media; Mobile Communication; Content Production; Channel / Platform

Abstract: 2017 has witnessed an accelerated development of the foreign languages APPs in China. Many of these APPs provide news services in English. Mainly held by the major media in China and characterized by their China's stand, global view, and mobile priority. These APPs set various channels and columns, emphasizing on push, visualization and social interaction. This article raises several suggestions for future development of the foreign languages APPs, including expansion of users, enhancement of interaction, strengthening their own characteristics and embracing the trends of AI, visualization, social media and multiservices.

Keywords: Mainstream Media; Foreign Languages APPs; International Communication

B. 22 New Trends of Accelerated Development and Application of Artificial Intelligence under Mobile Internet *Hu Xiuhao* / 325

Abstract: In 2017, the Chinese artificial intelligence industry developed rapidly. At the same time, the mobile internet provides rich application scenarios for artificial intelligence, and deepens the application of artificial intelligence in vertical areas such as transportation, medical care, education, e-commerce retail and lifestyle entertainment. Artificial intelligence and mobile internet will promote each other and continuously integrate. But the development of artificial intelligence still faces many challenges in terms of technology and market etc. It will continue to innovate and upgrade in the future, deepen integration with existing industries, and become a new kinetic energy for economic growth. Meanwhile artificial intelligence security is becoming an important issue.

Keywords: Mobile Internet; Artificial Intelligence; Voice Assistant; GPU

B. 23 Augmented Reality: Building a Digital World Paralleling to the Reality *Li Xiaobo* / 339

Abstract: In 2017, augmented reality technology has been combined with

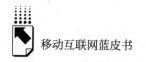

mobile terminals to achieve the transformation and accumulation of users. It currently has been widely used in games, e-commerce, education and other fields. Augmented reality technology will have a greater impact on daily life than virtual reality technology especially in industry fields in the future. Augmented reality technology will be supported by big data and artificial intelligence all for the purpose of building a digital world paralleling reality.

Keywords: Augmented Reality; Virtual Reality; Big Data; Artificial Intelligence

B. 24　Status and Strategies of China's MGS

Wang Fang, Cui Xuefeng and Zhou Liang / 354

Abstract: Recently, with the rapid development of Mobile Government Services (MGS), Government Microblog, APP, WeChat, City Services have demonstrated advantages in improving the equalization of government services, and their also beneficial for promoting policy and guiding the direction of public opinion. But now, because of difference in understanding, there are many problems during the development of MGS, such as information not updating, uselessness, or decentralized management. Based on the situation, we make some suggestions for next steps within MGS.

Keywords: Mobile Government Services; Government APP; Government Microblog; Government WeChat; City Services

B. 25　The Risks and Challenges to China's Mobile Security

of Android Equipments　　*Bian Songshan, Zhang Hao /* 370

Abstract: With the increasing popularity of mobile internet applications, especially mobile social networking, mobile payment systems, users have gradually put more and more of their personal data and wealth into mobile platforms therefore making mobile security more and more important. This integrative use of the 360 Internet Security Center for the Android platform while doing research accomplished analysis of risks and challenges within China's mobile security field during 2017 in three aspects including system vulnerabilities, malware and phishing sites. It has also clarified development trends within mobile security risk areas for the purpose of advancing and dealing with problems.

Keywords: Android; System Vulnerabilities; Malicious Software; Fishing Website

VI　Appendix

权威报告·一手数据·特色资源

皮书数据库
ANNUAL REPORT(YEARBOOK)
DATABASE

当代中国经济与社会发展高端智库平台

所获荣誉

- 2016年，入选"'十三五'国家重点电子出版物出版规划骨干工程"
- 2015年，荣获"搜索中国正能量 点赞2015""创新中国科技创新奖"
- 2013年，荣获"中国出版政府奖·网络出版物奖"提名奖
- 连续多年荣获中国数字出版博览会"数字出版·优秀品牌"奖

成为会员

通过网址www.pishu.com.cn访问皮书数据库网站或下载皮书数据库APP，进行手机号码验证或邮箱验证即可成为皮书数据库会员。

会员福利

- 使用手机号码首次注册的会员，账号自动充值100元体验金，可直接购买和查看数据库内容（仅限PC端）。
- 已注册用户购书后可免费获赠100元皮书数据库充值卡。刮开充值卡涂层获取充值密码，登录并进入"会员中心"—"在线充值"—"充值卡充值"，充值成功后即可购买和查看数据库内容（仅限PC端）。
- 会员福利最终解释权归社会科学文献出版社所有。

社会科学文献出版社 皮书系列
SOCIAL SCIENCES ACADEMIC PRESS (CHINA)

卡号：157276586653
密码：

数据库服务热线：400-008-6695
数据库服务QQ：2475522410
数据库服务邮箱：database@ssap.cn
图书销售热线：010-59367070/7028
图书服务QQ：1265056568
图书服务邮箱：duzhe@ssap.cn

S 基本子库
UB DATABASE

中国社会发展数据库（下设 12 个子库）

全面整合国内外中国社会发展研究成果，汇聚独家统计数据、深度分析报告，涉及社会、人口、政治、教育、法律等 12 个领域，为了解中国社会发展动态、跟踪社会核心热点、分析社会发展趋势提供一站式资源搜索和数据分析与挖掘服务。

中国经济发展数据库（下设 12 个子库）

基于"皮书系列"中涉及中国经济发展的研究资料构建，内容涵盖宏观经济、农业经济、工业经济、产业经济等 12 个重点经济领域，为实时掌控经济运行态势、把握经济发展规律、洞察经济形势、进行经济决策提供参考和依据。

中国行业发展数据库（下设 17 个子库）

以中国国民经济行业分类为依据，覆盖金融业、旅游、医疗卫生、交通运输、能源矿产等 100 多个行业，跟踪分析国民经济相关行业市场运行状况和政策导向，汇集行业发展前沿资讯，为投资、从业及各种经济决策提供理论基础和实践指导。

中国区域发展数据库（下设 6 个子库）

对中国特定区域内的经济、社会、文化等领域现状与发展情况进行深度分析和预测，研究层级至县及县以下行政区，涉及地区、区域经济体、城市、农村等不同维度。为地方经济社会宏观态势研究、发展经验研究、案例分析提供数据服务。

中国文化传媒数据库（下设 18 个子库）

汇聚文化传媒领域专家观点、热点资讯，梳理国内外中国文化发展相关学术研究成果、一手统计数据，涵盖文化产业、新闻传播、电影娱乐、文学艺术、群众文化等 18 个重点研究领域。为文化传媒研究提供相关数据、研究报告和综合分析服务。

世界经济与国际关系数据库（下设 6 个子库）

立足"皮书系列"世界经济、国际关系相关学术资源，整合世界经济、国际政治、世界文化与科技、全球性问题、国际组织与国际法、区域研究 6 大领域研究成果，为世界经济与国际关系研究提供全方位数据分析，为决策和形势研判提供参考。

法律声明

"皮书系列"（含蓝皮书、绿皮书、黄皮书）之品牌由社会科学文献出版社最早使用并持续至今，现已被中国图书市场所熟知。"皮书系列"的相关商标已在中华人民共和国国家工商行政管理总局商标局注册，如 LOGO（ ）、皮书、Pishu、经济蓝皮书、社会蓝皮书等。"皮书系列"图书的注册商标专用权及封面设计、版式设计的著作权均为社会科学文献出版社所有。未经社会科学文献出版社书面授权许可，任何使用与"皮书系列"图书注册商标、封面设计、版式设计相同或者近似的文字、图形或其组合的行为均系侵权行为。

经作者授权，本书的专有出版权及信息网络传播权等为社会科学文献出版社享有。未经社会科学文献出版社书面授权许可，任何就本书内容的复制、发行或以数字形式进行网络传播的行为均系侵权行为。

社会科学文献出版社将通过法律途径追究上述侵权行为的法律责任，维护自身合法权益。

欢迎社会各界人士对侵犯社会科学文献出版社上述权利的侵权行为进行举报。电话：010-59367121，电子邮箱：fawubu@ssap.cn。

社会科学文献出版社